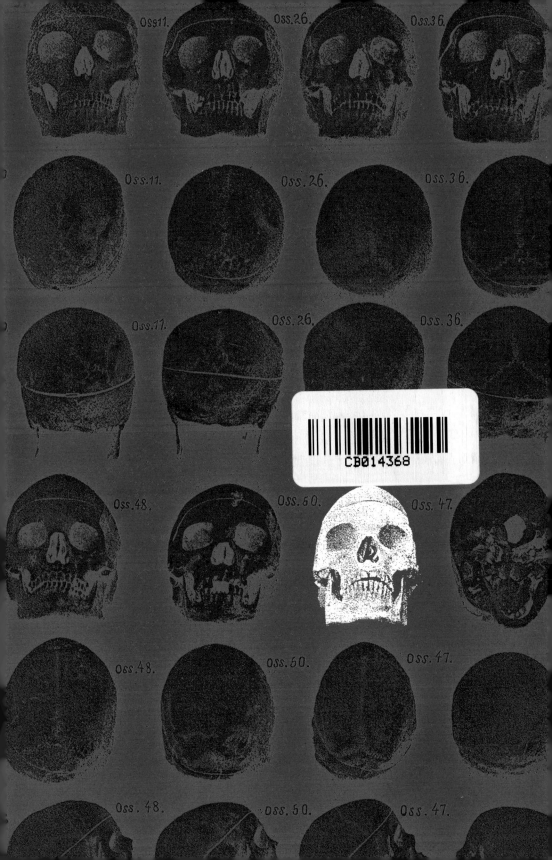

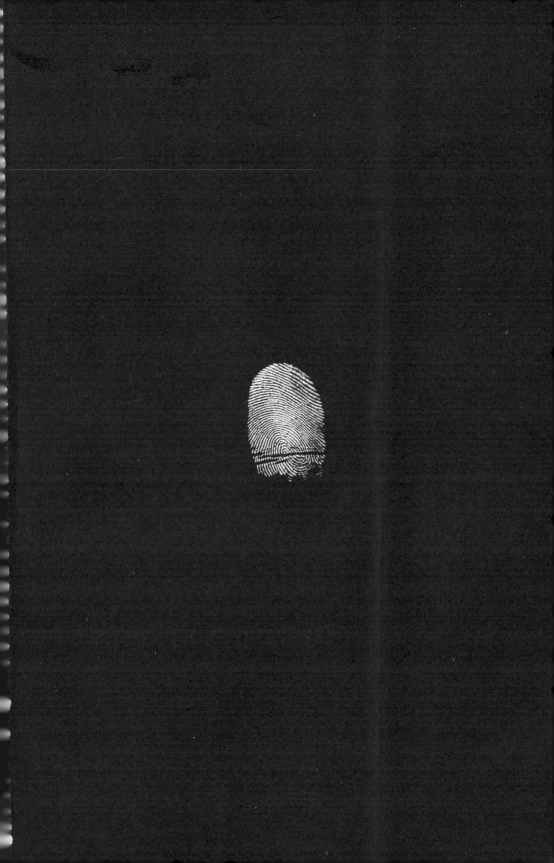

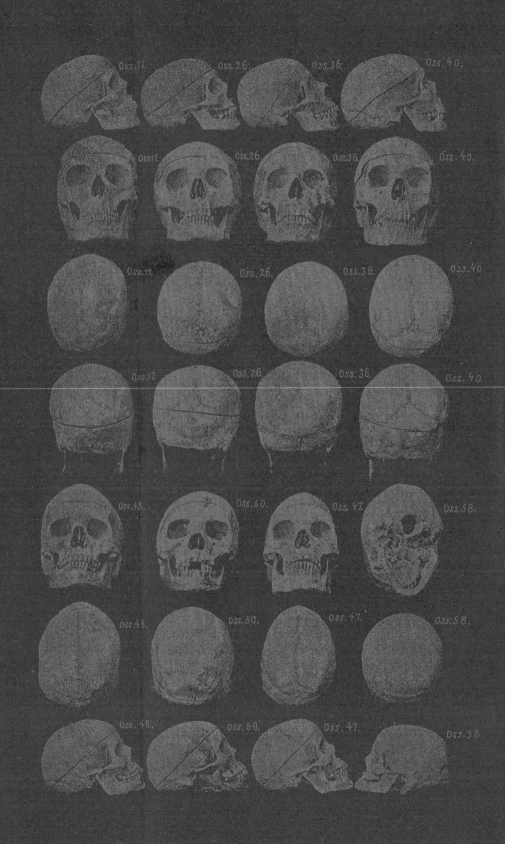

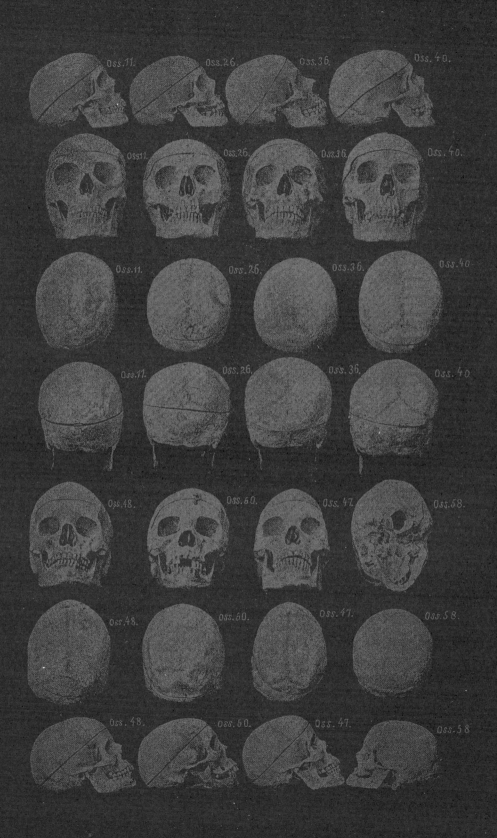

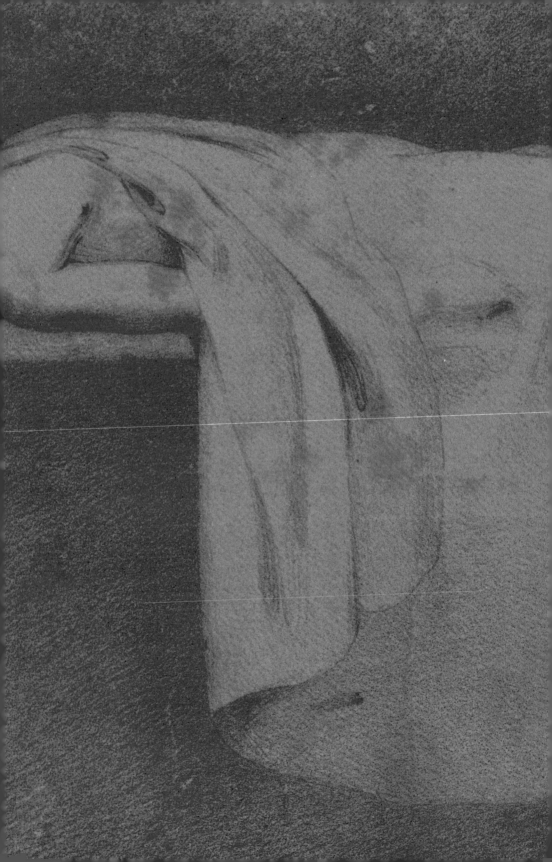

CRIME SCENE
DARKSIDE

ALL THAT REMAINS: A LIFE IN DEATH
Copyright © 2018 by Professor Dame Sue Black
Todos os direitos reservados.

Imagens: © Dreamstime, © Alamy; e cortesias do dr. Chris Rynn
(p. 266, 267), David Gross (p. 268), Zebedee Helm (p. 270),
Janice Aitken (p. 270).

Tradução para a língua portuguesa
© Marcela Filizola, 2024

Diretor Editorial
Christiano Menezes

Diretor Comercial
Chico de Assis

Diretor de Novos Negócios
Marcel Souto Maior

Diretor de MKT e Operações
Mike Ribera

Diretora de Estratégia Editorial
Raquel Moritz

Gerente Comercial
Fernando Madeira

Gerente de Marca
Arthur Moraes

Editora Assistente
Jéssica Reinaldo

Capa e Proj. Gráfico
Retina 78

Coordenador de Arte
Eldon Oliveira

Coordenador de Diagramação
Sergio Chaves

Designer Assistente
Jefferson Cortinove

Preparação
Iriz Medeiros

Revisão
Talita Grass
Yonghui Qio
Retina Conteúdo

Finalização
Sandro Tagliamento

Impressão e Acabamento
Ipsis Gráfica

DADOS INTERNACIONAIS DE CATALOGAÇÃO NA PUBLICAÇÃO (CIP)
Jéssica de Oliveira Molinari - CRB-8/9852

Black, Sue
    Todas as faces da morte / Sue Black ; tradução de Marcela Filizola.
— Rio de Janeiro : DarkSide Books, 2024.
288 p.

ISBN: 978-65-5598-386-9
Título original: All That Remains: A life in death

1. Morte – Aspectos psicológicos 2. Investigação criminal
I. Título II. Filizola, Marcela

24-0341   CDD 363.2

Índices para catálogo sistemático:
1. Morte – Aspectos psicológicos

[2024]
Todos os direitos desta edição reservados à
DarkSide® Entretenimento LTDA.
Rua General Roca, 935/504 — Tijuca
20521-071 — Rio de Janeiro — RJ — Brasil
www.darksidebooks.com

SUE BLACK

EXPLORANDO A FINITUDE DA VIDA

TODAS AS FACES DA MORTE

TRADUÇÃO
MARCELA FILIZOLA

DARKSIDE

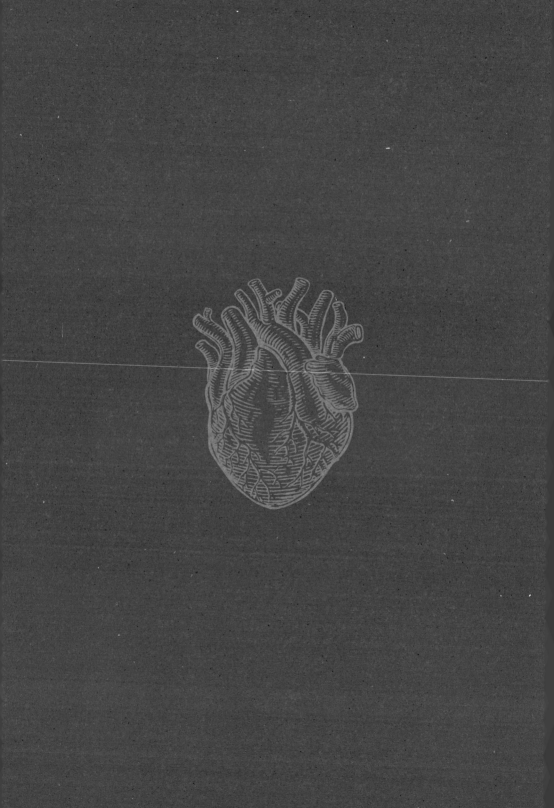

Para Tom, para sempre meu amor e minha vida.
E para Beth, Grace e Anna — cada uma é minha filha preferida.
Obrigada a vocês por fazerem todos os
momentos de minha vida valerem a pena.

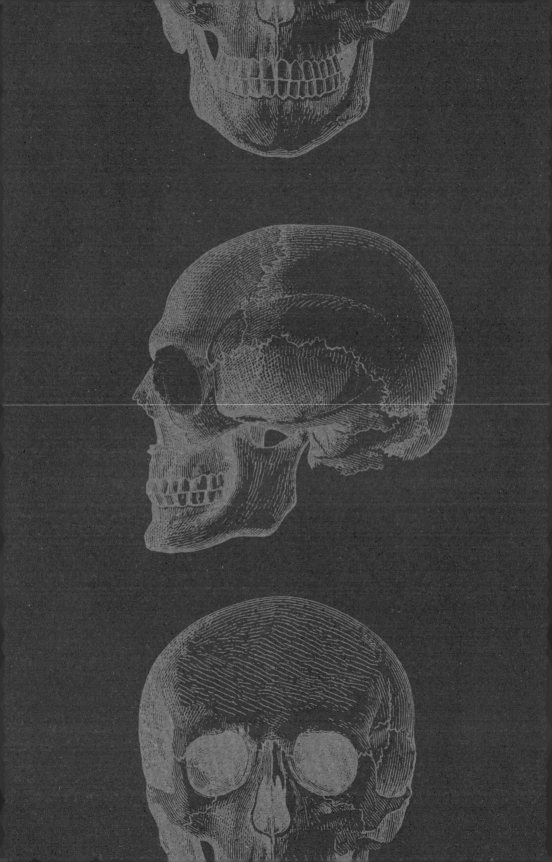

TODAS AS FACES DA MORTE

SUMÁRIO

Introdução 13

1. Professores silenciosos 21
2. Nossas células e nós mesmos 33
3. Morte na família 55
4. A morte vista de perto 67
5. O último presente 81
6. Estes ossos 97
7. Não esquecidos 115
8. Homem de Balmore 135
9. Corpo mutilado 157
10. Kosovo 177
11. Quando um desastre ocorre 197
12. Destino, medo e fobias 215
13. Solução ideal 237

Epílogo 251
Mortuário Fotográfico 262
Índice Remissivo 274
Agradecimentos 282

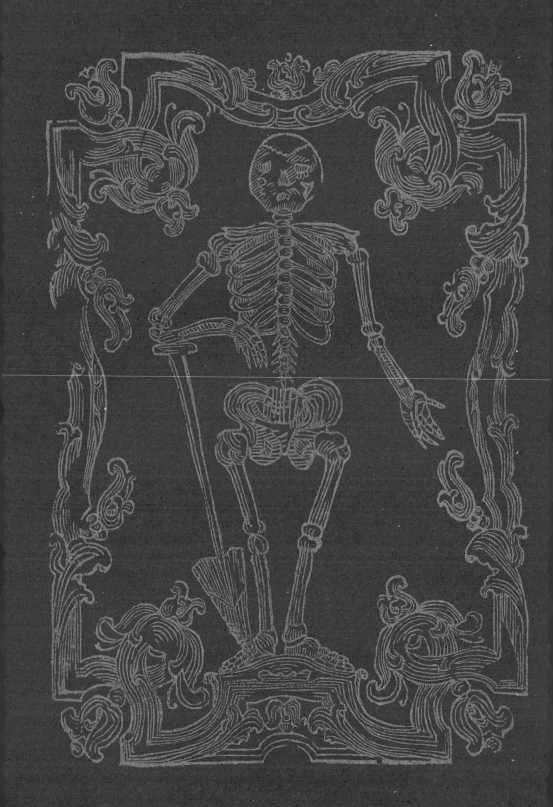

SUE BLACK
TODAS AS FACES DA MORTE

VIDA

INTRODUÇÃO

> "A morte não é a maior perda da vida.
> A maior perda da vida é o que morre dentro de nós enquanto vivemos."
> — Norman Cousins, *jornalista político (1915-1990)* —

A morte e toda a comoção em torno dela talvez sejam mais carregadas de clichês do que qualquer outro aspecto da existência humana. Ela é personificada como sinistra, como um prenúncio de dor e tristeza; uma predadora que assombra e assalta das sombras, uma ladra perigosa na noite. Nós lhe damos apelidos fúnebres e cruéis — Ceifador Sinistro, Grande Nivelador, Anjo Sombrio, Cavaleiro Solitário — e a representamos como um esqueleto magro, vestindo uma capa escura com capuz e empunhando uma foice mortal, destinada a separar nossa alma do corpo com um golpe letal. Às vezes ela é um espectro sombrio emplumado que paira de forma ameaçadora sobre nós, suas vítimas amedrontadas. E, apesar de ser do gênero feminino em muitas línguas nas quais substantivos são marcados (incluindo latim, francês, espanhol, italiano, polonês, lituano e nórdico), ainda assim com frequência é representada por um homem.

É mais fácil tratar a morte sem piedade porque no mundo moderno ela se tornou uma estranha hostil. Apesar de todo o progresso da humanidade, não estamos mais próximos hoje de decifrar os complexos laços entre morte e vida do que estávamos cem anos atrás. Na verdade, em alguns aspectos, talvez estejamos mais longe do que nunca de entender a morte. Parece que esquecemos quem ela é e qual é seu propósito. Enquanto nossos ancestrais talvez a considerassem uma amiga, nós escolhemos tratá-la como uma adversária indesejada e diabólica que deve ser evitada ou derrotada pelo maior tempo possível.

Nossa posição costuma ser difamar ou reverenciar a morte, às vezes oscilando entre as duas coisas. De todo modo, se pudermos evitar, preferimos não a mencionar, pois isso pode incentivá-la a chegar perto demais. A vida é leve, boa e feliz; a morte é sombria, ruim e triste. Bem e mal, recompensa e punição, céu e inferno, preto e branco — nossa tendência lineana nos leva a categorizar e ordenar morte e vida em oposição, dando-nos a reconfortante ilusão de um senso inequívoco de certo e errado que talvez jogue a morte de forma injusta para o lado obscuro.

O resultado disso é que passamos a temer sua presença como se fosse de alguma forma contagiosa, com medo de chamar sua atenção e então ela vir atrás de nós antes de estarmos minimamente dispostos a parar de viver. Podemos esconder o pavor dando um show de bravata ou zombando dela na esperança de nos anestesiar de sua picada. Sabemos, no entanto, que não iremos rir quando chegarmos ao topo da lista e ela enfim chamar nosso nome. Então aprendemos desde a infância a sermos hipócritas a respeito dela, ridicularizando-a com uma das faces e sendo profundamente reverentes com a outra. Aprendemos uma nova linguagem para tentar suavizar suas arestas duras e aliviar a dor. Dizemos "perder" alguém, sussurramos sobre sua "partida" e, num tom sombrio e respeitoso, expressamos condolências quando um ente querido "se vai".

Não "perdi" meu pai — sei muito bem onde ele está. Está enterrado no cemitério de Tomnahurich em Inverness, numa bela caixa de madeira fornecida por Bill Fraser, o agente funerário da família, que poderia ter sido aprovada por ele, porém é mais provável que a achasse cara demais. Nós o colocamos num buraco na terra em cima dos caixões em desintegração de sua mãe e de seu pai, que agora não guardam mais do que ossos e os poucos dentes que os dois ainda tinham quando morreram. Ele não partiu, não se foi, não se perdeu: ele está morto. Na verdade, é melhor mesmo não ter ido a lugar algum — isso seria muito perturbador e insensível da parte dele. Sua vida está extinta, e nenhuma retórica eufemística irá trazer sua vida, ou ele, de volta.

Como fruto de uma família presbiteriana escocesa rígida e incisiva, em que um sacho é uma enxada e em que empatia e sentimentalismo eram amiúde vistos como fraquezas, gosto de pensar que minha educação me tornou pragmática e durona, uma pessoa realista que enfrenta as coisas. Quando se trata de questões de vida e morte, não nutro ilusões e, ao discuti-las, tento ser honesta e verdadeira, mas isso não significa que não me importo, e isso não me torna imune à dor e à tristeza ou insensível ao sofrimento dos outros. O que não sinto é um sentimentalismo piegas sobre a morte e os mortos. Como coloca Fiona com tanta eloquência, a capelã inspiradora da Universidade de Dundee, não há conforto algum em palavras gentis ditas a uma distância segura.

Com toda nossa sofisticação do século XXI, por que ainda escolhemos nos proteger com paredes seguras e familiares de conformidade e negação em vez de nos abrirmos à ideia de que talvez a morte não seja o demônio que tememos? Ela não precisa ser lúgubre, brutal ou insolente. Ela pode ser silenciosa, pacífica e misericordiosa. Talvez a resposta seja que não confiamos nela porque não escolhemos conhecê-la, não nos esforçamos ao longo da vida para tentar entendê-la. Se fizéssemos isso, quem sabe poderíamos aprender a aceitá-la como parte integrante, fundamental e necessária de nosso processo de vida.

Vemos o nascimento como o começo da vida e a morte como seu fim natural. Mas e se a morte for apenas o começo de uma fase diferente da existência? Isso, sem dúvida, é a premissa da maioria das religiões, que ensina que não deveríamos temer a morte, uma vez que é somente a porta de entrada para uma vida melhor além. Tais crenças confortaram muitas pessoas através dos tempos e talvez o vazio deixado pela crescente secularização de nossa sociedade tenha contribuído para o ressurgimento de uma aversão antiga, instintiva, mas infundada, à morte e a todas as suas armadilhas.

Qualquer que seja nossa crença, a vida e a morte são de modo inquestionável e inextricável partes interligadas de um mesmo contínuo. Uma não existe, e não pode existir, sem a outra, e, não importa o quanto a medicina moderna se empenhe em intervir, a morte acaba por prevalecer. Como não há nenhuma maneira de evitarmos isso, talvez gastássemos melhor o nosso tempo se focássemos em desfrutar dele e aprimorar o período entre o nascimento e a morte: a vida.

Aí está uma das diferenças fundamentais entre a patologia forense e a antropologia forense. A patologia forense procura evidências da causa e forma de morte — o fim da jornada — enquanto a antropologia forense reconstrói a vida vivida, a jornada em si, por toda sua duração. Nosso trabalho é reconciliar a identidade construída ao longo da vida com o que resta da forma corporal na morte. Então a patologia e a antropologia forenses são parceiras na morte e, óbvio, no crime.

No Reino Unido, antropólogos, diferente de patologistas, são cientistas e não médicos. Portanto, é improvável que tenham qualificação médica para atestar uma morte ou sua causa. Nos dias de hoje, em que o conhecimento científico está em constante expansão, não se pode esperar que patologistas sejam especialistas em tudo, e o antropólogo tem um papel importante na investigação de crimes graves que envolvem mortes. Antropólogos forenses ajudam a desvendar as pistas ligadas à identidade da vítima e podem auxiliar o/a patologista a chegar a uma decisão final sobre o tipo e a causa da morte. Cada disciplina traz à mesa mortuária suas próprias habilidades específicas e complementares.

Numa dessas mesas mortuárias, por exemplo, uma patologista e eu deparamos com restos humanos em estágio avançado de decomposição. O crânio estava fraturado em mais de quarenta fragmentos misturados. Sendo uma profissional qualificada em medicina, sua tarefa era determinar a causa da morte, e ela estava quase certa de que havia sido ferimento por arma de fogo. Mas precisava ter certeza. Ao examinar consternada o monte de fragmentos de osso branco no tampo da mesa de metal cinza, ela disse: "Não consigo identificar todos os pedaços, muito menos juntá-los. Esse é o seu trabalho".

O papel do antropólogo forense é, a princípio, ajudar a determinar quem uma pessoa pode ter sido em vida. Qual era o gênero da pessoa? Era alta ou baixa? Velha ou nova? Negra ou branca? O esqueleto mostra evidências de lesões ou doenças que podem estar ligadas a registros médicos ou odontológicos? É possível extrair informação sobre a composição de ossos, cabelos e unhas que possa nos dizer onde a pessoa morava e de qual tipo de comida se alimentava? E, nesse caso, poderíamos encarar esse quebra-cabeça humano tridimensional para conseguir revelar não apenas a causa da morte, que de fato foi lesão no crânio por arma de fogo, mas também o tipo de morte? Quando recolhemos essas informações e completamos o quebra-cabeça, fomos capazes de estabelecer a identidade do rapaz e corroborar o depoimento de uma testemunha ocular, confirmando um ferimento de entrada balística na parte de trás da cabeça e sua saída pela testa acima de e entre os olhos. Essa foi uma execução feita em curta distância, na qual a vítima estava de joelhos ao ter a arma colocada diretamente contra a pele na parte de trás da cabeça. Ele tinha apenas 15 anos e seu crime foi sua religião.

Outra ilustração da relação simbiótica entre antropólogo e patologista diz respeito a um rapaz desafortunado que foi espancado até a morte após confrontar um grupo de jovens decididos a vandalizar um carro na rua em frente à casa dele. Seu corpo havia sido chutado e esmurrado, ele tinha sofrido trauma de impacto fatal na cabeça e mostrava múltiplas fraturas cranianas. Nesse caso, sabíamos a identidade da vítima, e a patologista conseguiu determinar que a causa da morte foi um traumatismo fechado que resultou numa hemorragia interna maciça. Mas ela também queria relatar como a morte havia ocorrido e, em particular, o tipo de instrumento mais provável de ter sido usado para matá-lo. Conseguimos identificar cada fragmento craniano e reconstruí-lo, o que permitiu que a patologista confirmasse que o principal golpe havia sido na cabeça, feito por um martelo ou algo de formato parecido, causando uma fratura focal deprimida e múltiplas fraturas radiantes que levaram ao sangramento intracraniano fatal.

Para alguns, a distância entre o começo e o fim da vida será longa, talvez ultrapasse um século, enquanto para outros, como essas vítimas de assassinato, os dois eventos acontecerão muito mais próximos. Às vezes podem estar separados apenas por alguns segundos fugazes mas preciosos. Do ponto de vista de um antropólogo forense, uma vida longa é uma boa notícia, pois, quanto mais duradoura tiver sido, mais marcas de experiências vividas estarão inscritas e armazenadas no corpo, e mais evidentes serão suas impressões em nossos restos mortais. Para nós, desbloquear essa informação é quase como lê-la num livro, ou transferi-la de um *pen drive.*

Aos olhos da maioria das pessoas, o pior fim dessa aventura terrena é uma vida interrompida cedo. Mas quem somos nós para julgar o que é uma vida curta? O que não está posto em questão é que, quanto mais tempo sobrevivemos após o nascimento, maior a probabilidade de que nossas vidas terminarão mais cedo em vez de mais tarde: há mais chances, na maior parte dos casos, de estarmos mais perto da morte aos 90 anos do que aos 20. E a lógica nos diz que jamais estaremos de novo mais longe de um encontro pessoal com a morte quanto neste exato momento.

Então por que nos surpreendemos quando as pessoas morrem? Mais de 55 milhões de pessoas morrem todo ano no mundo — duas por segundo — e é o único evento da vida que sabemos com a mais absoluta certeza que vai acontecer a cada um de nós. Isso de modo algum diminui nossa tristeza e dor quando ocorre com alguém próximo, sem dúvida, mas sua inevitabilidade pede uma abordagem que seja tanto prática quanto realista. Como não podemos influir na criação de nossa vida, e que seu fim é inevitável, talvez devêssemos nos concentrar no que podemos controlar: nossas expectativas com relação à distância entre esses pontos. Quem sabe devêssemos tentar gerenciar isso de maneira mais eficaz, medindo, reconhecendo e celebrando seu valor em vez da duração.

No passado, quando era mais difícil adiar a morte, é possível que tenhamos sido melhores nisso. Em tempos vitorianos, por exemplo, em que a mortalidade infantil era alta, ninguém ficava surpreso se uma criança não chegasse ao primeiro aniversário. De fato, não era incomum que várias crianças numa família recebessem o mesmo nome para garantir que ele sobrevivesse, ainda que não fosse o caso da criança. No século XXI, a morte infantil causa mais espanto, mas ficar perplexo quando alguém morre aos 99 anos desafia qualquer lógica.

As expectativas da sociedade são o campo de batalha de todo médico que visa a forçar a morte a bater em retirada. O melhor que podem esperar fazer é ganhar mais tempo e aumentar a distância entre nossos dois eventos mortais. O fato de que no fim das contas eles vão sempre perder a luta não os deveria impedir de tentar, e não impede — vidas são prolongadas todos os dias em hospitais e clínicas no mundo inteiro. Contudo, sejamos realistas, algumas dessas conquistas médicas podem significar não mais do que uma suspensão da execução. A morte está a caminho, e, se não foi hoje, pode ser amanhã.

No decorrer dos séculos, a sociedade catalogou e mediu nossa expectativa de vida, o que quer dizer a idade em que estatisticamente temos maior probabilidade de morrer — ou, com um olhar mais positivo, a provável quantidade de tempo que passaremos vivos. Tabelas de vida são ferramentas interessantes e úteis, mas são perigosas também, uma vez que criam uma expectativa que não será alcançada por uns e que será ultrapassada por outros. Não temos como saber se somos alguém padrão que estará de acordo com a norma ou se seremos um ponto fora da curva, fugindo à expectativa, seja numa extremidade ou em outra na curva do sino da vida.

E, quando nos vemos de um lado ou outro da curva, levamos isso para o lado pessoal. Ficamos orgulhosos quando excedemos nossa expectativa de vida porque sentimos como se, de algum modo, tivéssemos superado as probabilidades. Quando não atingimos a idade prevista, aqueles de quem nos despedimos podem achar que a vida de um ente querido foi roubada deles e talvez sintam raiva, amargura ou frustração. Mas é óbvio que essa é apenas a natureza da curva da vida: a norma é só a norma, e a maioria de nós cairá nas variações em torno dela. É injusto culpar a morte e acusá-la de crueldade e roubo quando ela sempre foi sincera em demonstrar que nossa expectativa de vida pode estar em qualquer ponto dentro da gama de possibilidades humanas.

A pessoa de vida mais longa no mundo cuja idade pôde ser verificada foi a francesa Jeanne Calment, que tinha 122 anos e 164 dias de idade ao morrer em 1997. Em 1930, o ano de nascimento de minha mãe, a expectativa de vida feminina era de 63 anos, então, morrendo aos 77, ela ultrapassou a norma em catorze anos. Minha avó se saiu ainda melhor: quando ela nasceu, em 1898, sua expectativa de vida era de apenas 52 anos. Ela viveu até os 78, vinte e seis a mais do que era esperado, o que pode ser, em parte, reflexo da grande quantidade de avanços médicos durante sua vida — embora os cigarros não a tenham ajudado no final. A previsão para mim, ao chegar em 1961, era uma vida que poderia durar 74 anos. Isso me deixaria agora com apenas dezessete anos por vir. Minha nossa, como isso aconteceu tão rápido? Contudo, com base em minha idade atual e meu estilo de vida, posso de maneira realista esperar chegar aos 85 anos, e posso ter mais uns vinte e nove anos pela frente. Ufa.

Portanto, ao longo da vida, ganhei mais onze anos de expectativa. Isso não é ótimo? Não, não de verdade. Sabe, não ganhei esses anos extras quando tinha 20 anos, ou mesmo 40. Se eu os ganhar, será aos 74 anos. Quem dera pudéssemos ter mais tempo em nosso auge, quando a juventude continua a ser desperdiçada com os jovens.

Os cálculos de expectativa de vida dados no nascimento estão aos poucos se tornando mais precisos e sabemos que nas próximas duas gerações, a de minhas filhas e netos, haverá mais centenários do que jamais existiu na história. Ainda assim, a idade máxima até a qual nossa espécie é capaz de viver não está aumentando. O que está mudando de maneira drástica é a idade média com que morremos. Portanto, estamos vendo um aumento no número de indivíduos caindo nas regiões mais à direita da curva do sino. Em outras palavras, estamos mudando a forma da demografia humana. Os problemas sociais e de saúde em rápida expansão devido ao crescimento de uma população que envelhece começam a nos dar um vislumbre do impacto resultante na sociedade.

Embora vidas mais longas devam de modo geral ser comemoradas, às vezes me pergunto se, no esforço de permanecermos vivos pelo máximo de tempo possível a qualquer custo, estamos apenas prolongando nosso processo de morte. Enquanto a expectativa de vida pode variar, a expectativa de morte permanece igual. Se algum dia de fato conquistarmos a morte, a raça humana e o planeta estarão de fato encrencados.

Trabalhando todos os dias tendo a morte como minha companheira, aprendi a respeitá-la. Ela não me dá nenhuma razão para temer sua presença ou seu trabalho. Acho que a entendo mais ou menos bem porque escolhemos nos comunicar em linguagem direta, clara e simples. É quando ela faz seu trabalho que eu posso fazer o meu e, graças a ela, tive uma carreira longa, produtiva e interessante.

Este livro não é um típico tratado sobre a morte. Ele não segue o caminho já bastante trilhado de examinar teorias acadêmicas nobres ou variações culturais peculiares nem oferece clichês bobos. Em vez disso, apenas tentarei explorar as muitas faces da morte como as conheci, as perspectivas que ela me mostrou e aquela que ela revelará por fim em algum momento nos próximos trinta anos mais ou menos, se ela escolher me poupar por tanto tempo. E é, como a própria antropologia forense, que procura reconstruir através da morte a história daquela vida, tanto sobre a vida quanto sobre a morte — as partes inseparáveis de um todo contínuo.

Em troca, peço somente uma coisa de vocês: suspendam suas preconcepções sobre a morte por um instante, qualquer sentimento de desconfiança, medo e aversão, assim talvez comecem a vê-la como eu a vejo. Quem sabe até comecem a gostar da companhia dela, passem a conhecê-la um pouco melhor e parem de sentir medo. Em minha experiência, envolver-se com a morte é cativante, nunca tedioso, ela é sempre complexa e, às vezes, se revela com beleza imprevisível. Vocês não têm nada a perder — e, em seus encontros com ela, com certeza é melhor lidar com um diabo conhecido.

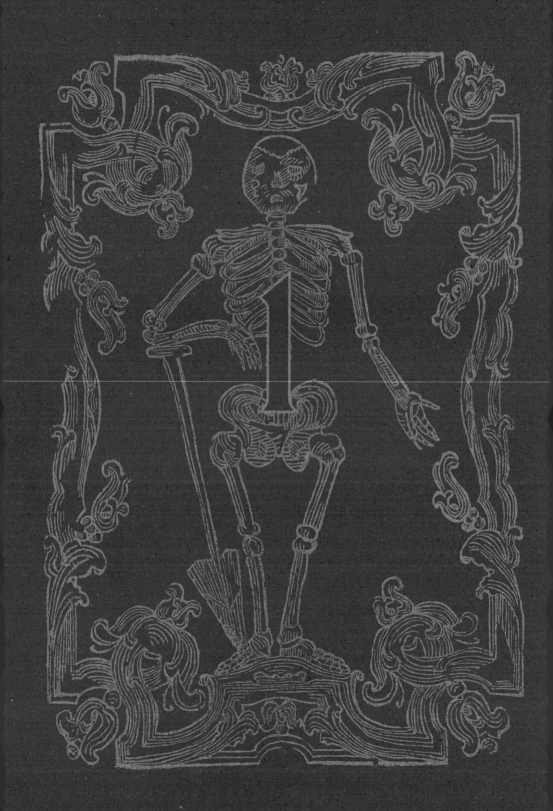

SUE BLACK

TODAS AS
FACES
DA MORTE

PROFESSORES SILENCIOSOS
CAPÍTULO 1

"Mortui vivos docent."
(Os mortos ensinam os vivos.)
— Origem desconhecida —

A partir dos 12 anos, passei todos os sábados e feriados escolares durante cinco anos atolada quase até o pescoço em músculo, osso, sangue e vísceras. Meus pais tinham uma ética de trabalho presbiteriana temível e era esperado que eu arrumasse um emprego de meio período e começasse a ganhar algum dinheiro assim que tivesse idade suficiente. Então passei a trabalhar num açougue na fazenda Balnafettack nos arredores de Inverness. Foi meu primeiro e único emprego enquanto estudante do fundamental e amei cada minuto ali. Eu estava totalmente alheia ao fato de que a maioria de meus amigos, que prefeririam trabalhar em farmácias, supermercados ou lojas de roupas, considerava aquilo uma escolha estranha, para não dizer desagradável. Naquela época, eu não tinha ideia de que o mundo da ciência forense me esperava, mas, olhando para trás, hoje vejo isso como parte de um plano vida que estava escondido de mim, e deles, na época.

Um açougue foi um campo de treinamento bastante útil para uma futura anatomista e antropóloga forense, e um local de trabalho feliz e fascinante. Eu amava a precisão clínica envolvida na arte do açougueiro. Aprendi diversas habilidades: fazer carne moída, juntar linguiças e, o mais importante, preparar chá para os açougueiros. Aprendi o valor de uma lâmina afiada conforme os observava manejando suas facas com rapidez e habilidade em torno de ossos com formatos irregulares, retirando o músculo vermelho escuro e revelando o esqueleto branco e surpreendentemente limpo por baixo. Eles sempre sabiam onde fazer o corte exato para que a carne do peito fosse enrolada artisticamente ou fatiada de maneira uniforme para um cozido. Havia algo tranquilizador sobre a certeza de que a anatomia que eles encontravam ia ser a mesma toda vez. Ou quase toda vez: me lembro de ocasiões estranhas em que um açougueiro bufava um palavrão quando alguma coisa não estava "muito certa". Ao que parece, vacas e ovelhas têm suas variações anatômicas, assim como os humanos.

Aprendi sobre tendões e por que os cortamos; onde no espaço entre os músculos há vasos sanguíneos que precisam ser extirpados; como remover a confluência de estruturas no hilo renal (muito duro para comer) e como abrir a articulação entre dois ossos para revelar o líquido transparente e viscoso do espaço articular sinovial. Aprendi que, quando suas mãos estão frias — e parece que, num açougue, elas sempre estão —, você espera ansiosamente pela entrega de fígados frescos, ainda quentes do abatedouro. Por um curto momento, ao mergulhar as mãos na caixa, é possível senti-las de novo, graças ao sangue quente da vaca descongelando o seu.

Aprendi a não roer as unhas, a nunca colocar uma faca na bancada com a lâmina para cima e que facas cegas causam mais acidentes do que as afiadas — embora facas afiadas deixem uma bagunça muito mais impressionante quando um erro é cometido. Ainda encontro uma tremenda satisfação ao ver a variedade anatômica em exibição num açougue, sempre disposta com precisão, cortada e preparada da forma como deveria ser, e sentir aquele leve cheiro de ferro no ar.

Fiquei triste quando tive que deixar o emprego. Eu idolatrava meu professor de biologia, o dr. Archie Fraser, de tal maneira que o que quer que ele falasse que eu devia fazer, eu fazia. Então, quando ele me disse para seguir com os estudos na universidade, lá fui eu. Como não tinha noção do que deveria estudar, seguir seus passos e escolher biologia parecia uma boa ideia. Passei os dois primeiros anos na Universidade de Aberdeen numa entediante mistura de psicologia, química, ciência do solo, zoologia (que reprovei da primeira vez), biologia geral, histologia e botânica. No fim de tudo isso, descobri que minhas melhores disciplinas eram botânica e histologia, mas a ideia de estudar plantas pelo resto da vida era desesperadora. Então sobrava histologia, o estudo das células humanas. Após completar este módulo, a sensação que tive era de que nunca mais queria precisar olhar por um microscópio outra vez — tudo parecia ser composto de borrões amorfos cor-de-rosa e roxo. Contudo, foi meu caminho para a anatomia, em que eu teria a possibilidade de dissecar um cadáver humano. Eu tinha apenas 19 anos e jamais havia visto um corpo morto antes, mas para uma menina que havia passado cinco anos de sua vida cortando animais num açougue, quão difícil poderia ser?

Talvez meu trabalho aos sábados tenha ligeiramente me preparado para o que estava por vir. Mas a primeira experiência numa sala de dissecação é assustadora para todo mundo. É um daqueles momentos que ninguém esquece porque atinge cada um dos sentidos. Havia apenas quatro pessoas na aula, e ainda consigo ouvir os ecos que reverberaram naquela sala vasta e grandiosa, com altas janelas de vidro opaco e intricado piso de parquete vitoriano, que poderia ter servido de conservatório em diferentes circunstâncias. Ainda consigo sentir o cheiro de formol, um fedor químico tão forte que é possível sentir seu gosto, e ver as pesadas mesas de dissecação de vidro e metal com sua tinta verde descascando — quarenta ou mais delas, dispostas em filas e envoltas em lençóis brancos. Em duas das mesas, escondido sob o lençol, havia dois corpos à espera, um para cada dupla de alunos.

É também uma experiência que de imediato desafia sua percepção de si e dos outros. Você se sente muito pequeno e insignificante quando percebe que aquela pessoa ali, em vida, tomou a decisão de doar seu corpo ao morrer para permitir que outros aprendessem. É um feito nobre que sempre me emocionou. Se algum dia eu perder de vista o milagre desse presente, estará na hora de aposentar meu bisturi e fazer outra coisa.

De forma aleatória, foi designado a meu parceiro de dissecação, Graham, e a mim o cadáver desse doador altruísta — um corpo preparado com habilidade para nós pelo técnico de anatomia e que seria nosso universo de investigação durante todo o ano letivo. Não sabendo seu nome verdadeiro e sem muita originalidade, nós o chamamos de Henry por causa de Henry Gray, autor de *Anatomia de Gray*, o texto que viria a dominar minha vida. Henry, um homem de Aberdeen que tinha 70 e muitos anos quando morreu, havia optado por legar seu corpo ao departamento de anatomia da universidade para fins educacionais e de pesquisa. Minha educação, bem como a de Graham, no final das contas.

Havia certo peso em pensar que, na época em que Henry havia tomado aquela decisão, eu, sua futura pupila, não tinha a menor consciência desse ato incrível e generoso que moldaria toda minha vida. Eu estaria ocupada lamentando meu azar por ter que dissecar ratos em zoologia, o que eu detestava.

Quando ele morreu, é provável que eu estivesse cortando mais um caule do que parecia ser um infinito suprimento de plantas da universidade para estudar a estrutura celular daquela espécie, sem consciência do falecimento de meu futuro instrutor. Todo ano, quando converso com meus alunos do primeiro e segundo ano, preparando-os para dissecação anatômica no terceiro ano, explico que a pessoa com quem vão estudar e aprender ainda está viva. Talvez justo naquele dia alguém decidirá doar seus restos mortais para beneficiar a educação deles. Sempre me sinto mais tranquila quando há algumas inspirações bruscas de ar conforme a enormidade dessa noção se assenta. Alguns não conseguem evitar que lágrimas brotem com a ideia de que uma pessoa com quem eles podem ter cruzado na rua naquela manhã foi parar na mesa de dissecação — e devem se emocionar mesmo. Um gesto tão grandioso de uma pessoa completamente estranha nunca deve perder seu valor.

A causa da morte de Henry foi registrada como infarto do miocárdio (ataque cardíaco) e seu corpo havia sido recolhido do hospital onde ele tinha morrido e então transportado pelo agente funerário aos cuidados do departamento de anatomia. Se ele tinha família, se ela apoiava sua decisão ou como se sentia sobre a falta do ritual normal de um funeral, nunca vou saber.

Numa sala azulejada, escura e clinicamente sem alma no porão do departamento de anatomia de Marischal College, horas após a morte de Henry, Alec, o técnico de necropsia, havia removido as roupas e os objetos pessoais dele, raspado seu cabelo e anexado quatro discos de identificação de metal — cada um preso com um pedaço de corda e carimbado com um número de identificação sequencial — aos dedinhos das mãos e dos pés. Isso ficaria com Henry durante o tempo que passaria na universidade. Em seguida, Alec fez um corte na pele da virilha de Henry, de uns seis centímetros, e dissecou o músculo e a gordura abaixo até localizar a artéria e a veia na região da coxa conhecida como trígono femoral. Então ele fez uma pequena incisão longitudinal na veia e outra na artéria, onde inseriu uma cânula, prendendo-a no lugar com um pouco mais de fio. Ao alcançar uma vedação estanque, uma válvula na cânula abriria e uma solução de formol seria injetada com suavidade pelo sistema arterial arborescente de Henry, vindo de um tanque com alimentação por gravidade acima dele.

O formol chegaria a cada célula do corpo pelos vasos sanguíneos — para os neurônios no cérebro, onde Henry costumava pensar em todas as coisas que importavam para ele; para os dedos, que tinham segurado a mão de alguma pessoa querida; para a garganta, pela qual suas últimas palavras tinham sido faladas, talvez apenas horas antes. À medida que a solução avançava devagar, numa onda irreversível, o sangue nos vasos era purgado até ser lavado. Após duas ou três horas desse processo de embalsamento silencioso e calmo, seu corpo seria embrulhado em plástico e guardado até que precisassem dele, quem sabe dias ou meses depois.

Nesse curto intervalo, Henry havia sido transformado, por vontade própria, de um homem conhecido e amado por sua família num cadáver anônimo identificado apenas por um número. Esse anonimato é importante, pois protege os estudantes e os ajuda a separar na mente a triste morte de outro ser humano do trabalho que estão fazendo. Se for para conseguirem dissecar um cadáver pela primeira vez sem experimentar uma empatia paralisante, os alunos devem ser capazes de treinar a mente para ver o corpo como uma carcaça despersonalizada, embora devam permanecer respeitosos, garantindo que a dignidade seja preservada.

Quando chegou a hora do corpo de Henry desempenhar seu papel em nossa primeira aula de anatomia, ele foi colocado num carrinho, levado no elevador velho, raquítico e barulhento para a sala de dissecar acima, transferido para as mesas de dissecação com tampo de vidro e coberto com um lençol branco para esperar, em silêncio paciente, a chegada dos estudantes.

Hoje em dia fazemos de tudo para que a primeira dissecação de nossos alunos seja o mais memorável e não traumática possível. A maioria, como eu, jamais terá visto um corpo morto antes desse momento. Em 1980, quando comecei a seguir o caminho da dissecação anatômica, não havia sessões introdutórias, nenhum processo gradual de conhecer aos poucos o cadáver que seria nosso professor silencioso pelos meses seguintes. Éramos quatro estudantes de graduação do terceiro ano muito assustados que, ao chegar naquela segunda-feira de manhã armados apenas com nossos exemplares de *Anatomia Clínica para Estudantes de Medicina*, de Snell, um manual de dissecação — *Cunningham – Manual de Anatomia Prática*, de G.J. Romanes — e alguns instrumentos de dissecar enrolados num pano cáqui, foram basicamente deixados para se virar, começando na primeira página do manual. Não usamos luvas nem protetores de olhos, e nossos jalecos de laboratório logo ficaram imundos porque não permitiam que saíssemos do prédio para lavá-los. Como os tempos mudaram.

Em cima de nossa mesa, Graham e eu encontramos várias esponjas, que entendemos com rapidez que eram essenciais para enxugar o excesso de fluido conforme a dissecação avançava. Precisavam ser torcidas com frequência. Embaixo da mesa, havia um balde de aço inoxidável para juntar pedaços de tecido quando a dissecação fosse concluída ao fim de cada dia. É importante que todas as partes do corpo permaneçam juntas, mesmo quando não são mais do que pequenos pedaços de músculo ou pele, para que o corpo esteja o mais completo possível ao ser enviado para sepultamento ou cremação. Em pé de sentinela a nosso lado, observando e esperando, havia um segundo tutor influente: um esqueleto humano articulado, colocado ali para nos ajudar a entender o que víamos e sentíamos sob a pele e os músculos de Henry.

A primeira coisa a dominar era como colocar uma lâmina de bisturi sem cortar o dedo. Alinhar a fenda estreita da lâmina com a saliência do cabo e então guiá-la com a pinça até encaixar exige destreza e prática. Assim como removê-la. Muitas vezes penso comigo mesma que sem dúvida alguém poderia desenvolver um design melhor.

Se você fizer um corte num cadáver e notar que ele começou a sangrar com sangue arterial vermelho vivo, me avisaram para lembrar que cadáveres não sangram. O que você cortou foi o próprio dedo. A lâmina do bisturi é tão afiada e a sala tão fria que não dá para senti-la rasgar sua pele. Então a primeira indicação de ferimento será a visão do sangue vivo escarlate acumulando-se contra o tom pálido da pele embalsamada do cadáver. Contaminação não é tão preocupante quanto seria se estivéssemos lidando com corpos não embalsamados, porque o processo torna o tecido quase estéril. Ainda bem, considerando que manusear pequenas lâminas pouco jeitosas quando seus dedos estão gelados e escorregadios com gordura corporal não é fácil. Nos dias de hoje, começamos a sessão acadêmica com um vasto suprimento de curativos adesivos e luvas cirúrgicas.

Quando a lâmina estiver enfim na mão que segura o bisturi e seu dedo tiver parado de bombear sangue, é hora de inclinar-se sobre a mesa e imediatamente sentir os olhos lacrimejando com o cheiro forte do formol. O manual indicou onde cortar, mas não explicou quão fundo ou qual vai ser a sensação. Ninguém lhe deu permissão explícita para "sentir" a anatomia de Henry para que possa descobrir onde começar e acabar o corte, e nada disso parece fazer qualquer sentido. Tudo é aterrorizante e ligeiramente vergonhoso. Você para por um instante para considerar como fazer a incisão pelo centro do tronco, da cavidade da fúrcula esternal na base do pescoço até a borda inferior da caixa torácica. Qual de vocês vai observar e qual vai fazer o corte? Suas mãos tremem. A primeira incisão fica guardada na mente de cada estudante, não importa o quanto finjam indiferença. Se eu fechar os olhos, ainda consigo lembrar como foi e a maneira como Henry tolerou de modo impecável nossa inaptidão juvenil.

Enquanto seu professor imóvel fica em repouso paciente, esperando o começo, você lhe pede desculpas dentro de si pelo que está prestes a fazer, com medo de fazer uma bagunça. Bisturi na mão direita, fórceps na esquerda... quão fundo deve cortar? Não é por coincidência que a maioria dos estudantes começa a dissecar pelo tronco. O esterno está tão próximo da pele que, independente de quanto tentar, há pouco que possa ser feito de errado. Simplesmente não há como ir fundo demais. Você apoia a lâmina na superfície da pele e a leva com cuidado pela parede torácica, deixando uma linha tênue em seu rastro.

É surpreendente o quanto a pele se parte com facilidade. Seu toque é coriáceo, frio e molhado, e, conforme se separa do tecido, é possível vislumbrar sob a lâmina o amarelo pálido contrastante da gordura subcutânea. Sentindo-se um pouco mais confiante, você estende a incisão do esterno no centro para ambas as clavículas, em direção à ponta de cada ombro, e faz seu primeiro corte *post mortem* em "T". Tanta expectativa e ansiedade, e tudo acaba num instante. O mundo não parou. O alívio é enorme e só agora você percebe que não respirou durante todo o processo. Embora esteja com o coração acelerado e cheio de adrenalina, você descobre com surpresa que não está mais com medo, e sim intrigado.

Depois é preciso expor o tecido abaixo. Você começa a puxar a pele, pegando com cuidado o canto da aba solta na linha média acima do esterno, na junção dos dois membros do "T". Ao segurar a pele com o fórceps, aplica-se apenas força suficiente para permitir que a lâmina a separe do tecido. Não é necessário cortar de fato. A gordura amarela surge e, conforme entra em contato com suas mãos quentes, se liquefaz. Segurar bisturi e fórceps torna-se de repente mais complicado, e o lampejo de confiança que você sentiu momentos antes evapora conforme o fórceps escorrega da pele e gordura e fluido espirram em seu rosto. Ninguém advertiu você a respeito disso. O formol cheira mal, mas o gosto é pior. Só se comete esse erro uma única vez.

Continuando a puxar a pele, você começa a notar pontinhos vermelhos e percebe que inevitavelmente cortou um pequeno vaso sanguíneo cutâneo. De repente, a imensa escala da forma humana e a vasta quantidade de informação contida ali, atingem você. No dia anterior, talvez estivesse se perguntando como seria possível demorar um ano inteiro para dissecar um corpo humano e por que precisava de três volumes inteiros sobre dissecação como meio de instrução. Agora você se dá conta de que um ano não estará nem perto de ser tempo suficiente para fazer muito mais além de explorar a superfície. Você se sente como o verdadeiro novato que é, desesperando-se com o fato de que nunca se lembrará de tudo o que precisa aprender, que dirá entender tudo.

Ao colocar um pouco de força no fórceps, a lâmina afiada corta o tecido conjuntivo com uma facilidade desconcertante, ainda que pareça que o bisturi mal encosta nele. Conforme os músculos subjacentes são revelados, as paredes ósseas transversais do tórax contrastam muito com eles, como uma grelha branca. Seus olhos traçam as formas das cavidades e arestas do esqueleto a seu lado conforme você sente com as pontas dos dedos os músculos e ossos de Henry. Você começa a identificar e nomear os ossos e suas partes constituintes — o andaime do corpo humano — e, antes que se dê conta, está falando uma língua antiga entendida por anatomistas no mundo inteiro: uma língua que era familiar para Andreas Vesalius, fundador do estudo anatômico moderno no século XIV e, sem dúvida, meu *crush*.

A princípio, o músculo embalsamado parece ser uma massa uniforme marrom-claro (que de forma surpreendente lembra um pouco atum enlatado), mas, ao olhar mais de perto conforme seus olhos começam a se adaptar aos padrões, é possível discernir a direção das fibras e os nervos finos que o alimentam. Ao localizar as origens e inserções do músculo, você deduz sua ação na articulação por ele cruzada e fica admirado com a engenharia maravilhosamente lógica sendo examinada. Como pessoas vivas, permanecemos separados da morte, mas a beleza hipnotizante da anatomia humana cria uma ponte para o mundo dos mortos, uma que poucos vão cruzar e ninguém que o fizer jamais esquecerá. A sensação de atravessar essa ponte pela primeira vez é uma experiência que nunca poderá se repetir. É especial.

O estudo de anatomia polariza seus alunos: ou eles o amam ou o odeiam. O fascínio está na lógica e ordem da disciplina; o lado negativo é a grande quantidade de informação a ser aprendida — isso e o cheiro de formol. Quando o fascínio supera as desvantagens, a anatomia deixa uma marca em sua alma, e você passará a se considerar para sempre um membro de uma elite privilegiada: o grupo seleto que viu e aprendeu os segredos da estrutura humana por aqueles que escolheram permitir que você olhasse para dentro de seus corpos. Podemos nos apoiar nos ombros de gigantes eruditos, Hipócrates e Galeno, e seus descendentes, Leonardo da Vinci e Vesalius, mas os verdadeiros heróis, sem dúvida, são os homens e as mulheres extraordinários que escolhem legar seus restos mortais para que outros possam aprender: os doadores de corpos.

A anatomia ensina muitas coisas além do funcionamento das formas corporais. Ensina sobre vida e morte, humanidade e altruísmo, respeito e dignidade; sobre trabalho em equipe, a importância de atentar para os detalhes, paciência, tranquilidade e destreza manual. Nossa interação com o corpo humano é tátil e muito, muito pessoal. Nenhum livro, modelo ou gráfico de computador chegará perto da dissecação como meio de aprender nosso ofício. É a única forma de fazer isso se você quiser se tornar um anatomista de carteirinha.

No entanto, é uma disciplina que foi tanto difamada quanto reverenciada no passado. Desde os anos gloriosos dos primeiros anatomistas, de Galeno a Gray, até os dias de hoje, a anatomia tem tido sua reputação manchada de tempos em tempos por personagens perversos que procuraram explorá-la para fins lucrativos. Na Edimburgo do século XIX, os atos hediondos de Burke e Hare, que se tornaram assassinos para fornecer cadáveres para escolas de anatomia, levaram à aprovação da Lei da Anatomia de 1832. Em tempos bem recentes, em 1998, o escultor Anthony-Noel Kelly foi preso por roubar pedaços de corpos do Royal College of Surgeons num caso que lançou luz sobre a ética da arte e o estado legal de restos mortais doados à ciência médica. E, em 2005, uma empresa norte-americana de tecidos médicos foi fechada depois que seu presidente foi condenado por extrair pedaços ilegais de corpos para vendê-los a organizações médicas. Ao que parece, a anatomia não está imune ao modelo econômico de oferta e demanda, ou aos atos criminosos de alguns golpistas sem qualquer consideração por decência, dignidade ou decoro. É certo, portanto, que nós defendamos nossos doadores e que eles estejam protegidos por leis parlamentares.

Há dinheiro na morte, e onde dá para fazer dinheiro sempre há pessoas prontas para cruzar limites éticos e ganhar mais. Dado que a venda de restos mortais é legal em muitos países e que boa parte das instituições no mundo paga um valor considerável por um esqueleto humano articulado, talvez não devesse surpreender que o antigo crime de roubo de túmulos persiste de outras formas nos dias de hoje. Quando eu era aluna na década de 1980, a maioria dos esqueletos de ensino usados em salas de dissecação era importada da Índia, que é há muito considerada a principal fonte mundial de ossos médicos. Embora o governo indiano tenha proibido a exportação de restos mortais em 1985, um mercado clandestino global ainda prospera lá. No Reino Unido, nós fizemos a coisa certa e nos tornamos intolerantes com relação à venda de ossos ou quaisquer outras partes do corpo.

O que é ou não considerado aceitável em termos de tratamento dos restos mortais varia, como todas as atitudes sociais, e às vezes pode mudar de forma bastante notável no decorrer de uma vida. Os esqueletos usados atualmente para ensinar os alunos de anatomia no Reino Unido têm maior probabilidade de serem réplicas de plástico. Embora esqueletos humanos ainda possam ser encontrados em armários antigos e empoeirados de laboratórios de ciências nas faculdades, bem como em instalações de treinamento cirúrgico e de primeiros socorros de clínica geral, muitas organizações que os têm de forma legal sentem-se desconfortáveis quanto a isso hoje em dia. Algumas escolhem doar para um departamento de anatomia local e em troca é possível que lhes seja oferecido um esqueleto de ensino artificial como substituto.

Diferente de nossos predecessores, anatomistas contemporâneos podem se demorar nas dissecações e assim tirar muito mais proveito dos cadáveres no estudo de detalhes infinitesimais da forma humana, em especial graças aos séculos de pesquisa a respeito das maneiras de preservar o corpo humano e impedir o processo de deterioração. Desde os primeiros dias em que cadáveres recém-cortados da forca eram dissecados, anatomistas têm se esforçado para preservar corpos humanos pelo máximo de tempo possível, seguindo as técnicas desenvolvidas pela indústria alimentícia e aprendendo a conservar os cadáveres em álcool ou salmoura, ou a secá-los e congelá-los.

Depois da morte do lorde Nelson na Batalha de Trafalgar,* em 1805, seu corpo foi armazenado numa cuba de "espírito de vinho" (conhaque e etanol) para sua jornada de volta para casa e um funeral de herói. Álcool para conserva continuou a ser o método de preservação preferido até a descoberta de um produto químico desagradável chamado formaldeído no final do século XIX, que revolucionou o campo da anatomia. Formaldeído é um desinfetante, biocida e fixador de tecidos, e funciona tão bem que sua solução aquosa, o formol, ainda é o conservante mais comum usado no mundo.

Mas em concentração suficiente essa substância é um perigo para a saúde humana e nas últimas décadas alternativas têm sido consideradas. Isso inclui cadáveres recém-congelados, em que o corpo é desmembrado em partes que são congeladas e então descongeladas conforme a necessidade da dissecação, bem como métodos de fixação suave que deixam o corpo mais flexível e próximo da textura de um ser humano vivo. Na década de 1970, o anatomista Gunther von Hagens foi o pioneiro da plastinação, método em que água e gordura são removidas a vácuo e substituídas por polímeros. Essas partes do corpo têm vida eterna. Como elas nunca vão decompor, conseguimos projetar um novo poluente ambiental.

Quaisquer avanços que venham a ocorrer na tecnologia que usamos para preservar corpos ou para investigá-los através de imagiologia médica, a anatomia em si, é óbvio, não muda. O que foi visto nos cadáveres dissecados por Vesalius em 1540 ou por Robert Knox em 1830 não é, em essência, diferente do

---

* Lorde Nelson é considerado um dos maiores estrategistas da Marinha britânica, e sua atuação foi fundamental para a vitória contra os navios franceses e espanhóis na Batalha de Trafalgar, no período das guerras napoleônicas. [As notas são da tradução]

que Graham e eu vimos durante o ano letivo que passamos com Henry. Contudo, como Vesalius e Knox eram obrigados a dissecar restos mortais frescos, o curto tempo que tinham com o cadáver provavelmente não produzia o mesmo vínculo de confiança e respeito entre o dissecador e o dissecado que eu tive a sorte de poder estabelecer com Henry. Ou talvez atitudes sociais e culturais tenham apenas mudado ao longo dos anos.

Para mim, jamais haverá outro Henry, e para cada anatomista seu próprio Henry será especial. Aprendi tanto naquele ano sobre mim mesma e sobre a forma humana. Nessas fases da vida em que olhamos para trás para identificar as épocas que nos fizeram felizes e realizados, minha busca sempre me leva de volta a Henry. Há poucos momentos naquele ano que eu trocaria, mas estaria mentindo se dissesse que não há nenhum. Eu odiava cortar suas unhas das mãos e dos pés porque sempre sentia de forma irracional que machucava. E, para ser sincera, ninguém gosta de evacuar o sistema digestivo.

Mas, para mim, as recompensas que ganhei no estudo dos mortos ultrapassam de longe os momentos menos palatáveis e o medo angustiante que entra em ação quando você fica ciente de verdade do volume enorme de coisas que precisa dominar: mais de 650 músculos devem ser memorizados, junto de seus pontos de origem e inserção, sua inervação e ações; mais de 220 nervos nomeados, o valor das raízes nervosas e se são autônomos, cranianos, espinhais, sensoriais ou motor; centenas de artérias e veias nomeadas que se espelham num padrão arborescente até o coração e voltam, suas origens, divisões e as estruturas de tecido mole relacionadas. Então há 360 articulações ou mais, e nem vou começar a falar das relações tridimensionais do intestino em desenvolvimento, embriologia de tecido, neuroanatomia e seus tratos.

Justo quando você pensa que está começando a dominar algumas dessas estruturas anatômicas, elas escorregam dos dedos como sabonete no banho, e é preciso começar tudo de novo. É terrivelmente irritante. Mas a reiteração de vários fatos e conexões é a única forma de aprender e entender a complexidade tridimensional do humano. Anatomistas não precisam ser superinteligentes: só precisam de boa memória, um plano lógico de aprendizagem e consciência espacial.

Henry me permitiu investigar cada detalhe do funcionamento de seu corpo, explorar suas variações anatômicas (que Deus o abençoe e sua atípica artéria epigástrica superior — nunca esquecerei isso!), ficar frustrada nas vezes em que cortei alguma coisa quando já era para eu saber, além de ter me ajudado a lutar com o sistema nervoso parassimpático quase invisível. Ele aguentou tudo com firmeza, jamais me repreendendo ou fazendo com que eu me sentisse boba, e com o passar do tempo a balança pendeu ao ponto de eu estar aprendendo mais sobre ele, em certo sentido, do que ele poderia saber sobre si.

Descobri que ele não fumava (seus pulmões estavam limpos), não bebia em excesso (o fígado estava numa condição muito boa), estava bem nutrido, mas não comia demais (era alto e magro, com pouca gordura corporal, mas não emaciado), seus rins pareciam saudáveis, não havia tumor no cérebro e nenhuma evidência de aneurisma ou isquemia. Embora a causa da morte tenha sido listada como infarto do miocárdio, seu coração parecia forte para mim. Mas o que eu sabia? Era apenas uma novata no terceiro ano.

Talvez ele tenha morrido apenas porque era sua hora de morrer, e algo tinha que constar no atestado de óbito. A causa da morte de um cadáver com frequência traz preocupação aos estudantes, uma vez que, ao examinar o órgão em questão, não encontram nenhuma doença ou anomalia. Quando a morte ocorre somente devido à velhice e sabe-se que o morto queria doar seu corpo, é inevitável que a causa da morte registrada seja uma suposição fundamentada e educada. A única maneira de afirmar com certeza é por meio de uma autópsia, o que viola os desejos do doador, pois o procedimento deixa o corpo inutilizável para dissecação. Então, desde que não haja suspeitas em torno da morte e que seja consistente com a idade do falecido, a causa em muitos cadáveres é deduzida de modo racional como ataque cardíaco, acidente vascular cerebral ou pneumonia — apelidados por alguns de "amigos dos idosos".

Quando terminamos de catalogar o corpo de Henry, desde o topo da cabeça até a ponta do dedinho do pé, não havia nenhuma parte dele que não tivesse sido examinada. Nenhuma parte que não houvesse sido investigada em livros, debatida, verificada e confirmada. Eu tinha tanto orgulho desse homem que jamais conheci em vida, enquanto era uma pessoa ativa, respirando e falando, mas com quem eu estava agora familiarizada de modo tão íntimo e pessoal, que eu sentia que o conhecia de uma maneira que ninguém mais havia conhecido, ou iria conhecer. O que ele me ensinou ficou comigo, e ficará para sempre.

Em questão de meses, chegaria a hora de dizer adeus e de prometer a Henry que eu faria bom uso da educação que ele havia me dado. Eu me despedi dele na capela de King's College, em Aberdeen, numa comovente missa de Ação de Graças pelo presente de nossos doadores, na qual compareceram familiares e amigos, funcionários e alunos. Eu não tinha como saber qual era o nome de Henry quando eles foram lidos em voz alta. De meu assento duro de madeira no coro, examinei os rostos da congregação, me perguntando qual parente enlutado estava derramando uma lágrima por ele. Qual das pessoas sentadas naqueles bancos desgastados tinha sido seu *amicus mortis*, seu amigo da morte? Eu esperava que ele não tivesse morrido sozinho. É mais reconfortante pensar que uma pessoa querida estivera a seu lado para segurar sua mão e lhe dizer que ele era amado.

Todas as faculdades de anatomia escocesas organizam eventos desse tipo a cada ano. Eles nos permitem prestar respeito e demonstrar aos familiares e amigos do doador quanto a doação é essencial, quanto é valorizada e quão importante é para fomentar a educação da próxima geração.

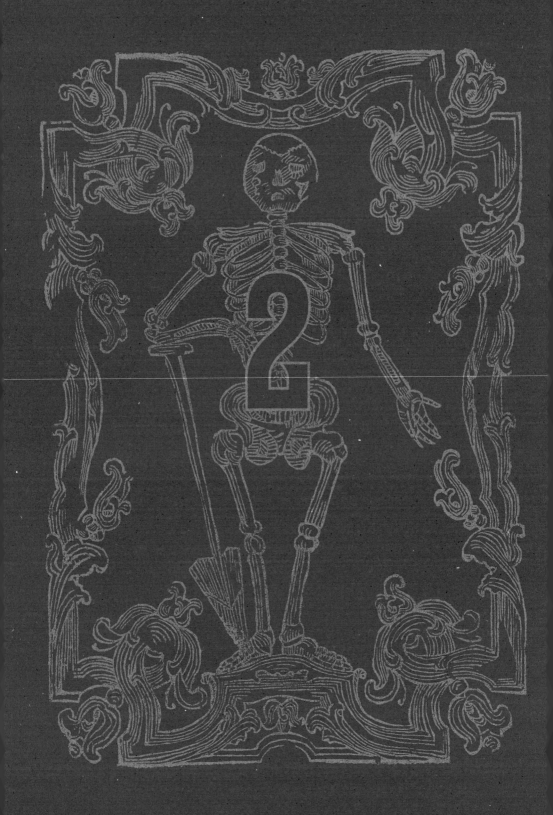

SUE BLACK
TODAS AS FACES DA MORTE

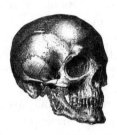

NOSSAS CÉLULAS E NÓS MESMOS
CAPÍTULO 2

> "Sem uma atenção sistemática à morte, ciências da vida não estariam completas."
> — Élie Metchnikoff, *microbiologista* (1845-1916) —

O que nos torna humanos? Uma de minhas definições favoritas é: "Os humanos pertencem ao grupo de seres conscientes baseados em carbono, dependentes do sistema solar, limitados em conhecimento, propensos ao erro e mortais".

É estranhamente reconfortante receber permissão tácita para cometer erros apenas porque somos humanos. Como não temos a capacidade de acertar tudo de primeira nem tempo de vida ilimitado à disposição para praticar e aprimorar cada tarefa com perfeição, devemos aceitar que nossa vida será uma mistura de erros e acertos. Iremos cumprir algumas tarefas bem e elas irão enriquecer nossa vida e a de outros; aquelas que parecem que jamais dominaremos são apenas um desperdício de nosso tempo precioso.

Há um momento adorável no filme *Peggy Sue — Seu Passado À Espera* que resume o desejo humano por vislumbres do futuro que ajudem a concentrar a atenção hoje no que acabará provando valer a pena — ou não. "Por um acaso, sei que no futuro", diz Peggy Sue a seu professor depois de um teste de matemática, "não vou ter a menor utilidade para álgebra — e falo isso por experiência." Planejamento futuro quando não temos ideia do que está à nossa frente é complicado e, embora possa parecer sem importância na juventude, à medida que nos aproximamos dos 70 anos que nos foram destinados, a vida parece acelerar e começamos a ficar cientes do quanto ainda temos a conquistar.

O aspecto "consciente" do ser humano talvez seja nossa característica mais definidora. Isso está centrado em nosso conhecimento do *"self"* — a habilidade quase única de mostrar introspecção e, assim, de nos reconhecermos como indivíduos separados dos outros. A psicologia em torno de identidade e reconhecimento do *"self"* é bastante complexa. Na década de 1950, o psicólogo do desenvolvimento, Erik Erikson, resumiu a identidade como: "Ou a) uma categoria social, definida por regras de filiação e (supostos) atributos característicos ou comportamentos esperados, ou b) características socialmente distintas das quais uma pessoa tem orgulho especial ou vê como imutáveis, mas com consequência social (ou os itens a e b de uma só vez)".

Pesquisadores acreditam que o senso de identidade é a manifestação e a extensão do amadurecimento do conceito de *self* que nos permite desenvolver uma sociedade íntima e intricada. Isso nos permite, até certo ponto, expressar individualidade, e talvez ajude outros a tolerá-la, possibilitando que provemos e mostremos quem somos, quem queremos ser e o que escolhemos representar. Assim, podemos atrair de forma ativa pessoas que pensam como nós e repelir aquelas com quem não nos identificamos ou não queremos nos identificar. Essa liberdade da individualidade e, de fato, sua supressão, dá aos humanos capacidade e oportunidade únicas de brincar com sua identidade e de manipular, ou mesmo mudar, a percepção, a representação e o conceito de *"self"*. Acredito que foi aqui que Erikson omitiu a terceira e mais importante categoria identitária e aquela com a qual é mais divertido brincar: a identidade física.

Se, como espécie, reconhecemos as diferenças físicas entre *self* e outro, podemos usar essa habilidade para tentar diferenciar quaisquer dois indivíduos. A importância da identidade em nossa sociedade, e o fato de sua manipulação ser possível, a coloca no centro das ciências investigativas, incluindo meu mundo de antropologia forense — a identificação do humano, ou o que resta do humano, para fins médico-legais.

Usando a biologia ou a química humana inata, como pode ser provado que nós somos quem dizemos ser e que quem dizemos ser é quem sempre fomos? A ciência forense pode ser usada como uma caixa de ferramentas com técnicas para reconciliar um corpo não identificado com sua identidade anterior em vida. Antropólogos forenses olham para traços de nossa biologia ou química corporal para analisar uma história rastreável e legível da vida vivida e para confirmar se a evidência recuperada coincide com rastros deixados pela pessoa no passado. Dito de outra forma, procuramos pistas da narrativa escrita em nosso corpo, inata e adquirida, construída entre o nascimento e a morte.

De uma perspectiva biológica muito mais trivial, o humano pode ser definido de maneira grosseira como uma grande massa de células autorreguladoras. Ainda que a histologia, o estudo da anatomia microscópica de células e tecidos de plantas e animais, e o ciclo celular nunca tenham me deixado muito animada — tem muita bioquímica complexa envolvida para meu pequeno cérebro entender ou se importar —, devemos reconhecer que a célula é a unidade básica de todos os organismos vivos conhecidos. Então, se a morte vai ser responsabilizada pelo fim da existência de um organismo, ela também vai ter que levar a culpa pela morte de cada célula. Anatomistas sabem que a morte final de organismos muitas vezes pode ser rastreada da célula ao tecido e, em seguida, a um órgão ou sistema orgânico. Portanto, gostando ou não, tudo começa e acaba com células. A morte pode ser um acontecimento único para o indivíduo, mas é um processo para as células do corpo e, para entender como isso funciona, precisamos estar familiarizados com o ciclo de vida dos blocos de construção do organismo. Fique comigo — prometo que não vai ser muito chato...

Todo ser humano é criado quando duas células se juntam e começam a se multiplicar — um começo incrivelmente humilde de um pequeno saco de proteínas inexpressivo. Depois de quarenta semanas *in utero*, aquelas duas células terão passado pela transformação mais milagrosa, tornando-se uma massa superorganizada de mais de 26 bilhões. O enorme aumento no tamanho do feto e na especialização de seus componentes individuais requer uma quantidade enorme de planejamento, se for para tudo acontecer como deveria e, felizmente, na maior parte das vezes acontece. Quando o bebê enfim se tornar um adulto, a massa celular terá se expandido para mais de 50 trilhões, agrupadas em uns 250 tipos diferentes de célula que formam quatro tecidos básicos — epitelial, conectivo, nervoso e muscular — e diversos subtecidos. Esses, por sua vez, irão unir-se para construir cerca de 78 órgãos diferentes, divididos em treze sistemas de órgãos principais e sete agrupamentos regionais. É notável que apenas cinco órgãos sejam considerados vitais para a vida: o coração, o cérebro, os pulmões, os rins e o fígado.

Todo dia cerca de 300 milhões de nossas células morrem, 5 milhões por segundo, muitas das quais são apenas substituídas. Nosso corpo é programado para saber quais células substituir, quando e como, e, em geral, apenas seguir em frente. Cada célula, tipo de tecido e órgão têm uma expectativa de vida própria, que é gerenciada como o giro de estoque num supermercado com base numa data de validade. De certo modo, é irônico que aqueles com vida útil mais curta sejam os que dão início a tudo: espermas sobrevivem apenas de três a cinco dias depois da formação. As células da pele vivem meras duas a três semanas e os glóbulos vermelhos somente três ou quatro meses. Não é de surpreender que haja longevidade nos tecidos e órgãos. O fígado leva um ano inteiro para substituir todas as células e o esqueleto quase quinze anos.

O mito encantador de que, por substituirmos tantas de nossas células de forma regular, a cada década mais ou menos nos tornamos uma pessoa física completamente nova está, infelizmente, equivocado. Sem dúvida tem suas raízes no paradoxo de Teseu — a questão de se um objeto que teve todos seus componentes substituídos em algum estágio permanece em seu âmago o mesmo. Dá para imaginar como é possível brincar com esse conceito fantástico num tribunal de justiça? Imagine um velho e astuto advogado de defesa argumentando num julgamento por assassinato. "Mas, Vossa Excelência, a esposa de meu cliente morreu há quinze anos, então, mesmo se a pessoa que ele foi um dia a matou, ele não é mais fisicamente o mesmo, pois cada célula de seu corpo já morreu e foi substituída. O homem diante de você não poderia estar na cena do crime, porque ele não existia."

Não acredito que tal argumento tenha sido encenado no tribunal, mas, se algum dia for, adoraria ser a testemunha da Coroa. Seria divertido participar dessas reflexões metafísicas com um advogado. Contudo, isso levanta uma questão: quanta alteração uma entidade biológica pode suportar e ainda ser reconhecida como o mesmo indivíduo, mantendo sua identidade rastreável? Veja as mudanças físicas testemunhadas no falecido Michael Jackson ao longo dos anos. Muito da estrela infantil do Jackson Five era quase irreconhecível no adulto que ele se tornou, mas outros componentes teriam persistido por sua vida e continuariam a ancorar sua identidade física. Nosso trabalho é encontrar esses componentes.

Há pelo menos quatro tipos de célula no corpo que nunca são substituídos e que podem viver tanto quanto nós — tecnicamente até mais, considerando aquelas formadas antes do nascimento. Quem sabe essas células possam ser mencionadas como a sede improvável de nossa constância biológica corporal para confundir aquele argumento ardiloso do advogado de defesa. Os quatro tipos permanentes de células são os neurônios no sistema nervoso, uma pequenina área de osso na base do crânio chamada de cápsula ótica, o esmalte dos dentes e o cristalino dos olhos. Os dentes e o cristalino são apenas semipermanentes, pois podem ser removidos e substituídos pela odontologia e cirurgia modernas, respectivamente, sem prejudicar o hospedeiro. Os outros dois tipos não podem ser mexidos e, portanto, são de fato permanentes, ficando trancados no corpo como prova irrefutável de nossa identidade biológica desde antes do nascimento até depois da morte.

Os neurônios, ou células nervosas, formam-se nos primeiros meses de desenvolvimento embrionário e, ao nascermos, temos tantos quanto vamos ter pelo resto da vida. Os axônios, que se assemelham a braços longos e estendidos, ramificam-se como um sistema de autoestradas, transportando o tráfego de norte a sul e vice-versa. Eles carregam comandos motores aos músculos ao sul do cérebro e informações sensoriais de nossa pele e outros receptores na direção oposta. As mais longas são aquelas que transmitem dor e outras sensações por todo o comprimento do corpo, da ponta do dedinho do pé, subindo pelo pé, perna e coxa, então pela espinha e pelo tronco encefálico até o córtex sensorial do cérebro no topo da cabeça. Se você tem 1,80 m de altura, cada neurônio nessa via pode ter cerca de dois metros de comprimento. Então, quando topamos o dedinho do pé no armário, a mensagem demora uns instantes para chegar ao cérebro, razão pela qual podemos ter uma fração de segundo sem dor antes de sentirmos o "ai" que sabemos que está por vir.

É a persistência dessas células no cérebro que dá origem à interessante pergunta quanto à presença de um aspecto de nossa identidade ali. É possível que o padrão de comunicação entre elas possa ser mapeado para mostrar como pensamos e como as funções superiores de raciocínio e memória surgem. Pesquisas recentes demonstraram que com a ajuda de uma proteína fluorescente podemos ver uma memória se formando no nível de uma sinapse. Aplicações práticas talvez ainda sejam ficção científica demais para que possamos abraçá-las, embora eu esteja tentada a dizer que a compreensão do papel-chave que os neurônios podem desempenhar no estabelecimento da identidade pode não estar muito longe.

O segundo centro de permanência celular está na cápsula ótica, situada na profundeza craniana perto da orelha interna. Isso faz parte da porção petrosa do osso temporal, que abriga a cóclea, o órgão de audição, e os canais semicirculares responsáveis pelo equilíbrio. A orelha interna é formada no estágio do embrião e feto, atingindo tamanho adulto de imediato e permanecendo isolada de maturação e remodelação por meio da produção de altos níveis de osteoprotegerina (OPG), uma glicoproteína que suprime o *turnover* ósseo. Em circunstâncias normais, não há remodelação porque, se fosse permitida a maturação, iria interferir na complexidade de nossa audição e no equilíbrio. Embora a região ótica já tenha tamanho adulto em bebês recém-nascidos, é muito, muito pequena e representa, em termos volumétricos, apenas cerca de 200 microlitros — o que se aproxima do tamanho de quatro gotas de chuva. Diferente dos neurônios, as células fechadas nesse pequeno osso nos oferecem oportunidades de recuperar informações sobre identidades individuais.

Para entender qual o valor que uma célula pode ter no processo de identificação humana, precisamos saber como elas são formadas — sejam células ósseas, musculares ou aquelas que revestem o intestino. No nível mais básico, cada célula do corpo é composta por substâncias químicas. A formação, a sobrevivência e a replicação delas dependem do suprimento de blocos de construção elementares, de uma fonte de energia para vinculá-las e mantê-las vivas e de uma saída de descarte de resíduos para seus subprodutos. A principal abertura no corpo pela qual os blocos de construção para a futura estrutura celular podem entrar é a boca, levando ao estômago e ao sistema intestinal — nossa fábrica de processamento de alimentos. Então os principais componentes de cada célula, tecido e órgão podem ser obtidos somente pelo que ingerimos. Somos, literalmente, o que comemos. Portanto, reabastecer é vital para a sobrevivência, e a máxima de que não podemos sobreviver sem ar por mais de três minutos, água por mais de três dias e comida por mais de três semanas, embora não seja muito precisa, está bem perto da verdade.

In utero, antes de podermos ingerir alimentos de forma independente, obtemos nosso combustível da dieta de nossa mãe por meio da placenta e do cordão umbilical, o que possibilita que continuemos na função de desenvolver e organizar nossa construção celular. Ainda que seja falácia a ideia de que uma mulher grávida come por dois, ela precisa, sim, garantir que sua dieta é suficiente para atender não apenas as próprias necessidades, mas também as de um passageiro muito exigente.

Os nutrientes básicos necessários para construir a cápsula ótica são fornecidos pela mamãe através do que ela come por volta de dezesseis semanas da gravidez. Então, em nossa cabeça, naquele minúsculo pedaço de osso de tamanho suficiente para conter quatro gotas de chuva, talvez carreguemos pelo resto da vida a assinatura elementar do que nossa mãe comeu no almoço quando estava grávida de quatro meses. Prova, se é que isso é necessário, de que nossas mamães nunca nos deixam, além de ser uma nova perspectiva sobre o mistério de como elas conseguem entrar em nossa mente.

Acreditamos que temos uma dieta cosmopolita, mas, na realidade, grande parte de nossa ingestão de água e alimentos é muito próxima do local onde vivemos. À medida que a água se infiltra através de várias formações geológicas, ela absorve razões isotópicas de elementos específicos daquele lugar e, quando a ingerimos, sua assinatura é transferida para a composição química de todos os nossos tecidos.

A composição química do esmalte de nosso dente permanece quase inalterada ao longo da vida, razão pela qual dentes cariados não podem se reparar sozinhos. As coroas de todos nossos dentes decíduos (dentes de leite ou de bebê) são formadas antes de nascermos, portanto sua composição está de forma direta associada à dieta materna, assim como a coroa de nosso primeiro molar adulto. O resto dos dentes permanentes somos nós que fazemos e reflete nossa dieta durante a infância.

Além de nossos tecidos "permanentes", cabelo e unha são ricas fontes de informação sobre a dieta, uma vez que suas estruturas são estabelecidas de forma linear e crescem numa taxa mais ou menos regular. Elas fornecem uma potencial linha do tempo química para a deposição de nutrientes ingeridos metabolizados que podem ser lidos quase como um código de barras.

Então, como antropólogos forenses usam essa informação incrível oferecida por nossas células para desvendar parte da história de vida de uma pessoa e ajudar a confirmar sua identidade? A análise de isótopos estáveis é um bom exemplo de uma das técnicas científicas que podem nos auxiliar. A proporção de isótopos estáveis de carbono e nitrogênio nos tecidos pode nos explicar algo sobre a dieta: se uma pessoa era carnívora, pescatariana ou vegetariana. A proporção de isótopos de oxigênio pode revelar mais sobre a fonte de água na dieta e, pela assinatura de isótopo estável associada à água, talvez seja possível deduzir onde a pessoa morava.

Quando nos mudamos para outra região geográfica, nossa assinatura é alterada por causa das mudanças na composição química da comida e água ingeridas. A análise de cabelos e unhas pode produzir uma linha do tempo sequencial para realocação geográfica. Isso pode ser muito útil na tentativa de identificar uma pessoa morta desconhecida, ou para rastrear os movimentos de um criminoso. Um suspeito de terrorismo, digamos, que insiste falsamente que nunca deixou o Reino Unido, pode ser descoberto por uma mudança repentina nas taxas de isótopos estáveis do cabelo que agora estão de acordo com uma assinatura que se espera encontrar no Afeganistão. A análise do cabelo também pode informar a respeito do consumo constante de uma variedade de substâncias, incluindo drogas como heroína, cocaína e metanfetamina. E, é óbvio, era o método preferido de provar envenenamento por arsênio nos mistérios vitorianos de assassinato.

Então, em teoria, poderíamos olhar os restos mortais de uma pessoa e, a partir das assinaturas isotópicas na cápsula ótica e no primeiro molar, descobrir onde no mundo a mãe delas vivia ao engravidar, bem como a natureza da dieta dela. Poderíamos, em seguida, analisar o restante dos dentes adultos para dizer onde a pessoa morta havia crescido e depois o resto dos ossos para determinar onde ela havia vivido nos últimos quinze anos mais ou menos. Por fim, poderíamos usar cabelos e unhas para localizar onde ela passou os últimos anos ou meses de vida.

A complexidade de gerenciar a massa celular humana é impressionante. Como uma fábrica de células, o corpo funciona incrivelmente bem na maioria das vezes, quando estamos no auge da forma física, substituindo com eficiência a maioria dos 300 milhões de células que perdemos todos os dias. Mas, conforme envelhecemos e a degeneração se instala, nos tornamos menos capazes de produzir novas células. Sinais de envelhecimento começam a aparecer: o cabelo fica mais fino e perde a cor, a visão fica fraca, a pele enruga e perde firmeza, massa e tonificação musculares são perdidos, a memória e a fertilidade diminuem.

Essas são todas evidências de um processo normal de desaceleração, ou senescência, e indicadores claros de que é provável que estejamos mais perto do fim da vida do que do começo. Ser informado por seu médico de que uma condição que você tem é normal para sua idade é de pouco consolo quando você percebe que a morte também é normal para sua idade. Para agravar o problema do envelhecimento, algumas células podem "perder o controle" e começar a crescer e se replicar de modo anormal, os tecidos danificados por toxinas ambientais ou por um estilo de vida abusivo podem parar de funcionar e órgãos sob estresse podem deixar de operar de maneira eficaz. Podemos estender a longevidade de muitas funções corporais por meio de intervenções médicas ou cirúrgicas e com suporte farmacológico, mas, no fim das contas, quando não é possível que continuem sozinhos, nós, o organismo, morremos.

De acordo com uma definição médico-legal, a morte do organismo ocorre quando "o indivíduo sofre uma cessação irreversível das funções circulatórias ou respiratórias ou a cessão irreversível das funções de todo o cérebro, incluindo o tronco cerebral". A palavra "irreversível" é chave. Reverter o irreversível é visto pela comunidade médica como o Santo Graal do combate à morte.

Parece que a atividade daqueles cinco órgãos vitais define nossa vida e, portanto, talvez no fim, nossa morte. As maravilhas da medicina moderna possibilitam o transplante de quatro deles: coração, pulmão, fígado e rins. Mas o "grande", o cérebro — o centro de controle de comando fundamental para todo órgão, tecido e célula no corpo — jamais foi substituído com sucesso. O pacto entre morte e vida parece estar naqueles neurônios (avisei que eles eram especiais).

Nossos corpos mudam não somente durante a vida, mas também na morte. Conforme os processos associados à desconstrução de organismos e células se iniciam, começamos a nos decompor em componentes químicos usados em primeiro lugar para nos constituir. Há um exército de voluntários esperando para ajudar, incluindo os 100 trilhões de bactérias dentro do bioma humano, não mais contidos por um sistema imunológico ativo. Quando a dinâmica do ambiente muda de forma catastrófica e contraria a probabilidade de uma recuperação ou ressuscitação bem-sucedida do organismo, as bactérias podem tomar conta. A morte é então confirmada pelo fato de a vida não poder retornar.

Na maioria dos casos, por exemplo, quando morremos em casa com familiares em volta, ou no hospital, ou com o atendimento dos serviços de emergência, registrar uma hora da morte confiável é bastante simples. Contudo, quando uma pessoa morre sozinha, ou um corpo é descoberto de maneira inesperada em circunstâncias que parecem suspeitas, é preciso estimar a hora e o dia da morte para preencher os requerimentos legais e médicos. Tentamos estabelecer o intervalo pós-morte (IPM) a partir das informações que o corpo libera. Portanto, os antropólogos forenses precisam entender não apenas como o corpo é constituído, mas também como é decomposto.

Há sete estágios reconhecíveis de alteração pós-morte. O primeiro denomina-se *pallor mortis* (literalmente "palidez da morte") e começa após alguns minutos, permanecendo visível por cerca de uma hora. É a isso que nos referimos quando dizemos que alguém que não está bem parece que "viu um fantasma". Conforme o coração para de bater, a ação capilar é interrompida, o sangue é drenado da superfície da pele e começa a se estabelecer no nível gravitacional mais baixo dentro do corpo. Como essa palidez ocorre bem no início do processo pós-morte, ela tem muito pouco valor para determinar o IPM. Além disso, é uma característica subjetiva e, por conseguinte, difícil de quantificar com algum grau de certeza.

O segundo estágio, *algor mortis* ("esfriamento do cadáver", ou o frio da morte), ocorre logo que o corpo começa a esfriar (em algumas situações, pode esquentar, dependendo da temperatura ambiente). A melhor maneira de registrar a temperatura do corpo é através de uma leitura retal, pois, em geral, a superfície da pele resfria ou aquece mais rápido do que os tecidos mais profundos. Embora a taxa de resfriamento registrada para a temperatura retal costume ser constante, não se pode presumir que a temperatura do corpo estivesse normal na morte. Muitos fatores podem influenciar a temperatura interna, incluindo idade, peso, doenças e medicamentos. Certas infecções ou reações a drogas podem aumentá-la, bem como exercícios ou lutar de forma prolongada antes da morte; leituras mais baixas do que o normal podem ser atribuídas a outros estados físicos como sono profundo. Ou seja, esse não é um indicador infalível do IPM.

Quando uma pessoa é achada morta, o ambiente onde o corpo é encontrado também irá afetar a taxa de resfriamento. Por exemplo, num local mais quente do que 37°C um corpo não terá esfriado, então um cálculo de IPM baseado na temperatura será irrelevante. É óbvio que, se uma pessoa estiver morta há algum tempo, a avaliação de *algor mortis* também será irrelevante, pois a temperatura do corpo irá se ajustar à temperatura ambiente em algum momento.

No intervalo de algumas horas após a morte, os músculos começam a se contrair e a terceira condição temporária pós-morte, *rigor mortis* (rigidez cadavérica), acontece. *Rigor* começa nos músculos menores, normalmente em cinco horas, e depois se espalha para os músculos maiores, alcançando seu pico entre 12 e 24 horas pós-morte. Quando morremos, o mecanismo de bombeamento que mantém os íons de cálcio fora das células musculares cessa seu funcionamento e o cálcio entra pelas membranas celulares. Isso faz com que os filamentos de actina e miosina dentro do músculo se contraiam e, em seguida, travem, encurtando o músculo. Considerando que os músculos cruzam as articulações, elas também podem se contrair e travar numa posição rígida nas horas logo após a morte. No tempo devido, os músculos rígidos começam a relaxar devido à decomposição natural e alteração química e, assim, as articulações também se tornam móveis. Essa é a explicação para o fenômeno raro, porém registrado, de um cadáver parecer estremecer ou se mover. Mas, prometo, os mortos não se sentam nem se lamentam — isso, de fato, só acontece em filme de terror.

Sinais de flacidez inicial, rigidez e então flacidez secundária podem ser usados para auxiliar na elaboração de um IPM, mas muitas variáveis irão afetar o tempo de duração do *rigor mortis* e se inclusive esse estágio ocorrerá de verdade. Por exemplo, é bem comum que bebês recém-nascidos e idosos não apresentem rigidez. Em temperaturas mais altas, o início é mais rápido; as mais baixas o retardam. Outros fatores que terão influência incluem alguns venenos (estricnina acelera o processo de *rigor mortis,* enquanto o monóxido de carbono retarda). A rigidez é também provocada com mais rapidez por intensa atividade física antes da morte e pode não vir a acontecer em casos de afogamento em água gelada. Então, mais uma vez, não é um indicador de IPM incontestável, apesar do que falam em dramas policiais de televisão. Com o coração não mais bombeando, o corpo entra no quarto estágio de alteração pós--morte, *livor mortis* (manchas de hipóstase). O sangue começa a se acumular no nível gravitacional mais baixo do corpo quase imediatamente após a morte, no estágio de *pallor mortis,* mas a lividez pode não ser visível por algumas horas.

Os glóbulos vermelhos mais pesados afundam no soro e se acumulam nas regiões gravitacionais inferiores. Em dado momento dessa etapa, a pele fica num tom vermelho mais escuro ou roxo-azulado como resultado da concentração de glóbulos vermelhos, em contraste marcante com a palidez da pele nas áreas superiores. Nos pontos onde a pele entra em contato com uma superfície (por exemplo, se o corpo estiver deitado de costas), o sangue é empurrado para fora dos tecidos em direção a áreas adjacentes onde não há pressão de contato. Portanto, as áreas de contato parecem mais pálidas em comparação com as áreas de lividez circundantes mais escuras.

Em geral, atinge-se a lividez máxima dentro de 12 horas. A coloração lívida torna-se, então, fixa e pode ser um indicador útil na investigação de mortes suspeitas, sendo possível revelar como um corpo foi posicionado nas horas logo depois da morte e nos ajudando a avaliar se ele foi movido em seguida. Um corpo com marcas de lividez nas costas que foi encontrado de bruços sem dúvida foi virado. Se alguém morreu por enforcamento, haverá um acúmulo de sangue nos segmentos inferiores de todos os quatro membros e esse padrão de lividez fixado permanecerá nos braços e nas pernas distais mesmo depois de o corpo ser retirado do local.

Um campo de pesquisa relativamente novo foi apresentado por volta dos últimos anos a respeito de necrobioma — as colônias de bactérias que se desenvolvem nos mortos. Com amostragens de bactérias das orelhas e aberturas nasais de cadáveres, pesquisadores descobriram que, usando sequenciamento de DNA metagenômico de última geração, é possível prever o IPM de forma muito precisa, mais ou menos em duas horas, mesmo quando a morte ocorreu dias ou semanas antes. Se essa pesquisa resistir ao escrutínio, e a metodologia não for cara demais para ser colocada em prática, a novidade pode acabar substituindo os irmãos *Pallor, Algor, Rigor* e *Livor.*

Se um corpo não é descoberto nessas quatro fases, vai começar a cheirar muito mal. No quinto estágio, a putrefação, as células começam a perder a integridade estrutural e suas membranas iniciam um processo de decomposição por causa da leve acidez dos fluidos corporais. Isso é chamado de autólise (literalmente "autodestruição") e fornece as condições perfeitas para bactérias anaeróbicas se multiplicarem e começarem a consumir células e tecidos. O processo libera diversas substâncias químicas, incluindo ácido propiônico e láctico, bem como metano e amônia, cuja presença pode ser usada para detectar onde um corpo em decomposição foi escondido ou enterrado. Todo mundo está familiarizado com cães farejadores que são usados para procurar corpos. Dizem que seus focinhos são mil vezes mais sensíveis do que o nariz humano e eles podem farejar quantidades mínimas de odores putrefatos. Cachorros não são a única espécie com um olfato altamente desenvolvido: ratos também foram treinados para responder aos odores da decomposição, assim como vespas, por incrível que pareça.

Com o aumento da produção de gases, o corpo começa a inchar — conforme algumas das substâncias odoríferas, como cadaverina, escatol e putrescina, tornam-se mais concentradas — e ficar irresistível aos insetos. Moscas varejeiras, em particular, detectam os produtos da putrefação em questão de minutos após a morte e começam a procurar áreas nas quais depositar seus ovos, isto é, a oviposição, que costuma ser em torno de orifícios como olhos, nariz e orelhas. O fedor inconfundível de putrefação domina tudo e insetos o identificam como fonte de alimentação tanto para eles quanto para futuras larvas. O aumento contínuo da pressão dentro dos tecidos em putrefação leva à liberação de líquido nos orifícios, o que pode ocorrer até o ponto de rompimento da pele, permitindo ainda mais acesso a insetos e animais necrófagos. A pele começa a mudar de cor, tornando-se roxa, preta ou de um tom de verde desagradável que lembra hematomas feios, devido à decomposição dos subprodutos da degeneração de hemoglobina.

A decomposição ativa e avançada, o sexto estágio, inicia-se quando os ovos eclodem e as massas de larvas tomam conta. Elas começam a realmente quebrar os tecidos que se tornaram sua fonte de alimento. Através de fases de decomposição avançada e ondas sucessivas de atividades de insetos, animais e plantas, todo o tecido mole é consumido. Nesse estágio, observa-se a maior perda de massa de tecido como resultado de alimentação e liquefação no ambiente em volta. O processo gera uma quantidade enorme de calor: uma massa de cerca de 2500 larvas pode elevar a temperatura por volta de 14°C acima da temperatura ambiente. Se passar de 50°C, as larvas não sobrevivem; então, quando o núcleo da massa de larvas atinge essa temperatura crítica, elas se separam e se dividem em aglomerados cada vez menores para tentar diminuir a temperatura. É esse movimento constante para longe do núcleo central e o frenesi de atividade dos insetos que dá origem à expressão bastante adequada "uma massa fervente de vermes".

O sétimo e último estágio é a esqueletização, em que todos os tecidos moles do corpo se perdem e restam apenas os ossos, bem como uma provável quantidade de cabelo e unha, pois são compostos de queratina inerte. Dependendo das condições do ambiente e com suficiente passagem de tempo, até os ossos podem ser destruídos. Assim, todos nós retornamos aos elementos que nos constituíram no início da vida. O planeta tem recursos minerais finitos e cada um é composto por partes recicladas que são devolvidas por nós ao reservatório químico.

Então, quanto tempo leva para esse processo de desintegração após a morte se completar? Não há resposta simples. Em partes da África, onde a atividade de insetos é voraz e as temperaturas são altas, um corpo humano é capaz de passar de cadáver para esqueleto em sete dias. Contudo, nas terras frias da Escócia, o processo pode levar cinco anos ou mais. Como a taxa de decomposição corporal é influenciada pelo clima, a disponibilidade de oxigênio, a causa da morte, o ambiente do sepultamento, a infestação de insetos, a destruição por animais necrófagos, a quantidade de chuva e as vestimentas, entre muitos outros fatores, não é de surpreender que determinar o IPM raras vezes é definitivo.

O fato de a decomposição poder ser retardada de forma significativa, ou mesmo interrompida, seja por acidente ou intenção, também pode afetar a confiabilidade da avaliação do IPM. O congelamento pode interromper a decomposição quase por completo e, contanto que o corpo não descongele muitas vezes, características reconhecíveis podem permanecer por séculos. Na outra extremidade, o calor seco, que desidrata os tecidos, também pode preservar um cadáver. Essas condições explicam a longevidade, por exemplo, das múmias de Xinjiang e daquela encontrada em Spirit Cave, em Fallon, Nevada. Substâncias químicas são responsáveis em grande parte pela preservação prolongada das famosas múmias do Egito, como Ramsés e Tutancâmon. Nesses casos, a remoção de órgãos internos e o enchimento das cavidades corporais com ervas, especiarias, óleos, resinas e sais naturais, como natrão, eram procedimentos de grande domínio técnico.

A submersão na água, como no caso de corpos encontrados preservados em turfeiras, pode interromper a atividade aeróbica. O corpo torna-se esterilizado e, com o tempo, a natureza ácida da turfa dissolve o esqueleto, deixando para trás a pele de couro curtida, que pode permanecer quase reconhecível visualmente, mesmo após séculos se passarem. Nas condições corretas — temperatura, pH da água e níveis de oxigênio —, em vez da gordura do corpo apodrecer, ela pode saponificar e se transformar em adipocere, também conhecido de forma coloquial como cera cadavérica, formando um molde permanente de tecido adiposo. "Brienzi", um corpo masculino sem cabeça envolto por completo em adipocere, foi descoberto boiando numa baía do Lago de Brienz, na Suíça, em 1996. Uma análise determinou por fim que ele havia se afogado no lago nos anos 1700 e seu corpo havia ficado coberto de sedimentos. Dois terremotos fracos na região podem ter sido o suficiente para enfim desalojá-lo do encarceramento, permitindo que ele subisse à superfície.

Alguns pesquisadores pedem a construção de instalações tafonômicas humanas adicionais — de modo mais coloquial, e mais repulsivo, conhecidas como "fazendas de cadáveres" —, onde restos mortais são deixados ao ar livre e estudados com o objetivo de fornecer aos pesquisadores uma melhor compreensão do processo de decomposição. Os Estados Unidos têm seis desses locais e há um na Austrália hoje em dia também, mas não sou apoiadora da ideia de uma fazenda de cadáveres no Reino Unido. Os argumentos apresentados para justificar tais locais não me agradam. Há pouca evidência de que o método atual de usar substitutos animais, em geral porcos mortos, é impreciso para estabelecer o IPM, ou que a pesquisa feita com humanos nessas instalações melhorou de forma significativa nossa capacidade de determinar isso com maior confiabilidade. Eu gostaria de provas de ambos para reconsiderar minha posição. Acho o conceito sinistro e sombrio, e meu desconforto aumenta quando sou convidada a fazer um tour por um desses lugares como se fosse uma atração turística. Com frequência me perguntam por que não temos uma "fazenda de cadáveres" no Reino Unido. Acho que a pergunta mais relevante é: por que precisaríamos de, ou iríamos querer, uma?

Independente do que restar de nossa presença na terra na morte, nossa identidade pode ser tão importante quanto em vida. Nosso nome — o âmago do que consideramos ser "eu" — pode sobreviver muito depois até mesmo de nossos ossos terem sumido, quem sabe sendo celebrado em nosso local de descanso final numa lápide, placa ou num livro de recordações. Talvez seja um dos constituintes menos permanentes de nossa identidade, e ainda assim pode sobreviver a nossos restos mortais por séculos e, em alguns casos, permanecer poderoso o suficiente para inspirar medo, aversão, amor e lealdade em gerações futuras.

Um corpo sem nome é um dos maiores problemas para qualquer investigação policial sobre uma morte, e há sempre uma urgência para resolvê-lo, não importa quanto tempo tenha passado entre a morte e a descoberta do corpo. Cientistas forenses tentarão ligar os restos físicos com um corpo para que as evidências documentais possam ser acessadas, para que parentes e amigos possam ser encontrados, de modo a confirmar a identidade, e para que as circunstâncias em volta da morte possam ser exploradas. Até essa conexão ser feita, não pode haver interrogatório com a família da pessoa, nem com seu círculo social ou de colegas, nenhum rastreamento de atividades de telefone celular, nenhuma análise de filmagens de câmeras de segurança, nenhuma reconstrução das últimas viagens. Considerando o número de pessoas registrado como "desaparecidas" todos os anos — cerca de 150 mil apenas no Reino Unido —, não é uma tarefa fácil. Em seu nível mais básico, nosso objetivo é tentar reunir um corpo com o nome que ele recebeu no nascimento.

Em geral, todos temos um nome — mesmo que seja apenas um nome de família — antes de nascer. Se não tivermos, receberemos um logo. Não o escolhemos, tampouco ele foi adquirido por acaso, e é muito improvável que sejamos seu primeiro ou único dono. Esse marcador, selecionado por alguém como um presente, ou talvez uma maldição, para carregarmos para o resto da vida, torna-se um componente significativo de quem acreditamos que somos.

Respondemos a um chamado de nosso nome de forma automática e sem hesitação, mesmo num nível subconsciente. Numa sala barulhenta, é possível que tenhamos dificuldade para acompanhar conversas, mas, quando nosso nome é pronunciado, nós o escutamos em alto e bom som. De maneira muito rápida, ele se torna um aspecto incorporado à história do *"self"* que estabelecemos conforme nossa vida progride, e é possível que dediquemos algum esforço, e por vezes somas significativas de dinheiro, para protegê-lo de ser mal-usado ou roubado por outros.

Ainda assim, apesar da importância do nome para nossa identidade, mudá-lo por razões diversas faz parte de nossa rotina — quando formamos novos laços ou famílias, ou para separar a vida pessoal da profissional, ou apenas porque não gostamos de nosso nome de nascimento. Algumas pessoas permanecem com o mesmo nome a vida inteira; outras usam dois nomes simultâneos para diferentes papéis ou passam por uma série de nomes. De modo geral, quando as pessoas escolhem mudar o nome formalmente, a transição é mapeada em documentos oficiais rastreáveis; mesmo assim, isso cria uma camada adicional de averiguação para investigadores forenses.

Quando levamos em consideração apelidos e abreviações, uma pessoa pode ser conhecida por uma variedade impressionante de denominações. Meu próprio caso não é atípico. Nasci Susan Margaret Gunn. Na infância, era chamada de Susan — ou Susan Margaret, o nome de quando eu me metia em confusão, o que acontecia com bastante frequência. Na adolescência, amigos me chamavam de Sue. Eu me casei e me tornei Sue MacLaughlin (sra. e mais tarde dra.); então, ao me casar de novo, passei para Sue Black (professora e mais tarde *dame*)[*] —, e, por um período muito curto, para manter a continuidade de publicações em minha carreira, eu era Sue MacLaughlin-Black (isso, sim, é uma crise de identidade).

Se as coisas tivessem sido como minha mãe queria, eu teria me chamado Penelope, simplesmente porque ela gostava de Penny. Não só consegui escapar de ser conhecida como Penny Gunn, como também sou grata por essa futura cientista forense não ter tido que viver com o nome Iona, por mais bonito que seja com o sobrenome certo. Felizmente, Susan Gunn soava bastante inócuo, embora meu nome sempre fosse ser um alvo quando minhas iniciais entrassem em jogo. De forma inevitável, talvez, S. M. Gunn gerou o apelido Sub-Machine Gunn.[**]

Como nomes exclusivos são raros, a maioria de nós irá compartilhar a denominação pessoal com muitas outras pessoas. De mais dos 700 mil Smith no Reino Unido, uns 4500 se chamam John. Meu nome de solteira não é tão

---

[*] Sue Black foi nomeada Dame Commander (Dama Comendadora) da Ordem do Império Britânico nas honras de Aniversário da Rainha de 2016 por serviços prestados à antropologia forense.

[**] A autora se refere a uma brincadeira com suas iniciais. *Gun* significa arma de fogo. *Sub-machine gun*, abreviado SMG, é uma submetralhadora ou pistola-metralhadora.

comum: da última vez que verifiquei, havia apenas 16.446 pessoas com o sobrenome Gunn registradas no Reino Unido, não era de surpreender que a maior parte fosse do extremo nordeste da Escócia, perto de Wick e Thurso. Cerca de quarenta chamavam-se Susan.

Encontrar um xará pode ser engraçado, mas sem dúvida pode causar confusão. Para atores, tentar escolher um nome que ninguém mais esteja usando para garantir seu cartão de registro de atuação deve ser um pesadelo. Quando adquiri o sobrenome Black, outra Sue Black surgiu no horizonte — uma cientista da computação que foi fundamental para resgatar Bletchley Park do declínio. Dra. Sue Black OBE*** é uma mulher adorável mais ou menos da mesma safra que eu. Embora nunca tenhamos nos encontrado, já nos comunicamos por e-mail, pois às vezes recebo perguntas sobre Bletchley Park ou convites para dar uma palestra sobre decifração de códigos na Segunda Guerra Mundial e tenho que informar meus correspondentes desapontados que eles procuraram "a Sue Black errada" e que, a não ser que queiram uma fala sobre os mortos, é melhor contatarem a original.

Nosso fascínio pela identidade reflete-se em todo o mundo no folclore e na tradição literária, em que histórias sobre disfarces, identidades falsas, identidades equivocadas ou roubadas são abundantes, sem mencionar crianças abandonadas e adotadas ou trocadas no nascimento. Tais temas fazem parte de quase todas as comédias de Shakespeare; de fato, grande parte de sua obra lida com o conceito de identidade de alguma maneira. Eles fornecem inúmeros dispositivos de enredo para explorar a natureza da sociedade, os conflitos e como seres humanos estão relacionados uns com os outros.

Essas histórias teriam ressoado de forma mais plausível nas sociedades mais simples do passado, nas quais criar uma nova identidade, ou assumir uma que pertencia a outra pessoa, podia ser alcançado com muito menos risco de exposição do que seria o caso hoje. O famigerado impostor do século XVI que roubou a identidade de Martin Guerre, inspirando diversos livros, filmes e musicais, não teria ficado impune por tanto tempo na era moderna, em que a ciência forense pode confirmar uma identidade a ponto de quase exclusão de todas as outras.

Entretanto, ainda há muitos casos em que algum esqueleto lendário saiu do armário da família. Descobrir após muitos anos que você não é quem você pensa que é pode ser um choque enorme e levar a uma verdadeira crise de identidade. Minha mãe é na realidade minha irmã? Meu pai não é meu pai? Meu pai é meu avô? Eu sou adotada/o? Como nossa identidade se constitui ao longo da vida nas bases estabelecidas por aqueles que nos cercam — aqueles

---

*** OBE (*Officer of the Most Excellent Order of the British Empire*) é uma classificação da Ordem do Império Britânico, uma ordem de cavalaria britânica que recompensa contribuições para as artes e as ciências, o trabalho com organizações de caridade e bem-estar, bem como serviços públicos fora do serviço civil.

que acreditamos que nos contam verdades —, nosso nome e herança se tornam o alicerce de um senso de *self* e de segurança, o que pode ser um castelo de cartas. Quando uma mentira é exposta, tudo em que acreditamos sobre nós mesmos e nosso lugar no mundo pode desmoronar à nossa volta. Tais descobertas são, em geral, desencadeadas por uma morte, enquanto parentes pesquisam documentos ou investigadores remexem tudo de uma vida para dar nome a um corpo, ou para tentar entender as circunstâncias e motivações envolvidas em como aquela vida terminou.

Então, quando antropólogos forenses deparam-se com um corpo não identificado, como fazemos para unir o morto a seu nome? Primeiro precisamos estabelecer um perfil biológico: a pessoa era do sexo masculino ou feminino? Quantos anos tinha ao morrer? Qual era sua origem ancestral? Qual era sua altura? As respostas a essas perguntas possibilitam que coloquemos o indivíduo numa classificação específica. Uma vez que sabemos que estamos diante de uma mulher de 20 e poucos anos, negra e com 1,67 m de altura, podemos pesquisar bancos de dados de pessoas desaparecidas para ver quem pode se enquadrar nesses critérios gerais. Haverá muitas candidatas. Uma pesquisa por homem branco, de 20 a 30 anos, entre 1,67 m e 1,72 m de altura, resultou em 1500 possibilidades de nome apenas no Reino Unido.

Existem três características reconhecidas pela Interpol (Organização Internacional de Polícia Criminal) como os principais indicadores de identidade: DNA, impressões digitais e arcada dentária. Enquanto impressão digital e odontologia legal são usadas na ciência forense há mais de cem anos, análise de DNA, a última novidade, está em nossa caixa de ferramentas somente desde a década de 1980. Devemos sua aplicação prática e seu impacto revolucionário em identificação nas investigações policiais, disputas de paternidade e problemas de imigração ao trabalho pioneiro do geneticista britânico sir Alec Jeffreys da Universidade de Leicester.

DNA, ou ácido desoxirribonucleico, é o principal composto genético armazenado na maioria das células do corpo. Como metade de nosso DNA é passado por nossa mãe e a outra metade por nosso pai, há rastreabilidade familiar direta. Existe um equívoco comum de que a recuperação de DNA de um corpo sempre leva a uma identificação positiva. Mas sem dúvida uma comparação precisa ser feita, seja com uma amostra do DNA de quem se suspeita que a pessoa falecida é, caso tenha no banco de dados, ou com amostras fornecidas por membros diretos da família (pais, irmãos ou filhos). A ligação genética com o DNA de um dos pais seria igualmente forte em, digamos, um irmão afastado da pessoa morta. Então, se uma fonte familiar for usada, ela deve se apoiar em outras características de evidências biológicas específicas da pessoa desaparecida, como registros odontológicos.

Quando testamos os pais, preferimos usar o DNA da mãe, se possível, uma vez que pode haver alguma dúvida a respeito do pai ser o pai biológico. Famílias têm variadas formas e tamanhos, e relações biológicas não são um assunto secreto em diversos lares, mas, como existem aqueles que podem ficar muito abalados com tal revelação, cuidado e discrição sempre estão no primeiro plano dessas investigações. Com toda sua experiência de vida, minha vó costumava dizer: "Você sempre sabe quem sua mãe é, mas tem apenas a palavra dela sobre quem seu pai pode ser". Isso talvez diga muito sobre minha família. Quaisquer que sejam as circunstâncias, ninguém precisa do fardo extra de revelações indesejadas ao tentar lidar com um luto.

Uma fatalidade em massa recente, na qual mais de cinquenta pessoas perderam a vida, forneceu um exemplo clássico de como a morte e a análise de DNA podem expor segredos de família. Duas irmãs estavam convencidas de que o irmão delas tinha morrido no desastre, embora todos os hospitais tivessem sido verificados e ele não estivesse registrado como paciente em nenhuma das instalações de emergência e de acidente. Elas não haviam tido notícias dele e colegas e amigos também não; ele não atendia o celular e nenhuma ligação era feita pelo aparelho. Uma semana depois, não havia tido nenhum movimento em sua conta bancária nem em seus cartões de crédito.

Havia um corpo não identificado e muito destroçado no necrotério que se encaixava na descrição física desse homem, mas o DNA não correspondia ao das irmãs. A investigação revelaria mais tarde que o corpo era de fato o irmão desaparecido delas. Sem o conhecimento das irmãs, e talvez dele, o rapaz havia sido adotado ainda bebê — um segredo que por fim foi revelado por uma tia idosa. As irmãs então tiveram que lidar com um golpe duplo: a perda do irmão e a descoberta de que ele não era irmão biológico delas. Para elas, isso gerou inquietação sobre a identidade do irmão, a relação delas com ele e a honestidade dos pais.

As forças policiais do Reino Unido recebem, em média, 300 mil ligações por ano relacionadas a pessoas desaparecidas — quase 600 relatos por dia. Cerca de metade desse número é registrada oficialmente como desaparecimento, da qual por volta de 11% é classificada como de alto risco e vulnerável. Mais de 50% estão entre os 12 e 17 anos e muitos desses casos caem na categoria de "ausente" ou "fugitivo". Uma pequena maioria (57%) é de meninas. Felizmente, muitas crianças retornam ou são encontradas vivas, porém mais de 16 mil permanecem "perdidas" por um ano ou mais. Quando adultos desaparecem, os dados mudam: por volta de 62% são homens, costumam ter entre 22 e 39 anos, e de aproximadamente 250 pessoas por ano encontradas mortas em circunstâncias suspeitas, menos de 30 são crianças.

O Departamento de Pessoas Desaparecidas do Reino Unido está sob a alçada da Agência Nacional contra o Crime (NCA, *National Crime Agency*), que tem ligações com a Interpol, a EUROPOL e outras organizações internacionais. Quando alguém desaparece, a Interpol emite "alertas amarelos", como os chamam, para os 192 países membros para que suas forças policiais sejam avisadas. "Alertas pretos" são lançados quando um corpo é encontrado e não pode ser identificado. Num mundo ideal, todos os alertas pretos corresponderiam a alertas amarelos. Tentamos combiná-los comparando características identitárias da pessoa desaparecida (*ante mortem*) com as da pessoa falecida (*post mortem*).

Os pontos de partida óbvios para a coleta de dados *ante mortem* são os bancos de dados de DNA e impressão digital controlados pela polícia nacional. Contudo, a pessoa falecida apenas estará representada aqui se tiver chegado ao conhecimento da polícia (o DNA também é mantido em diferentes bancos de dados para todos os investigadores forenses ativos, policiais, Forças Armadas e outros, seja para fins de identificação ou para os excluir quando amostras de uma cena do crime são analisadas). Pela Interpol, podemos pedir permissão para que outras agências internacionais legais pesquisem seus bancos de dados se tivermos razão para crer que isso pode ser produtivo. A maioria dos países não tem registro universal de DNA ou impressões digitais da população geral e não há um banco de dados nacional de registros odontológicos. Então, a não ser que você seja da polícia, do Exército ou se tiver sido condenado previamente por um crime, é pouco provável que suas características de identificação apareçam em qualquer banco de dados.

Vamos pegar como exemplo os restos de esqueleto do jovem branco mencionado há pouco, para quem o banco de dados de pessoas desaparecidas indicou 1500 possíveis correspondências. Ele foi encontrado numa floresta remota no Norte da Escócia por um homem que passeava com seu cachorro. A polícia e os antropólogos forenses foram comunicados. Os ossos repousavam no chão da floresta, basicamente na posição anatômica correta, embora o crânio estivesse perto dos pés. Pendurado num dos galhos de um pinheiro escocês alto acima do corpo estava o capuz de um casaco contendo um osso humano — a segunda vértebra cervical do pescoço. Essa vértebra faltava no corpo abaixo, o que indicava ser um bom encaixe com o esqueleto. Portanto, era razoável presumir que o corpo estivera pendurado na árvore e que, conforme se decompunha, os tecidos do pescoço tinham se esticado e enfim rompido. O corpo havia caído no chão, com a cabeça indo numa direção um pouco diferente por causa da separação dos tecidos, e o osso do pescoço havia caído no capuz.

Tudo indicava que a morte não era suspeita e era um provável suicídio. Qualquer que tenha sido sua razão, ao que parecia, a pessoa havia subido na árvore, amarrado o capuz do casaco num galho e pulado. Mas precisávamos tentar identificar o falecido para que pudéssemos investigar a morte de forma adequada e informar os parentes mais próximos.

Não havia nenhuma evidência circunstancial de identidade. Nenhuma carteira, carteira de motorista nem cartões de banco. Extraímos DNA dos ossos, mas não havia nenhuma correspondência no banco de dados. Como os restos estavam esqueletizados, não havia impressão digital. Nossa avaliação antropológica revelou que o corpo era de um homem branco entre 20 e 30 anos, e entre 1,67 m e 1,72 m de altura.

A partir do esqueleto, conseguimos identificar algumas lesões antigas que estavam totalmente curadas no momento da morte: fraturas em três costelas do lado direito; uma fratura na clavícula direita e outra na patela direita. Se todas essas lesões tivessem sido sofridas no mesmo incidente, era muito provável que ele tivesse sido tratado em algum hospital, e lá haveria registros médicos. Ele também tinha extraído quatro dentes, os primeiros pré-molares de ambos os lados na mandíbula superior e inferior. O deslocamento dos dentes remanescentes demonstrava que era improvável que eles estivessem ausentes de forma congênita, mas haviam sido removidos por um profissional. Então, em algum lugar, um dentista teria o registro dessas extrações específicas. Mas nós teríamos que as encontrar.

Foram essas características básicas que geraram aquelas 1500 possíveis identidades. É compreensível que a polícia não tenha condições de ir atrás de uma quantidade tão enorme de pistas vagas, pois o uso de recursos seria imenso. Para dar algo com que os policiais possam trabalhar, precisamos reduzir o número de possibilidades para números com dois dígitos ou, de preferência, um dígito. Realizamos uma reconstrução facial para recriar as características do homem a partir dos contornos de seu crânio. O objetivo desse processo, uma mistura engenhosa de ciência e arte, não é produzir uma réplica perfeita da pessoa morta, mas algo semelhante o bastante para ser potencialmente identificável por aqueles que o conheciam ou que podiam tê-lo visto, gerando, assim, pistas mais precisas para a polícia seguir.

O rosto foi reproduzido em cartazes expostos na região onde o corpo havia sido encontrado e circulou de forma mais ampla através de jornais, televisão, um site de pessoas desaparecidas e a Interpol. Depois de o caso ser exibido pelo programa de televisão da BBC *Crimewatch*, várias pistas importantes surgiram, muitas indicando o mesmo indivíduo. Uma das ligações foi da mãe do rapaz. Ela estava assistindo ao programa por acaso e a reconstrução facial a lembrou do filho: o maior pesadelo que a mulher podia imaginar.

Com um nome a ser eliminado ou confirmado, uma investigação pode acelerar da ampla identidade física para o âmbito de possível identidade pessoal. A polícia pode começar a entrevistar parentes e obter amostras de DNA para comparação. Nesse caso, o DNA da mãe correspondeu de forma positiva com aquele do corpo, assim como o perfil biológico de seu filho — branco, 1,70 m de altura e 22 anos quando visto pela última vez —, os registros odontológicos, notas do clínico geral, registros hospitalares e radiografias. Ele havia se metido numa briga muitos anos antes de seu desaparecimento e os ossos quebrados foram todos documentados no hospital.

De fato, não havia crime para investigar. O homem tinha deixado sua casa mais ou menos três anos antes do corpo ser encontrado, dizendo à família que ele ia sumir por um tempo porque havia se metido em confusão e devia dinheiro a um fornecedor de drogas. Ele havia dito que ia para o norte e que os familiares não precisavam se preocupar, pois ele ficaria bem. O rapaz era conhecido no local onde morreu como alguém recluso, habituado a beber e usar drogas, e era chamado por um nome diferente daquele usado em casa.

Um homem jovem escolher acabar com a própria vida é muito triste. Não cabe a nós especular sobre isso ou julgar o que o levou a cometer suicídio, mas, ao lhe devolvermos o nome, permitimos que sua história seja contada. Conseguimos dar respostas a uma família preocupada e devolver o corpo a ela. As notícias que levamos aos parentes raras vezes são felizes, mas acreditamos que são dadas com bondade, honestidade e respeito, o que, em última análise, pode ajudar a colocar em movimento um processo de enfrentamento e cura.

Não há dúvidas de que, se esse jovem suicida estivesse levando algum documento de identificação com ele, teríamos concluído esse caso em particular com mais rapidez. Embora, em geral, a maioria das pessoas leve alguma coisa que dê uma pista de quem elas são, ou pelo menos que forneça um ponto inicial para a investigação, registros como um banco de dados de DNA universal ou documentos de identidade obrigatórios com certeza facilitariam na identificação daqueles sem nada. No entanto, a ideia do oficialismo nos controlando ainda mais do que já faz é controversa e levanta preocupações para muitos sobre a erosão das liberdades civis e do direito à privacidade.

Vemos nossa identidade como algo íntimo, mas, na realidade, compartilhamos seus detalhes mais sutis com todos com quem interagimos. E, de vez em quando, alguém em capacidade oficial irá querer que você compartilhe isso com ele/ela — em nosso caso, será quando você não estiver mais vivo.

Uma conversa em *O Navio da Morte*, escrito em 1926, entre o protagonista e um policial resume isso. O autor, B. Traven, pode ajudar a contribuir com reflexões sobre identidade, uma vez que ele próprio era um homem meio misterioso. Usava um pseudônimo, e sua verdadeira identidade, bem como quase todos os detalhes de sua vida, ainda é debatida com veemência.

> — Você devia ter algum documento para mostrar quem é — sugeriu um dos agentes.
> — Eu não preciso de papéis. Sei muito bem quem sou.
> — Talvez. Mas há outras pessoas que também estão interessadas em saber quem é você.

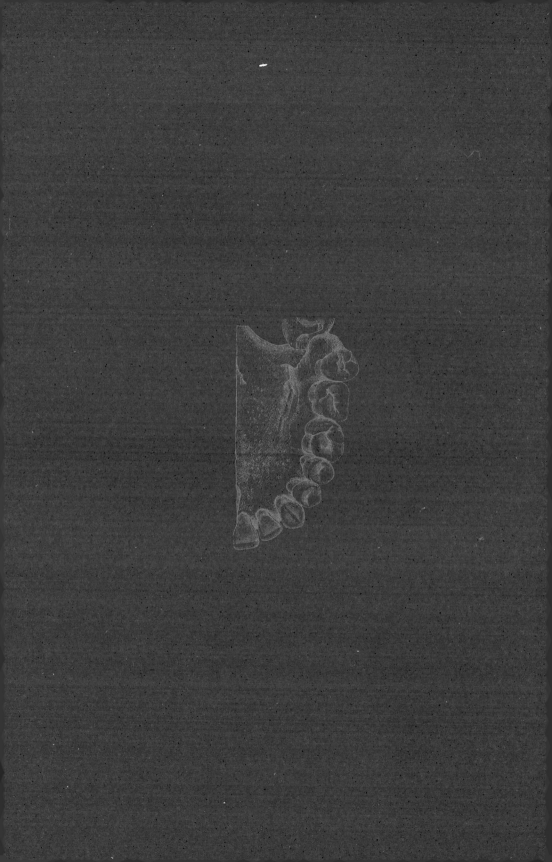

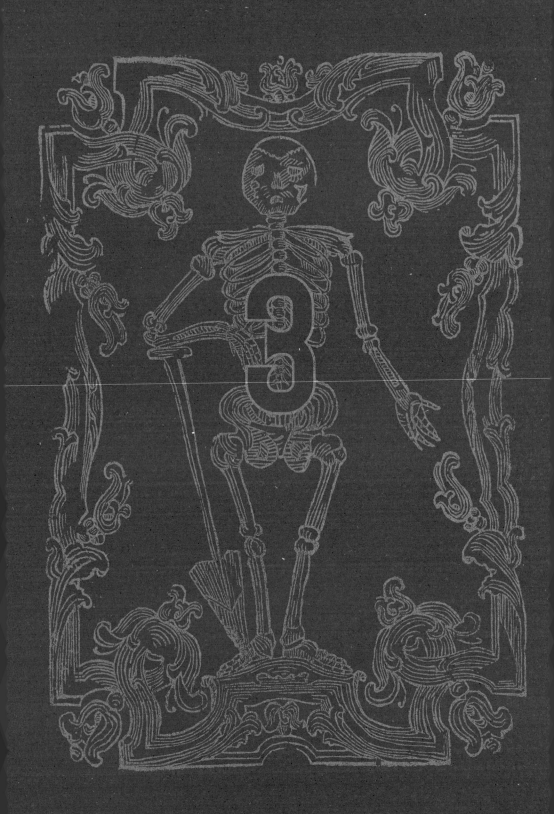

SUE BLACK
TODAS AS FACES DA MORTE

MORTE NA FAMÍLIA
CAPÍTULO 3

"Se a vida não deve ser levada muito a sério, então a morte também não."
— Samuel Butler, *escritor (1835-1902)* —

"Vá ver se o tio Willie está bem."

Era uma ordem simples, dita de forma casual por sobre o ombro enquanto meu pai saía do cômodo para dar atenção aos amigos e familiares que estavam com minha mãe e irmã na capela da casa funerária. Tio Willie, meu avô postiço, estava morto havia três dias. Não acho que meu pai tenha me pedido aquilo porque ele próprio estivesse desconfortável com a situação. Como um típico ex-militar escocês de sua geração, à moda antiga e prático, ele não teria se intimidado ao ver o corpo de Willie. E, como não acreditava que ser menina significava que você deveria ser mimada e protegida, era provável que tivesse considerado que, dada a área que escolhi, eu era a pessoa perfeita para a tarefa.

Eu tinha dissecado vários cadáveres àquela altura e ajudado a embalsamá-los, mas mal tinha saído da adolescência e sem dúvida aprender na sala de dissecação era bem diferente de ficar cara a cara pela primeira vez com o corpo recém-morto de uma pessoa que eu amava muito. Simplesmente não ocorreu a meu pai que eu não estava preparada para ver o corpo de meu tio--avô favorito na sala de velório da casa funerária. Sem dúvida eu não sabia o que ele queria dizer com "bem". Mas ele havia me dado uma tarefa e nós sempre fazíamos o que nosso pai mandava — jamais teria passado por minha cabeça falar que eu não queria. Meu pai sempre gritava suas ordens como se o serviço nacional nunca tivesse acabado, e seu bigode de sargento-mor ainda ficava eriçado com uma autoridade que não tolerava divergências.

Willie tinha sido uma grande presença de diversas formas. Um homem jovial de cintura larga, não tinha sequer um cabelo grisalho ao morrer com a boa e respeitável idade de 83 anos. Ele havia lutado na Segunda Guerra Mundial, mas, como tantos homens de sua geração, nunca falava sobre aquilo. Por profissão, era estucador e responsável por belas e ornamentadas cornijas em muitas das grandes casas nas partes mais ricas de Inverness.

Era motivo de grande tristeza para Willie e sua esposa, Christina, sempre conhecida como Teenie, o fato de eles não terem filhos próprios. Então, quando minha avó materna, irmã de Teenie, morreu sete dias após o nascimento de minha mãe, eles acolheram o bebê com alegria, criando-a numa casa cheia de amor e risadas. Eles foram verdadeiros avós para mim em todos os sentidos: gentis, carinhosos e generosos ao extremo.

Nos anos de aposentadoria, Willie costumava lavar carros na garagem local para ganhar uns trocados extras. Eu me lembro dele na área de lavagem, com a mangueira na mão, com as *wellies* de Willie" nos pés, como ele costumava chamar as galochas, dobradas para baixo nas panturrilhas porque suas pernas eram gordas para elas, e o cigarro pendurado no canto da boca, sempre rindo. Por algum motivo, ele adorava fazer sons soprando com a língua para fora, o que o tornava irresistivelmente travesso para nós, crianças. Com a ajuda da família, ele cuidou de sua esposa com deficiência durante os efeitos em geral devastadores e extremos da demência, artrite incapacitante e osteoporose debilitante. Ele considerava isso seu dever, como era o costume de muitas famílias naquela época, e nem discutia a possibilidade de ela ir para um hospital ou uma casa de repouso.

Depois da morte de Teenie, Willie ia almoçar na nossa casa todo domingo e costumava se juntar a nós nos passeios em família quando o tempo estava bom. Nunca o vi fora de casa vestindo qualquer coisa além de um terno de três peças, camisa e gravata. Ele só tinha dois ternos, um de *tweed* pesado para o uso diário e um terno melhor para funerais.

Existe uma fotografia do tio Willie que resume seu entusiasmo pela vida e as risadas que ele espalhou. Foi tirada na praia de Rosemarkie, na Ilha Negra, ao norte de Inverness. Era um dia muito quente e nós tínhamos ido de carro até lá para um piquenique na praia, todos amontoados no carro de meu pai, que pela época era o Jaguar Mark II 3.8 de duas cores, preto e marrom--claro, seu orgulho e alegria absolutos.

Mesmo para comer sanduíches no litoral de Moray Firth, tio Willie se vestia como se fosse para a igreja, de terno e sapatos com polimento perfeito. Nós desdobramos na areia uma daquelas cadeiras externas leves de metal e tubulares e sugerimos que ele descansasse na sombra enquanto arrumávamos as mantas e o piquenique mais adiante na praia. Enquanto nos ocupávamos com o banquete de nossa mãe — como de costume, o suficiente para alimentar um batalhão inteiro —, houve uma explosão de risadas atrás de nós. Tio Willie havia se enfiado de forma inextricável na cadeira frágil, e, conforme seu peso não desprezível se abatia sobre a estrutura delgada, ela começava a ceder e afundar na areia. Como o capitão de um navio desaparecendo sob as ondas, ele levou uma das mãos à testa em saudação enquanto descia, com bastante graça, as pernas esticadas à frente, até repousar nas nádegas. A foto mostra tio Willie gargalhando de sua situação ridícula e é impossível não sorrir junto. Ele tinha pouco na vida, mas era um homem muito satisfeito.

Tio Willie morreu de um jeito que o faria rir com a mesma vontade, caso fosse possível. Durante um domingo, em nossa casa para o almoço, ele apenas afundou na mesa, como se de repente caísse no sono. Ele sofreu uma ruptura do aneurisma da aorta, algo que ataca sem aviso — por sorte, uma morte instantânea para ele, mas um choque brutal para minha mãe, uma pessoa um tanto emotiva e sensível. Num instante, ele era a pessoa alegre de sempre e, no seguinte, havia partido. Infelizmente para o tio Willie, e para a toalha de mesa de minha mãe, ele caiu de forma pouco elegante, com o rosto direto na tigela com sopa de tomate Heinz. Era como se nosso tio estivesse decidido a manter o senso de humor até o fim.

E então lá estávamos nós, parentes e amigos unidos pelo luto na casa funerária, prontos para lamentar a perda do último de uma geração. Mas primeiro eu precisava respirar fundo, agir como gente grande, fazer o que meu pai tinha pedido e cumprir um último favor para o tio Willie: ver se ele estava "bem".

Imagino que, para todo mundo, ver um ente querido morto é um momento de parar e fazer um balanço do que aquela pessoa foi em vida, para se agarrar a essa memória e não permitir que ela seja encoberta por aquilo que a pessoa se tornou na morte. Willie havia sido uma alma boa e gentil e uma força vital irresistível. Nunca o ouvi falar mal de ninguém nem reclamar sobre alguma coisa. Esse era o homem que me deixava fazer apostas de brincadeira em corridas de cavalo, que me levava para comprar doce, que me deixava ajudá-lo a lavar carros — um homem que era uma alegria absoluta de ter em minha vida na infância. Meu único arrependimento era não ter tido a chance de conhecê-lo melhor na vida adulta.

Eu me lembro da iluminação suave na sala de velório, da música num tom vagamente hinário tocando baixo nos alto-falantes, o cheiro de flores e talvez um odor mais fraco de desinfetante. O caixão de madeira estava erguido sobre o catafalco no centro, rodeado de flores, com a tampa escancarada à espera de ser fechada e aparafusada para sempre para que ele pudesse descansar em paz.

Ao registrar um choque trágico, percebi de repente, e com muita clareza, a enormidade do que meu pai havia me pedido. O homem no caixão não seria enterrado até que eu lhe desse o ok. Tio Willie tinha que passar na inspeção. Eu sentia que havia recebido uma missão importante, mas estava bastante apreensiva. Não havia como saber o quanto eu estava preparada e como isso poderia me afetar.

Eu me aproximei do caixão, sentindo o bater de meu coração no ouvido, e olhei para dentro. Mas aquele não era o tio Willie. Respirei fundo. Deitado no forro branco estava um homem muito menor, e a pele avermelhada tinha sido substituída por uma palidez de cera e talvez apenas um toque de base. Não havia marcas de risada ao redor dos olhos, os lábios tinham uma coloração azul e era inconcebível o quanto ele estava quieto. Sem dúvida estava usando o melhor terno de funeral do Willie, mas a essência do homem não estava mais lá e tudo o que restava era um tênue traço físico dele numa carcaça antes ocupada por uma personalidade enorme. Percebi naquele dia que, quando a animação da pessoa que éramos é retirada da embarcação que usamos para nos guiar pela vida, isso deixa pouco mais do que um eco ou uma sombra no mundo físico.

Claro, era o tio Willie no caixão — ou, ao menos, o que havia restado dele. Mas simplesmente não era como eu me lembrava dele. Seria uma experiência que iria reprisar em minha mente anos depois, ao testemunhar famílias andando por fileiras de cadáveres estendidos no chão após uma fatalidade em massa, procurando em desespero o rosto de alguém que elas queriam, ou, em muitos casos, não queriam, ver lá. Eu me recordo de alguns colegas ficarem incrédulos com o fato de as pessoas não conseguirem reconhecer os corpos de seus parentes mais próximos. Mas, em meus encontros pessoais com a morte, eu tinha entendido que os mortos, mesmo aqueles que conhecemos, parecem muito diferentes dos vivos. As mudanças que acontecem na aparência de um corpo humano são mais profundas do que é possível de se justificar somente pela cessação do fluxo sanguíneo, a perda de pressão, o relaxamento dos músculos e a diminuição da energia do cérebro. Algo de difícil explicação se perde — não importa se escolhemos chamar de alma, personalidade, humanidade ou apenas de presença.

Os mortos não são como suas representações em filmes feitas por atores que jazem perfeitamente imóveis como se estivessem num sono profundo. Há um vazio neles que serve de certo modo para enfraquecer a certeza dos laços de reconhecimento. Óbvio que o motivo para isso é simples — jamais os vimos mortos antes. Morrer é, de fato, morrer, não é apenas dormir ou deitar imóvel.

Naquela época, eu não conseguia entender minha incapacidade de reconhecer o tio Willie, e isso me incomodava. Não era como se eu pudesse atribuir sua aparência a uma perturbação causada por morte ou decomposição violentas. Não havia sido uma morte violenta e tinha acontecido apenas três dias antes, durante a sopa de minha mãe — a Escócia não dorme no ponto na hora de enterrar seus mortos.

Eu achava que, num lugar pequeno como Inverness, onde Willie era conhecido de todo mundo, assim como meus pais, era muito improvável que isso fosse um caso de identidade equivocada, muito menos de uma troca de corpo no caixão ou de algo ilegal com o cadáver. Ele tinha nascido ali, crescido ali, casado ali e agora morria ali. O agente funerário era parente de Willie, pelo amor de Deus — ele não ia errar. Óbvio que era Willie. Mas, mesmo que a parte racional de meu cérebro soubesse disso, a desconexão entre sua aparência em vida e como era na morte me deixava perplexa.

Depois que a hesitação inicial passou, me dei conta de uma sensação de paz na sala. O silêncio perto dos mortos tem uma qualidade diferente do silêncio que é só uma ausência de som ou uma pausa. Havia uma calma ali, e o temor de que eu ficaria com medo começou a se dissipar. Quando percebi que o tio Willie com quem eu tinha convivido tinha partido de verdade, fiquei confortável com o que havia restado dele, embora eu compreendesse que minha relação com ele precisava ser diferente daquela que eu tinha com os cadáveres em minha sala de dissecação. Eu conhecia estes somente de um único jeito, no estado presente como corpos mortos, enquanto Willie existia para mim em dois planos: no presente, como a forma física diante de mim no caixão, e em minha memória, como uma pessoa viva. As manifestações dele não coincidiam e não havia razão para que o fizessem, uma vez que não eram a mesma coisa. O homem de que eu lembrava era Willie. O outro era apenas seu corpo morto.

Meu dever não pressupunha nada além do que uma rápida olhadela no caixão para verificar se o homem deitado ali era de fato meu tio-avô e se estava vestido de forma adequada e elegante, como ele iria querer, antes de ser sepultado. No entanto, em meu entusiasmo juvenil de fazer as coisas da maneira certa, exagerei. Entrei num modo analítico pomposo digno de *Monty Python: Os Malucos do Circo*. Contudo, não houve nenhum papagaio morto nesse esquete — apenas o pobre e velho tio Willie.

Se alguém da equipe funerária tivesse entrado no cômodo, teria questionado minha sanidade e talvez até me acompanhasse para fora do prédio por perturbar a paz do morto. Sem dúvida nenhum outro cadáver na história daquela funerária bem-conceituada nas Terra Altas deixou o local com um exame tão minucioso.

Primeiro, me certifiquei de que ele estava morto. Sim, de verdade. Senti o pulso radial, depois a carótida no pescoço. Então coloquei o dorso da mão em sua testa para verificar a temperatura. Não sei como imaginei que ele poderia mostrar qualquer sinal de vida ou calor depois de ficar no congelador da funerária por três dias. Notei que não havia inchaço do rosto, nenhuma descoloração da pele e nenhum odor avançado de decomposição. Examinei a cor de seus dedos para garantir que o fluido de embalsamento havia tomado o corpo todo, assim como os dedos do pé (tudo bem, admito — tirei um de seus sapatos). Com cuidado, abri uma das pálpebras no canto para verificar se as córneas não tinham sido removidas ilegalmente e abri um botão da camisa para descartar qualquer evidência de uma incisão de autópsia imprópria. Eu sabia que nunca se deveria ignorar a possibilidade de roubo de partes do corpo. Sério? Em Inverness? Não era exatamente o centro do mercado clandestino internacional de órgãos roubados. Então, talvez o pior de tudo, verifiquei sua boca para ver se os dentes falsos estavam no lugar. Quem iria querer roubar a dentadura de Willie? Um dono cuidadoso, apenas buscando um bom lar...

Ao notar que seu relógio havia parado, por instinto dei corda nele e coloquei suas mãos na grande barriga. É sério que eu pensei que ele iria querer saber que horas eram quando estivesse enterrado no cemitério de Tomnahurich e que talvez ponderasse sobre quanto tempo havia ficado deitado lá esperando? Esperando o quê? No caso improvável de que acordasse, de todo modo ele não iria ser capaz de enxergar o relógio sem uma lanterna e eu não tinha pensado em levar uma, não é mesmo? Movi uma mecha solta de cabelo cheio de creme modelador Brylcreem que havia caído em seu rosto e lhe dei um tapinha gentil no ombro. Agradeci em silêncio por quem ele tinha sido e, com a consciência 100% limpa, retornei a meu pai para lhe informar que estava tudo bem com o tio Willie. Ele tinha sido certificado como apto para enterro.

Passei muito do limite naquele dia, sem de fato ter uma justificativa lógica. Embora relembre minhas ações com incredulidade, óbvio que entendo agora que a morte e a dor fazem coisas estranhas com a mente. Havia sido uma primeira experiência para mim e eu tinha lidado com ela da única forma que achei que podia. E foi um marco importante. Confirmou que eu conseguia compartimentalizar: além de tratar com compaixão minha relação com corpos de pessoas desconhecidas, eu era capaz de controlar emoções e memórias envolvidas no momento de ver os restos mortais de uma pessoa que eu conhecia e amava, acessando, ao mesmo tempo, o distanciamento necessário para inspecioná-la de forma profissional e imparcial sem desmoronar.

De maneira alguma isso diminuía minha dor, mas me mostrava que uma compartimentalização de sentimentos não só era possível como também permitida. Por essa lição, tenho que agradecer ao tio Willie e também a meu pai, que presumiu que essa era uma tarefa que eu estava apta a realizar e não duvidou nem por um momento de minha capacidade de fazê-lo. E fico feliz por ter feito isso.

Minha recompensa foi um curto aceno de cabeça de meu pai que me dizia que ele aceitava minha palavra. Daquele momento em diante, não senti mais medo da morte.

Em geral, o medo da morte é um medo justificável do desconhecido; de circunstâncias que fogem a nosso controle pessoal e que não temos como prever nem podemos nos preparar. *"Pompa mortis magis terret, quam mors ipsa"*, escreveu o filósofo Francis Bacon há quatrocentos anos, citando o filósofo estoico romano Sêneca. "É o que acompanha a morte que é assustador, e não a morte em si." Ainda assim, o controle que gostamos de pensar que temos com relação à nossa vida é com frequência uma ilusão. Nossos maiores conflitos e barreiras existem em nossa mente e na forma como lidamos com os temores. Não faz qualquer sentido tentar controlar aquilo que não pode ser controlado. O que conseguimos controlar é a abordagem e a resposta às incertezas.

Para entender as raízes do medo da morte, talvez precisemos separar isso em três estágios: o processo de morrer, a morte em si e estar morto. Estar morto deve ser o menos incômodo, visto que a maioria de nós aceita que isso não é algo do qual nos recuperamos e que se preocupar com o inevitável é um tanto inútil.

Alguns medos que temos sobre estar morto dependem do que achamos que acontece conosco depois: aqueles que acreditam em versões de céu, inferno ou alguma espécie de sobrevivência da alma podem ter uma visão diferente dos que esperam o nada. A morte é um destino genuinamente inexplorado para o qual, até onde sabemos, não há passagem de volta. Com certeza ninguém retornou com evidências científicas e verificáveis que fossem confiáveis sobre a pessoa ter estado lá de fato. Óbvio, muito de vez em quando, alguém que acreditamos estar morto volta a respirar, mas, considerando que mais de 153 mil pessoas morrem todos os dias neste planeta, suspeito que o tamanho da amostra daqueles que "voltaram" não atinge relevância estatística, e nenhum entendimento científico real foi obtido com tais casos.

Todos nós já ouvimos histórias de experiências de quase morte, descritas como acontecimentos místicos, envolvendo flutuações, experiências fora do corpo, luzes fortes e túneis, visões de episódios na vida da pessoa e um sentimento de tranquilidade. Elas nos provocam com a possibilidade de que temos como saber de que modo será morrer; talvez até de que podemos desafiar a morte. A ciência tem explicações alternativas. É normal que todos os fenômenos relatados ocorram se existirem condições bioquímicas ou estímulos neurológicos corretos para impactar a atividade cerebral. A estimulação da junção temporoparietal do lado direito do cérebro pode gerar uma sensação de flutuação e levitação fora do corpo. Imagens vívidas, memórias falsas e a repetição de cenas reais do passado podem ser induzidas por níveis oscilantes do neurotransmissor dopamina, que interage com o hipotálamo, a amígdala e o hipocampo. A falta de oxigênio e um aumento no nível de dióxido de carbono podem causar alucinações visuais como luzes fortes e visão em túnel, assim como uma sensação de euforia e paz.

A estimulação do circuito frontotemporoparietal do cérebro pode nos convencer de que estamos mortos — até mesmo de que nosso sangue foi drenado, estamos sem órgãos internos e em decomposição, no caso de pessoas que sofrem com a síndrome de Cotard, um raro transtorno psiquiátrico.

Faz parte da natureza humana preferir uma explicação mística ou sobrenatural a confiar na lógica da biologia e da química. De fato, essa é a premissa com a qual todos os falsos místicos e videntes contam ao promover seus truques de espelho e fumaça para clientes vulneráveis.

O maior medo costuma se concentrar na maneira como morremos — no processo de morte. O período precário e doloroso, sejam momentos ou meses, entre o instante em que sabemos que a morte está sobre nós e quando ela de fato ocorre. Viveremos nossos últimos dias com doenças, seremos exterminados de repente por causa de um acidente ou um ato de violência, ou apenas desapareceremos? Resumindo, vamos sofrer? Como explicitou o escritor e cientista Isaac Asimov: "A vida é agradável e a morte é tranquila. O problema é a transição".

Quem dera todos tivéssemos a mesma sorte do tio Willie e encontrássemos o fim de uma vida longa, feliz e saudável numa colisão repentina e sem dor com uma tigela de sopa de tomate quente, rodeados por nossa família. Ele não teve medo de morrer porque não sabia que isso ia acontecer. Para mim, essa é a morte perfeita, o tipo que eu desejaria para qualquer ente querido. A curto prazo é um choque para aqueles de luto. Minha mãe não teve tempo de se preparar para a perda repentina do homem que era efetivamente seu pai, não teve nenhum tempo para se preparar para seu próprio luto. O ritual do processo de morte que ela esperava lhe foi negado e a parte de estar morto veio sem aviso. A longo prazo, no entanto, aqueles que ficam se sentem sem dúvida reconfortados ao saber que a pessoa que morreu o fez da forma menos angustiante possível física e psicologicamente.

Um tio jovial que amava comer e que cai durante o almoço; um jardineiro atingido por um ataque cardíaco, dando de cara no esterco... a morte e o humor ácido são velhos companheiros. Mesmo que os caprichos e as frivolidades da morte raras vezes sejam engraçados no momento que ocorrem, eles podem fornecer um mecanismo de enfrentamento muito necessário aos que ficam. Ironia fria pode ser mais cruel: o homem orgulhoso e independente que sempre temeu ficar incapacitado acaba passando os últimos anos preso em seu corpo numa casa de repouso impessoal; o patologista do fígado que morre por causa de um câncer hepático; a morte solitária numa cama de hospital de uma mulher com medo de morrer sozinha... Esses são todos destinos que aconteceram com alguns de meus amigos e parentes.

Minha querida avó, que era uma *teuchter* — uma habitante das Terras Altas, falante de gaélico escocês —, acreditava inteiramente no dom da clarividência. Ela contava muitas histórias da própria avó, que, segundo ela, conseguia prever quando alguém da pequena comunidade na costa oeste onde elas moravam estava caminhando em direção a seu *caochladh* (fim da vida) porque ela sonhava com o funeral da pessoa. Minha tataravó sabia de quem era a morte que ela previa, pois reconhecia a principal pessoa de luto no sonho.

Uma dessas histórias dizia respeito a "Katie do vale", uma parente distante de minha avó cujo falecimento próximo foi previsto pela velha senhora depois de um desses sonhos com o cortejo fúnebre de Katie, liderado por seu marido Alec. Isso foi um pouco chocante para todos, uma vez que Katie não era velha e estava muito saudável e forte. Mas, conforme a primavera se transformou em verão, minha tataravó continuou inflexível, até mesmo advertindo que a morte de Katie não demoraria a vir: no sonho, ela havia visto as turfeiras sendo cortadas, o que significava que o verão estava chegando. Todo dia a pobre Katie era monitorada de perto e todo dia ela seguia fazendo suas coisas sem reclamação ou doença. Quando a época de cortar turfa começou, Katie estava lá com todo mundo, puxando os talos até a margem e deixando-as lá para secar antes de serem transportadas de volta para a granja por uma vaca e uma carroça. Os enxames pretos de mosquito eram implacáveis e o trabalho, exaustivo. Ninguém sabia dizer o que tinha assustado a vaca das Terras Altas naquele dia, mas a pobre "Katie do vale" ficou presa entre o bicho e a parede de pedra e foi esmagada até a morte. Como previsto, Alec de fato caminhou atrás do caixão dela até o cemitério naquele verão. Minha avó sempre gostou de provocar e não me surpreenderia se ela tivesse inventado a coisa toda. Se ela não tiver inventado, parece bastante provável que algumas mulheres em nossa família tenham sido queimadas como bruxas no passado — em particular as de cabelo ruivo. Superstições assim fazem parte do indomável sistema radicular dos muitos equívocos em torno da morte. Mas dão ótimas histórias de arrepiar para assustar as crianças nas noites frias de inverno ao redor de uma fogueira.

Minha avó paterna, sendo de uma geração que com frequência morria numa idade muito mais nova do que morremos hoje, foi a única de meus avós que eu conheci e a pessoa mais importante de minha vida. Ela era minha professora, amiga e confidente. Acreditava em mim e me compreendia quando ninguém conseguia, e sempre que eu precisava de conselhos, conversas ou do apoio de uma pessoa adulta a um passo de distância de meus pais, ela estava presente. Mesmo quando eu era criança, conversava comigo de forma sincera sobre a vida, a morte e estar morto. Ela não tinha medo algum de morrer. Com frequência me pergunto se ela viu a própria morte chegando. Durante uma de nossas conversas sombrias mais memoráveis, me lembro de viver um momento de clareza ao me dar conta de que ela não estaria sempre ali comigo, e isso me deixou muito triste e assustada. Eu não queria perdê-la jamais.

Minha avó me olhou de forma séria com seus olhos pretos profundos e falou que eu estava sendo *faoin* (boba). Ela nunca iria me deixar, mesmo quando fosse "além", como costumava chamar. Prometeu que sempre estaria sentada em meu ombro esquerdo e que, se eu precisasse dela para qualquer coisa, tudo que eu teria que fazer seria virar para o lado e ouvi-la. Nunca duvidei dela e nunca esqueci da promessa. Na realidade, vivo com isso e acreditando nisso todos os dias da vida. Ainda inclino a cabeça de forma automática para a esquerda quando estou pensando, e ainda escuto sua voz me dando conselhos quando preciso. Mesmo hoje, não tenho certeza se foi uma gentileza com uma menininha assustada ou uma maldição, porque eu podia ter me divertido muito mais quando era mais nova se não fosse por minha avó morta. Em muitas ocasiões, ela me impediu de fazer alguma coisa que eu queria, mas sabia que não deveria. Talvez alguns chamem isso de consciência, mas não há dúvida de que meu Grilo Falante fala com a voz cadenciada das Terras Altas de minha avó.

Naquela mesma conversa, me fez prometer que iria cuidar de meu pai, seu único filho, quando a hora dele chegasse. Ninguém, disse ela, deveria ter que atravessar a porta da morte sozinho. Ela estaria lá esperando meu pai do outro lado, mas eu tinha que ser a pessoa a acompanhá-lo à soleira. Jamais questionei esse pedido tão estranho — eu tinha apenas 10 anos. Também jamais perguntei por que minha mãe não estaria presente. E, no fim das contas, ela não estava. Será que minha avó, já falecida há tempos naquela época, de alguma forma previu que meu pai seria o último de sua geração a morrer, com apenas a próxima geração ali para cuidar dele nessa passagem?

A morte é um caminho que não precisamos seguir desacompanhados, mas, quando chegamos à porta, atravessamos a soleira sozinhos. Nossos mitos, fábulas e cultura instilam em nós noções de como a morte será e o que devemos esperar, mas cadê a evidência de como isso será para mim ou para você? É uma transição incrivelmente íntima e pessoal — o fim de tudo que conhecemos, somos e entendemos, e nenhum livro ou documentário pode nos deixar preparados. Se não podemos influenciá-la, talvez não devêssemos perder um tempo precioso nos preocupando com isso. Quando ela chegar, basta vivermos a experiência.

Minha avó morreu na cama de um hospital impessoal. Fumante inveterada, ela havia feito uma cirurgia investigativa por causa de dores no peito e, quando a abriram, descobriram o câncer de pulmão tão espalhado que não havia nada a ser feito e apenas a fecharam de novo, bem rápido. Eu sabia que não era a morte que ela teria escolhido, mas, naquela época, com tal doença, havia poucas alternativas para uma morte clínica e medicalizada no hospital. Não tinha como ela ficar em casa, sem conforto e sossego algum. Como nós éramos crianças, não nos incentivavam a visitá-la no hospital, então nunca mais a vi. É um arrependimento profundo que me acompanha a vida inteira. Eu queria ter podido falar com ela mesmo que fosse uma última vez, ouvir o que minha avó tinha para me contar sobre a própria morte e aprender com sua sabedoria.

Ou seja, minha primeira experiência de verdade com a morte, aos 15 anos, foi a perda da pessoa que mais tinha importância para mim no mundo. Meu pai, ciente de como nossa relação tinha sido especial, perguntou se eu queria ver minha avó no caixão. Sofrendo muito e com medo de olhar para seu corpo sem vida, recusei — para alívio de minha mãe, que não tinha ficado feliz com aquilo, para começo de conversa. Com amargura, me arrependo disso também. É um motivo de grande tristeza não ter tido um último momento com minha avó, só nós duas, seja quando ela estava morrendo ou logo após sua morte. Talvez por essa razão eu tenha compensado ao extremo com o tio Willie.

O que podíamos fazer era celebrar a vida dela — e, nossa, e foi o que fizemos. Minha mãe cozinhou até não sobrar nada nos armários, o whisky e o xerez jorraram e as janelas da sala de estar foram escancaradas para deixar sua alma voar. A última imagem que me lembro desse dia é de nosso pastor numa dança *country* escocesa no jardim da frente com a música bem alta no aparelho de som. Sim, foi uma festa e tanto, e ela teria amado. Eu me pergunto se ela sentiu que ia encontrar seu criador. Não éramos uma família religiosa em excesso, embora frequentássemos a igreja e nos apegássemos com força a valores cristãos. Eu me lembro de minha avó tendo debates filosóficos intensos com o pastor local enquanto jogavam cartas. Enquanto ele estava perdido em pensamento, ela trocava as cartas bem debaixo de seu nariz.

Ela acreditava tanto na vida após a morte que eu até queria que ela voltasse para me contar como era. Infelizmente, ela nunca voltou.

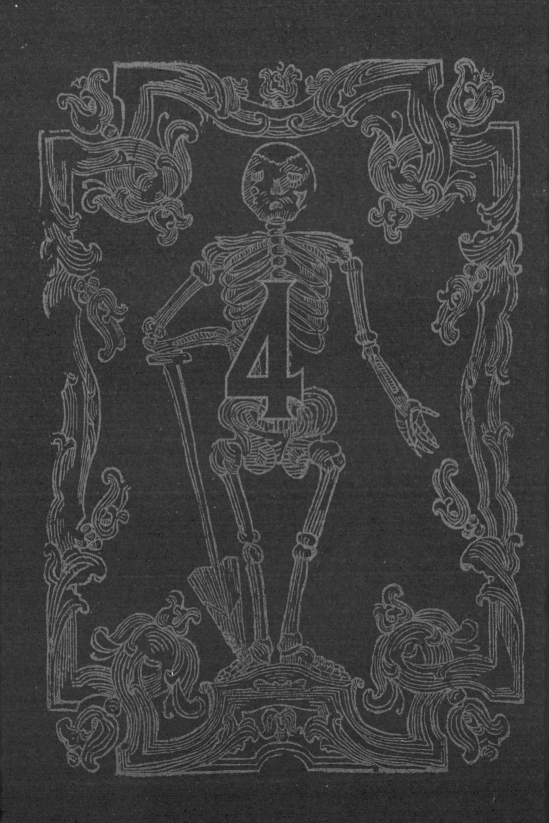

SUE BLACK
TODAS AS
FACES
DA MORTE

A MORTE VISTA DE PERTO
CAPÍTULO 4

"Às vezes você não sabe o valor de um momento até que ele se torne memória."
— Theodor Seuss Geisel, *escritor, cartunista e animador (1904-1991)* —

Quase todo mundo verá a morte de perto muito antes de a encarar por si próprio, e essas experiências podem influenciar de maneira profunda nossos medos, atitudes e o que entendemos como uma "boa" forma de morrer. Para muitos de nós, é provável que o primeiro desses encontros íntimos e indiretos a nos atingir em cheio venha com a morte de nossos pais.

Como adultos, aceitamos que é nossa responsabilidade lidar com o processo de morte e com a morte em si daqueles que nos trouxeram ao mundo, conforme acontece com a segunda geração desde tempos imemoriais. É a ordem natural das coisas que os filhos enterrem os pais, e não o contrário. Hoje em dia, com as pessoas vivendo mais tempo e às vezes em famílias mais complexas, sem dúvida é mais comum que várias gerações vivam ao mesmo tempo. Quando as "crianças" estão com uns 70 anos, a responsabilidade de cuidar da morte tanto dos avós quanto dos pais pode passar para a terceira geração.

Quaisquer que sejam as circunstâncias, a morte dos nossos pais nos faz encarar a realidade da morte e frequentemente envolve apresentá-la aos nossos filhos, e é um lembrete de que nós também estamos envelhecendo, o que pode trazer consigo um foco maior em nossa mortalidade.

Considerando que quase todos nós somos produto de uma cultura e época em que ninguém gosta de discutir a morte, pois isso pode encorajá-la a aparecer, talvez seja difícil saber o que nossos entes queridos querem que aconteça quando a hora deles chegar e de que forma nós devemos nos preparar para isso. Meu marido, Tom, e eu conversávamos com frequência sobre qual de nossos quatro pais achávamos que partiria primeiro e quem sobreviveria aos outros, brincando que vaso ruim não quebra fácil. Mas isso não era apenas um jogo mórbido: era uma tentativa de planejar a administração de vidas idosas de tal forma que mantivesse a dignidade e a independência delas pelo máximo de tempo possível. No caso, nossas grandes previsões estavam bastante erradas. Quem achávamos que ia primeiro, meu pai, viveu alguns anos a mais do que todos os outros — e mesmo ele teria admitido que somente os bons morrem jovens.

Eu sentia medo da morte de meus pais? Para dizer a verdade, não sei. Acho que, além de me preocupar com o que a morte poderia acarretar para eles, eu não estava apreensiva com a perspectiva da morte real deles ou com eles estarem mortos. Eu via o falecimento dos dois como algo inevitável para o qual um planejamento pragmático era essencial. Não quero soar fria — eu os amava e teria adorado que tivessem vivido a vida mais longa, saudável e feliz possível —, mas, como a morte é uma certeza, precisamos estar preparados.

Minha mãe adoeceu de repente. Eu estava num programa de treinamento de policiais com duração de uma semana quando recebi uma ligação de meu pai para me alertar que ela havia sido levada ao hospital. Como eu já esperava, ele não foi nada útil no sentido de ser capaz de me passar informações concretas. Terminei minha parte do programa e dirigi de Dundee para Inverness. Entupida de caminhões, caravanas e turistas, a A9 pode ser uma rodovia longa, solitária e frustrante quando você tem pressa para estar na outra ponta dela, sem arriscar a carteira de motorista e a vida.

Quando cheguei à enfermaria, as primeiras palavras de minha mãe para mim foram: "Você veio". Ela sempre tinha tido medo de que, se sua saúde falhasse, ninguém ia querer cuidar dela e ela ficaria sozinha. Tendo passado a vida inteira cuidando de outras pessoas — das tias e dos tios enquanto crescia, do marido e então da própria família —, a fé de minha mãe em seu valor era tão pequena que ela era incapaz de aceitar o quanto era um exemplo para todos nós. Agora era meu trabalho cuidar dela. Ela havia sofrido de hepatite na juventude e seu fígado estava aos poucos parando. Outros órgãos também estavam falhando; ascite, um acúmulo de líquido na cavidade peritoneal, estava se tornando um problema, e níveis elevados de bilirrubina estavam produzindo icterícia. Na idade dela, minha mãe não se recuperaria.

Ela nunca conseguira fazer uma transição confortável do relacionamento mãe-filha criança para a fase mãe-filha adulta, e em raras ocasiões tínhamos conversas profundas e maduras. Minha mãe me conhecia pouco, me achava impenetrável às vezes e, portanto, ficava relutante em compartilhar seus medos ou esperanças. Em geral, nossa família não era falante, aberta, nem do tipo que compartilhava as coisas, e minha mãe achava vergonhoso discutir suas necessidades pessoais com alguém. Teenie e Willie fizeram um trabalho e tanto com a garotinha que perdera os pais, mas, por ter sido tão protegida e mimada, ela se tornou muito dependente. Eu, por outro lado, tinha herdado de meu pai e minha avó uma abordagem autossuficiente para a vida e estava ciente de que minha mãe me considerava uma pessoa difícil de se aproximar e entender. Mas ela também sabia que, quando as coisas ficavam ruins, podia sempre contar comigo, porque eu agiria de forma lógica e prática e iria lidar com a situação.

Então, diante da rápida deterioração de sua saúde, senti que ela não queria que eu procurasse saber o que poderia ou não querer que eu fizesse por ela. Por sua vez, minha mãe não manifestou qualquer desejo de suportar quaisquer intervenções médicas que pudessem ter adiado a piora e não me pediu para ajudá-la a prolongar sua vida. Parecia que minha mãe tinha aceitado que sua hora tinha chegado e havia encontrado um conforto próprio nisso que não estava preso a arrependimentos ou expectativas irreais. Meu instinto dizia que, como minha mãe havia feito tantas vezes no passado, ela estava me colocando no controle das decisões, dessa vez pelo tempo que lhe restava. Meu pai e minha irmã ficaram aliviados, pois nenhum dos dois queria assumir essa responsabilidade. Eu me comprometi a fazer o que pudesse para cuidar de seu processo de morte e, em última instância, da morte em si e dos rituais necessários. Fiz isso de boa vontade, com o coração pesado, mas cheio de orgulho, pois era o último favor que uma filha grata podia fazer nessa vida por uma mãe genuinamente bondosa e amorosa.

Eu me lembro do alívio no rosto do médico domiciliar quando afirmei com muita segurança que não queria que minha mãe fosse ressuscitada caso chegasse a isso nem que fosse colocada no soro. Também não queria que ela entrasse para a lista de transplante de órgãos. Todas essas opções eram possíveis saídas que o médico residente tinha o dever de oferecer às famílias como um último recurso de esperança, embora, na verdade, como nós dois sabíamos, não houvesse esperança realista. O único efeito que qualquer das opções poderia ter era estender o processo de morte de minha mãe. Usar um órgão que podia beneficiar profundamente uma pessoa mais jovem era inconcebível para nós duas. Isso era algo de que eu tinha certeza porque minha mãe havia expressado no passado que, com uma falta tão grande de órgãos, transplantá-los para pessoas mais velhas era um desperdício.

Consegui levá-la para casa, para sua cama, apenas por uma noite antes de sua morte, mas isso a consumiu muito e a angustiou terrivelmente. Ela ficou horrorizada por ter sido cateterizada e por precisar de ajuda para lidar com aquilo. Lembro-me de lhe perguntar se ela faria isso por mim caso a situação fosse invertida e eu precisasse de ajuda. A pergunta foi ignorada com irritação — óbvio que sim. Ela foi forçada a admitir, mesmo a contragosto, que às vezes os papéis de pais e filhos precisam ser invertidos. Quando levei minha mãe de volta ao hospital no dia seguinte, ficou claro que ela não ia mais voltar para casa. Ela precisava de um nível de cuidados paliativos que só um hospital podia oferecer, ou era isso que a cultura de nosso sistema de saúde me levava a crer. De todo modo, permiti que sua morte fosse medicalizada e deixei que médicos e enfermeiras realizassem as tarefas íntimas que ela odiaria que fossem feitas por qualquer pessoa, quanto mais estranhos.

Posso ter ficado responsável pelas decisões e diretrizes que, de forma geral, eram repassadas à equipe médica, mas eles que ditaram o ritmo de sua morte e controlaram seu nível de envolvimento com o mundo ao redor. Em momentos de reflexões sombrias, me censuro pelas horas que ela passou sozinha no hospital. No começo, amigos visitavam, mas iam desaparecendo aos poucos conforme minha mãe se tornava menos consciente. Acredito que ela teria preferido estar em casa, onde receberia amor e carinho em seus dias finais, mas meu pai jamais teria suportado isso e, naquela época, não havia a qualidade de enfermagem domiciliar que existe hoje.

Em nossas vidas atarefadas, tentamos conciliar o que achamos que deveríamos fazer com o que temos que fazer e o que queremos fazer. No final, é provável que a maioria sinta que não alcançou o suficiente ou que devia ter feito as coisas de maneira diferente. Sim, eu tinha um marido, filhas e um trabalho exigente a 320 km de distância, mas eu tinha uma mãe apenas — uma mãe que sempre teve baixa autoestima e que, embora fosse uma pessoa de bom coração, no fundo era triste, solitária e insatisfeita. Então me arrependo de simplesmente aceitar como "norma" que ela ficaria aos cuidados do hospital e que, em minha ausência, poderia ser visitada por outras pessoas. Eu faria as coisas de modo diferente hoje em dia? Sim, é possível, mas essa perspectiva vem em retrospecto e com a experiência vivida. Conforme a geração mais velha de minha família morreu, um por um, acho que melhorei no gerenciamento do processo. A prática leva à perfeição, ou pelo menos é o que dizem.

Passaram-se apenas cinco finais de semana entre minha mãe ser admitida no hospital e sua morte, e minhas filhas e eu estivemos com ela numa pequena bolha familiar em cada um, aproveitando o máximo de tempo possível enquanto podíamos. Em nossa penúltima visita, ela estava entrando em coma. Falei para minha mãe que estaríamos de volta no sábado seguinte e que ela aguentaria firme até então, embora eu não tivesse muita fé nisso. Quanta arrogância esperar que ela organizasse seu cronograma de morte em torno de nós! Na época, achei que fosse a coisa certa a se dizer, para encorajá-la a ter esperanças (uma maluquice total: a mulher estava morrendo), mas me pergunto se apenas prolonguei seu sofrimento e solidão. Tremo agora diante de minha insensatez. Tenho vergonha de ter permitido que minha personalidade dogmática assumisse o controle na expectativa de ela obedecer; de ter como certo que havia algum benefício para ela, embora, na verdade, não houvesse nenhum. Talvez eu esteja sendo muito dura comigo, mas ninguém jamais me convencerá de que ela não esperou que a visitássemos uma última vez, quando podia ter ficado em paz antes.

A enfermaria de um hospital, desprovida de calor, amor, personalidade e memórias, pode ser um ambiente muito estéril para os que estão morrendo e para seus entes queridos que tentam se preparar para o momento mais pessoal, privado e irreversível de todos. No sábado seguinte, a última vez que vi minha mãe viva, minhas duas filhas mais novas e eu passamos a tarde sozinhas com ela, de forma quase ininterrupta. Eu tinha certeza de que era a última chance de elas se despedirem e eu não queria que minhas filhas crescessem com o arrependimento que eu sempre tinha sentido de perder aquelas últimas horas preciosas com a avó.

Minha mãe estava sozinha num quarto particular, àquela altura em coma induzido por morfina e não mais conosco. Ou estava? A auxiliar de enfermagem que cuidava de suas necessidades finais apenas cumpria seu papel. Ela não foi de forma alguma cruel ou negligente, mas não demonstrou qualquer empatia ou compreensão por minha mãe ou por nós. Havia um trabalho a ser feito e nós éramos quase irrelevantes.

Nossa filha do meio, Grace, que tinha 12 anos na época, estava fervendo de raiva com tamanha falta de compaixão. Sua fúria e indignação jamais a deixaram — na verdade, foram fundamentais para que nossa filhota inteligente se tornasse enfermeira. Experiências de morte têm o poder de mudar atitudes e mesmo alterar o curso de nossa vida. Grace é muito compreensiva e tem um coração enorme, qualidades que fazem dela exatamente o tipo de enfermeira que sua avó deveria ter tido nas últimas horas nesta terra — o tipo de enfermeira que toda família tem o direito de esperar. Ela não tem medo de segurar a mão de um paciente em seus momentos finais, oferecendo conforto e segurança sem que estejam contaminados por falsidade. Não é isso que todos nós queremos quando estamos doentes, com dor ou morrendo — bondade e sinceridade? Não me surpreende que em tempos recentes ela esteja pensando em se especializar em cuidados paliativos. Será um caminho doloroso se ela decidir segui-lo, mas sei que ela lutaria pela dignidade de cada um dos pacientes sob seu cuidado. Sua avó ficaria tão orgulhosa quanto nós. Sim, Grace é nosso anjo da misericórdia particular — mesmo que tenha cabelo azul hoje em dia, o que deve aterrorizar alguns de seus pobres pacientes.

Pesquisas usando eletroencefalografia (EEG) sugerem que, de todos os sentidos, a audição é o último a desaparecer quando estamos inconscientes ou morrendo. É por isso que profissionais de cuidados paliativos são muito cuidadosos sobre o que é dito perto do paciente e por que famílias são encorajadas a conversar com aqueles que parecem estar em coma. Naquele último final de semana, decidimos que a vovó não ia deixar este mundo ouvindo apenas silêncio pontuado por sussurros e lágrimas distantes. Não seríamos uma família que se lamenta, seríamos a família Von Trapp: iríamos cantar.

Mesmo que relembrar sua morte ainda seja triste e doloroso, a memória daquele último dia bizarro ainda faz as meninas rirem. Passamos por nosso repertório de sucessos da Disney, uma série de músicas de Natal (apesar de ser o auge do verão), todas as favoritas de minha mãe e uma ou duas antigas cantigas escocesas. Toda vez que enfermeiros ou médicos entravam no quarto eles sorriam e balançavam a cabeça ao verem nós três relaxadas enquanto entoávamos canções em desarmonia inglória. O olhar no rosto deles nos lançava numa alegria ainda mais descontrolada e o quarto se enchia de amor, risadas, luz e calor, além de gritos estridentes. Hospitais são lugares terríveis e nada saudáveis para a alma, e trazer mais gargalhadas para eles só pode ser uma coisa boa. Não houve serviços religiosos, nada de amigos de luto — apenas "suas meninas" se divertindo, fazendo companhia para ela e simplesmente sendo humanas.

Afinal, a morte é uma parte normal da vida, e às vezes na cultura ocidental nós a escondemos, quando talvez devêssemos abraçá-la e celebrá-la. Às vezes, com a melhor das intenções, tentamos proteger nossos filhos, quando talvez pudéssemos estar preparando-os para enfrentar os acontecimentos com os quais terão que lidar no futuro. Sei que nem todo mundo concorda com essa filosofia, mas foi importante para mim que minhas filhas estivessem lá, não somente para se despedir direito da avó, mas também para que, ao chegar a vez delas de cuidar de mim e do pai, elas saibam que não tem problema rir e falar besteira, e que preferimos risos e música a tristezas e lágrimas. Talvez algumas pessoas considerem falta de respeito cantar "The White Cliffs of Dover" e "Ye Cannae Shove Yer Granny Aff a Bus"* ao redor do leito de morte da própria mãe, mas acho que ela teria gostado bastante.

Depois de termos cantado todos os clássicos, estávamos exaustas. Minha mãe não havia mexido um centímetro durante todo o tempo que estivéramos ali, mas tínhamos segurado sua mão, umedecido seus lábios e penteado seu cabelo. Foi quando chegou a hora de nos despedirmos que as lágrimas vieram inevitavelmente à tona. Depois de as meninas se despedirem, pedi que me dessem um momento sozinha com minha mãe. Mas me vi sem conseguir pronunciar uma palavra. Eu não conseguia dizer que a amava, que sentiria sua falta ou mesmo reunir as palavras para lhe agradecer. Apesar de nunca terem dito, eu sempre soube que os dois me amavam. Expressar tais sentimentos nunca fizera parte da linguagem de nossa família, e exprimir isso naquele momento parecia muito diferente da atitude estranha e firme que ditava o tom da maneira

---

* O nome das músicas significam, respectivamente, "Os Penhascos Brancos de Dover" e "Você Pode Empurrar Sua Avó Para Fora do Ônibus".

como nossa família lidava uns com os outros. Além disso, eu tinha medo de que, se o fizesse, talvez começasse a chorar e nunca parasse, e eu não queria que minhas filhas jamais me vissem triste. Meu papel era ser a pessoa forte.

Então, apenas me despedi e fechei a porta do quarto, deixando-a para que fizesse sua última viagem sozinha. Eu me arrependo dessa decisão mais do que qualquer coisa. Se eu pudesse, voltaria e mudaria cada aspecto dessa despedida. Por mais que eu sempre sinta que deveria ter estado lá com ela no fim, temo que, se tivéssemos ficado, ela teria continuado se apegando à vida por nós. Eu precisava deixá-la ir e parecia para mim que era somente indo embora que eu podia fazer isso.

Eu tinha acabado de entrar em casa, apenas duas horas depois, quando o hospital ligou com a notícia de que minha mãe havia morrido. Quão rápido havia acontecido aquilo? Ela estava apenas esperando irmos embora para partir? Ou tinha ficado lá sozinha por um tempo no silêncio que deixamos para trás? Talvez estivesse contente de haver silêncio enfim e de termos parado com toda aquela cantoria terrível. De alguma forma, duvido disso. Será que estivera sozinha naquele quarto de hospital ou uma enfermeira gentil tinha sentado com ela naqueles últimos momentos? Será que a morfina lhe permitiu morrer de forma tranquila e inconsciente?

Jamais saberei a resposta para essas perguntas. Só posso ter certeza de que, embora não fosse possível que ela morresse na própria cama, rodeada pela própria família em casa, como ela teria desejado, tentamos fazer o melhor que podíamos por ela. Espero, sinceramente, que ela tenha entendido isso. Quaisquer planos ou promessas que façamos, doenças e morte têm o hábito de mudar tudo.

Estar com alguém em processo de morte pode ser mais difícil do que pensamos. Você pode manter uma vigília 24 horas por dia ao lado da cama de um ente querido à beira da morte que talvez dê seu último respiro justo quando você estiver descansando por duas horas ou tiver acabado de sair para tomar um café. A morte segue seu próprio cronograma.

Tom e eu permitimos que nossas filhas decidissem se queriam ver a avó uma última vez antes do funeral. Não queríamos que vivessem a vida com medo do desconhecido ou sentindo que lhes havia sido negada a oportunidade de aceitar a morte. As três se reuniram para pensar e decidiram que todas gostariam de vê-la. Beth já era uma mulher de 23 anos, mas Grace e Anna tinham apenas 12 e 10 anos. A sala na casa funerária estava silenciosa e o caixão aberto — as lembranças do tio Willie voltaram à tona, mas me comportei dessa vez.

Aprendi naquele dia a ter fé na resiliência, dignidade e decoro de nossas filhas. Ao me afastar para permitir que elas tivessem o primeiro encontro pessoal com a morte, as três comentaram como a avó parecia terrivelmente pequena. Como era de se esperar, Anna foi quem deu o primeiro passo. A menininha destemida que quase dava um ataque do coração à vovó ao subir no brinquedo mais alto do parque e acenar com entusiasmo paras as pessoas lá embaixo, segurando com apenas uma das mãos.

Anna inclinou-se para o caixão, pegou a mão de minha mãe e a acariciou com gentileza. Nada mais era necessário e nada mais foi dito. O toque de amor que demonstra não ter medo da morte. A vovó tinha terminado seu processo de morrer: havia morrido e estava morta — conceitos muito claros e distintos na mente delas. Elas estavam tranquilas com o fim, pois sabiam que o melhor memorial era uma caixa cheia de lembranças felizes guardadas na cabeça e sabiam como uma boa morte devia ser.

Meu pai permaneceu estranhamente distante após a morte de minha mãe. Jamais se ofereceu para organizar qualquer coisa nem se responsabilizou por nada — parecia permitir que tudo acontecesse a seu redor quase com passividade. Ele e minha mãe haviam sido casados durante cinquenta anos e, ainda assim, meu pai aparentava sentir pouca dor. Na época, atribuí isso a uma combinação de estoicismo inato e choque.

Em retrospecto, acredito que a demência que em breve surgiria e consumiria a própria vida dele já havia começado, e que minha mãe estivera encobrindo as mudanças nele, dando todas as desculpas de costume para explicar seu esquecimento e comportamento peculiar. No funeral, um evento solene e tradicional, acho que ele apenas seguiu o curso das coisas, e hoje em dia não tenho certeza se ele entendeu o que estava acontecendo. Os sinais estavam lá, mas em meio às distrações burocráticas da morte e nossa própria dor simplesmente não os vimos, ou talvez tenhamos escolhido não ver. Ele não ofereceu memórias, não derramou uma lágrima, e tudo lhe parecia igual. Após o culto, conversou com amigos e familiares como se fosse um casamento, e não o funeral da mulher com quem havia compartilhado a vida.

Se os dias perto da morte de minha mãe foram felizmente breves, os de meu pai seriam dolorosos e longos, e, se tivesse tido a chance, ele com certeza teria escolhido uma jornada final diferente. Na verdade, se ele soubesse o que estava por vir, não tenho dúvidas de que esse escocês pragmático e sem tempo para sentimentalismos teria ido para o mato atrás da casa da família com sua espingarda e colocado um ponto final em tudo. Eu me lembro de pensar com frequência que a maneira mais bondosa de ele partir seria caindo do telhado quando estivesse tentando consertar uma telha. Mas será que era difícil para ele ou apenas para o restante de nós? Quão maior é o fardo da dor para aqueles que têm que acompanhar a Alzheimer privar uma pessoa de suas memórias e de boa parte da própria identidade do que para aqueles de quem elas são roubadas?

Deixado por conta própria, o que tínhamos achado que era um comportamento anormal tornou-se sua realidade ao ficar exposto pela ausência das intervenções de minha mãe. Ele xingava os meninos, frutos de sua imaginação, que tinham entrado na casa e roubado suas chaves; ele pediu para que nossas meninas ficassem em silêncio para não acordar a avó delas, que estava morta àquela altura havia mais de um ano. Todos esses sinais vão tomando conta, e, no início, você faz concessões e se ajusta a eles.

É raro alguém se planejar para a demência, somente é possível administrá-la. Tom e eu enfrentamos cada novo problema com nossas soluções. Meu pai e minha mãe viviam na casa da família desde 1955 e, embora tivéssemos tentado fazê-los diminuir o espaço em diversas ocasiões, ele sempre dizia, com graça no olhar, que seria nosso trabalho limpar a casa quando eles se fossem. Não podíamos tirá-lo de lá naquele momento. Providenciamos para que uma pessoa fosse três vezes ao dia à casa para se certificar de que ele estava comendo direito — mandávamos entregar comida que só precisava esquentar — e que estava seguro e aquecido. Fazíamos a viagem de 370 km de ida e volta para Inverness quase todo final de semana para limpar e cuidar da casa, trocar a roupa de cama, lavar roupa e fazer compras.

É preciso uma crise para nos forçar a enfrentar a realidade e tomar decisões importantes e desagradáveis. Isso aconteceu numa manhã extremamente fria com um telefonema da polícia escocesa da região norte. Em geral, quando a polícia me liga, é para falar sobre um caso, mas dessa vez o assunto era pessoal: meu pai havia sido encontrado do lado de fora de uma casa de repouso de camiseta e calças de correr às cinco horas da manhã e numa temperatura de –10°C. A polícia o tinha levado para a casa de repouso, presumindo que viera dali, mas foi informada que ele não era "um dos deles". Eles o aqueceram e lhe deram biscoitos e café enquanto conversavam com meu pai para tentar descobrir quem ele era e onde morava. Pelo menos ele teve presença de espírito suficiente para levá-los até sua casa, onde a porta foi encontrada escancarada. Na cozinha, havia uma lista de números de telefone pregada na parede por minha mãe sempre prática. A rodovia A9, conhecida por locais como a "estrada para o inferno", não fica mais curta, nem o número dos radares diminui, não importa quantas vezes você vai e vem.

Estava óbvio que não era mais seguro que ele continuasse morando sozinho. Seria necessário que o homem forte e teimoso de minha juventude fosse colocado sob cuidados.

Quando eu ainda era muito nova, me lembro da tia de minha mãe, Lena, começar a "não bater bem" ou "não bater bem da bola", como descrevia meu pai. Seu quadro de demência avançada havia feito com que ela fosse para o hospital Craig Dunain, onde ele a visitava toda semana. Lena estava completamente apática e não o reconhecia, mas, mesmo assim, esse homem aparentemente não sentimental se sentava com ela e falava por horas enquanto a mulher balançava para a frente e para trás, esfregando sem parar o dedo e o polegar com suavidade. Um dia lhe perguntei por que meu pai fazia isso e a resposta, na qual ouvi ecoar sua mãe, me chocou tanto que jamais esqueci: "Como sabemos que ela não nos ouve?", respondeu ele. "Como sabemos que ela não está apenas trancada dentro de sua cabeça e simplesmente não consegue se comunicar? Como sabemos que não está se sentindo sozinha e assustada?" Ele não queria correr esse risco, então a visitava para conversar com ela e fazer companhia numa época em que minha mãe achava muito triste testemunhar a condição de Lena. Foi um lado de meu pai que me pegou muito de surpresa. Então, quando sua demência apareceu, nunca presumi que ele não estivesse ali, trancado na própria cabeça, com medo e sozinho.

Meu pai viveu quase até 85 anos e, em seus últimos anos, observamos, de forma lenta, pouco a pouco, esse homem enorme de 1,80 m de altura, com seu bigode eriçado, pernas tortas, peito largo e uma voz de parar o tráfego, minguar até, por fim, quase desaparecer. Assolado pela doença, alguns surtos iniciais de raiva começaram a dar lugar à placidez. Mudamos meu pai para uma casa de repouso a cinco minutos de nós em Stonehaven, e lá minha pequena família tornou-se sua única companheira por quase dois anos. Era longe demais para seus antigos amigos visitarem, e ele não se lembrava mais deles de todo modo. Grace, nossa enfermeira novata, era quem mais o via, pois ela havia conseguido um emprego de meio período na casa de repouso. Nós nos perguntamos se essa experiência de trabalho a afastaria de sua escolha de carreira, mas parecia apenas alimentar sua determinação.

Passamos uns dois verões e Natais com ele, e, talvez de um ponto de vista egoísta, esses anos nos deram a oportunidade de passar um tempo com meu pai que todos iríamos lembrar com carinho para sempre. Tempo para conversar, ouvir música com ele, cantar e sair com a cadeira de rodas que ele passou a precisar depois de cair e quebrar o quadril.

Eu me sentava com ele ao sol e segurava sua mão — uma demonstração tácita de afeto que jamais poderia ter contemplado na infância. Meu pai amava o calor do sol e, quando o levávamos para o jardim, ele virava o rosto para a luz do sol e se aquecia contente como um gato. Era evidente que ainda obtinha enorme prazer com essas atividades, com seu chocolate Maltesers, com sorvete e com uma pequena dose de whisky. O bigode se contraía depois do primeiro gole e manchas rosadas apareciam em suas bochechas. Ele não parecia sentir dor, não parecia aflito, e não havia dúvidas para mim de que meu pai sabia quem éramos, porque seu rosto se iluminava quando chegávamos.

Mas o homem que ele tinha sido teria detestado essa dependência de outras pessoas, inclusive de mim. Os enfermeiros na casa de repouso gostavam de verdade dele porque meu pai não dava trabalho e sempre tinha um brilho nos olhos e um sorriso para eles, o que era um grande consolo. Embora nenhum de nós estivesse "feliz" com a situação, ele estava seguro, bem cuidado, era amado, estava aquecido e limpo, sem dor e levava uma existência calma e pacífica. Dito isso, ainda era um ambiente sem alma — funcional e confortável o suficiente, mas sempre clínico, jamais aconchegante. Meu pai o teria chamado de "sala de espera de Deus".

Em seus últimos anos de vida, ele se esqueceu de como andar e então como falar. Depois, aos poucos, começou a apagar. Um dia, como se tivesse decidido que já bastava, parou de comer. Depois, parou de beber. Ele apenas esperou a morte chegar. Talvez até a estivesse convidando, não sei. Eu tinha a procuração para cuidados médicos e dei as mesmas instruções que tinha dado aos médicos de minha mãe: ele não deveria ser ressuscitado, não deveria ser colocado no soro, deveria apenas ficar confortável e sem dor, permitindo que morresse quando estivesse pronto.

Quando a morte chegou, não foi com violência, e sim de forma calma, tranquila e paciente, num ritmo que ele teria aprovado e que talvez estivesse conduzindo. Percebendo que havia pouco tempo, Tom, Beth, Grace, Anna e eu o visitamos no que acabou sendo seu último dia. Para todos os efeitos, parecia que meu pai simplesmente havia decidido desligar-se. Ele permaneceu deitado de lado na cama, sem registrar que havia alguém no quarto com ele. Se meu pai nos ouviu, ouviu conversas, risos e sua música favorita — "Highland Cathedral", tocada pela banda de gaita de foles da escola de nossas filhas — no som. Ele continuou imóvel e apático. Não aceitou líquidos, e a pele em suas mãos enormes como patas de urso, embora estivesse quente, estava tão seca quanto papel fino.

Ao chegar nossa hora de ir embora naquela noite, falei para ele, como havia feito com minha mãe moribunda, que estávamos indo, mas voltaríamos pela manhã e que eu achava bom ele ainda estar ali. Velhos hábitos não mudam mesmo. Um olhar de horror inconfundível passou por seu rosto e lampejou nos olhos pretos expressivos. Fiquei estupefata. Meu pai estava quase sem se comunicar havia dois anos. Beth se sobressaltou. Ela havia visto o mesmo que eu. Não tinha sido minha imaginação. "Mãe, acho que você não vai a lugar algum", avisou ela. Meu pai estivera certo, aqueles anos todos atrás, ao questionar nossas suposições sobre a tia Lena. Ele *estava* lá ainda, trancado em seu mundo silencioso, incapaz ou sem vontade de se comunicar. Agora, quando era realmente importante, ele encontrara forças para enviar um pedido de socorro da única maneira que podia. Meu pai sabia o que estava por vir e não queria ficar sozinho.

Quando eu era criança, havia prometido a minha avó que estaria lá no momento em que chegasse a hora dele, e era evidente que havia chegado. Assegurei-lhe que ia para casa apenas para tomar banho e trocar de roupa e que voltaria dentro de uma hora. Quando voltei, Tom, Grace e Anna foram embora; Beth quis ficar comigo e com o avô.

Não acho que meu pai estivesse com medo de morrer, apenas ansioso com a ideia de morrer sozinho. Sua mãe havia entendido o filho muito bem. Beth e eu nos sentamos no quarto de iluminação fraca e conversamos e rimos e cantamos e choramos. Ele não respondeu de nenhuma forma, mas nós seguramos aquelas mãos enormes, e meu pai não ficou um instante sozinho. Se uma de nós saía para ir ao banheiro ou buscar café, a outra ficava. Ele não mexeu um músculo. Sua mão nunca apertou a minha, seus olhos nunca se abriram. Não havia qualquer dúvida de que essa seria sua última noite — todo mundo sabia, inclusive ele —, mas o clima estava tranquilo.

Naquelas primeiras horas da madrugada em que os fantasmas de uma vida fazem uma visita pela última vez, sua respiração ficou mais fraca. Eu lhe disse que não tinha problema ele ir, que estávamos lá com ele, que não estava sozinho. Sua respiração desacelerou, desacelerou ainda mais, ficou mais profunda e depois parou. Achei que tudo tivesse acabado, mas então meu pai respirou mais algumas vezes de forma superficial. Houve um curto período de respiração agonizante — ofegante, basicamente — antes do som do estertor da morte, causado por muco e fluido acumulando-se na parte de trás da garganta, de onde não há mais como expelir pela tosse. Enfim, o último suspiro, nada mais do que um reflexo do tronco cerebral. Em questão de segundos, ao ver a espuma dos pulmões aparecendo nos lábios e no nariz, o que significava que não havia mais ar neles, eu sabia que ele estava morto. Foi simples assim. Sem confusão, sem angústia, sem dor, sem pressa — uma entrega gradual de poder.

A enorme presença física e espiritual que tinha sido a pedra angular de minha vida havia partido deste mundo no que parecia um toque no interruptor de luz. Uma carcaça pequena e magra permanecia, mas a presença havia deixado o quarto. Era uma sensação estranha: eu não sentia qualquer conexão com essa carcaça, porque não era ele. Meu pai não era seu corpo, era muito mais do que isso.

Abrimos a janela para deixar sua alma voar. Se a mãe dele estava lá para recebê-lo, como havia prometido, eu não senti. É óbvio que eu não estava surpresa, mas talvez um pouco decepcionada. Então choramos um pouco antes de nos acalmarmos e seguirmos com o que precisava ser feito. Chamamos a enfermeira, que verificou o pulso dele (tínhamos feito isso) e a respiração (tínhamos feito isso também), e ela confirmou a hora da morte — uns bons dez minutos depois de quando de fato aconteceu, mas pouco importou.

Tecnicamente, meu pai morreu de velhice. No passado, a causa poderia aparecer em seu atestado de óbito numa linguagem mais poética, mas no vocabulário médico mais banal de hoje foi atribuída, como tantas outras entre os idosos, a um acidente cerebral vascular agudo, à doença cerebrovascular e à demência. Eu estava lá: ele não teve nenhum AVC. É provável que tenha tido algum tipo de DCV (todos nós podemos esperar algo assim com a idade), mas, da última vez que li a respeito disso, demência não mata. Era apenas sua hora, e ele a tinha escolhido.

Durante a doença dele, percebi que o Alzheimer era um processo cruel até a morte. O longo período de sua gradual deterioração foi angustiante para todos nós, e deve ter sido para ele também, quando tinha seus raros momentos de clareza. Era como se tivéssemos iniciado o processo de luto pelo menos dois anos antes de sua morte, quando começamos a perder o homem que conhecíamos. Mas, no fim das contas, ele teve uma "boa morte"; foi somente uma morte que demorou muito para chegar. O tempo de meu pai havia se esgotado, ele aceitou seu fim e morreu de forma tranquila e com pessoas que o amavam a seu lado. Teria como ser mais gentil que isso?

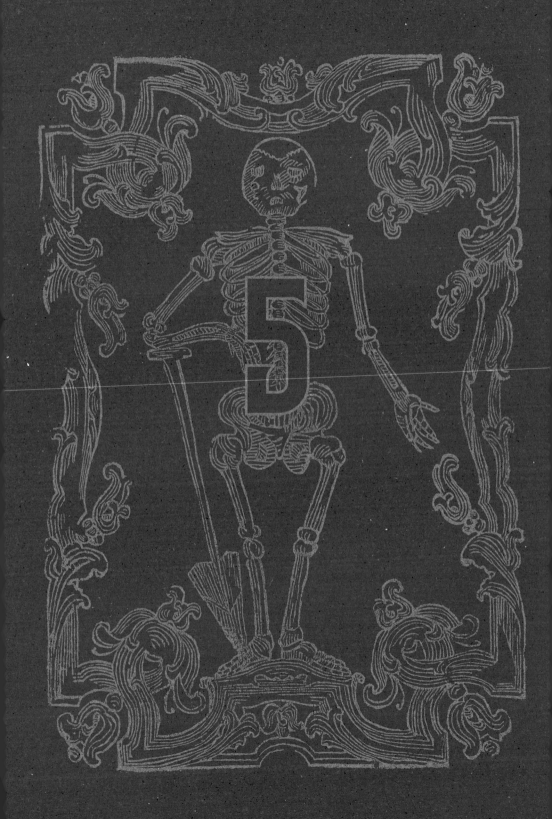

SUE BLACK
TODAS AS
FACES
DA MORTE

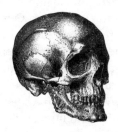

O ÚLTIMO PRESENTE

CAPÍTULO 5

"A medida da vida não é a sua duração, mas a sua doação."
— Peter Marshall, *pastor (1902-1949)* —

Se a forma como apoiamos e confortamos os que estão morrendo é bastante similar em todos os países, culturas e sistemas de crença, o mesmo não pode ser dito sobre funerais. Mas quer estejamos falando sobre os cemitérios budistas a céu aberto do Tibete — nos quais o corpo retorna à terra ao ser cortado em pedaços e deixado no topo de uma montanha —, as famosas procissões de jazz ruidosas e coloridas de New Orleans ou os eventos mais pesados e tradicionais do Reino Unido, todos fornecem um modelo reconfortante para pessoas em luto seguirem num momento de emoção bruta. Essas cerimônias são muito importantes, não apenas para permitir que famílias e comunidades comemorem a vida dos falecidos e se despeçam em público, mas também porque trazem algum consolo aos que sofreram a perda ao lhes dar uma estrutura na qual podem ritualizar sua dor, quer isso envolva expressá-la ou mascará-la.

A verdade nua e crua é que a dor nunca morre de fato. A terapeuta norte-americana Lois Tonkin nos lembra que a perda não é uma coisa que "superamos" e que o sentimento não necessariamente diminui também. Permanece em nosso âmago e a vida apenas se expande em torno dele, enterrando-o cada vez mais longe da superfície. Então, com o tempo, pode ficar mais distante, mais compartimentalizado e, portanto, mais fácil de gerenciar, mas não vai embora.

A teoria do luto desenvolvida na década de 1990 pelos acadêmicos holandeses Margaret Stroebe e Henk Schut sugere que o luto funciona de duas maneiras principais e que oscilamos entre elas. O modelo de "processo dual" as define como fatores estressores "orientados para a perda", em que nos concentramos em nossa dor, e mecanismos de enfrentamento "orientados para a restauração", que envolvem atividades que nos distraem disso por um tempo. Tudo que podemos esperar é que os períodos de dor paralisante e esmagadora se tornem menos frequentes. Mas viver com a perda é algo pessoal de cada um e não tem um caminho ou linha do tempo predeterminados.

O enterro de um ente querido é apenas um passo inicial nesse caminho. No Reino Unido, boa parte desses rituais costumava estar ligada à Igreja Cristã de uma ou outra denominação, mas, à medida que o país se tornou mais multicultural e secular, as maneiras como marcamos a morte também se tornaram. Em geral, como nação, estamos ficando menos religiosos, e, enquanto os leitos de hospital são preenchidos com pessoas desesperadas por curas, os bancos da igreja estão se esvaziando daqueles que se apoiam na fé. Se no passado talvez tivéssemos aceitado um prognóstico terminal e recorrido à igreja para garantir a saúde da alma, agora é mais provável que vasculhemos a internet em busca de cada vestígio final de esperança que possa nos manter vivos por um pouquinho mais de tempo.

A solenidade, o decoro e a cerimônia em torno da morte estão desaparecendo conforme ela se torna mais secularizada. Já se foram as semanas de luto profissional de anos passados, as joias de luto usadas da Idade Média à época vitoriana (a propósito, tenho uma excelente coleção), a retirada de chapéus quando um cortejo fúnebre passa, o *memento mori* que, devo admitir, sempre achei um pouco assustador. Lá se vão os hinos antigos, abrindo caminho para Frank Sinatra ou James Blunt. Em tempos recentes, um homem perguntou a nosso departamento de anatomia se poderíamos embalsamar seu corpo, pois ele queria ser enterrado sentado em sua Harley-Davidson e não conseguia pensar em nenhuma outra maneira de reunir rigidez corporal suficiente. Um completo maluco, embora engenhoso — tivemos que responder não.

Com certeza nasci no século errado. Prefiro uma despedida apropriada, como as tradicionais procissões fúnebres que ainda vemos na área de East End de Londres, com as carruagens pretas reluzentes puxadas por cavalos pretos enfeitados com plumas, conduzidas por um agente funerário de cartola que estabelece um ritmo de caminhada adequado e respeitoso. Elas são magníficas e arrepiantes em sua pompa e cerimônia.

Também adoro um bom cemitério. São lugares maravilhosamente tranquilos e acolhedores, em especial aqueles nos centros das cidades, onde a posição privilegiada reflete sua importância em tempos passados para as comunidades. Minha avó e eu fazíamos piqueniques no topo do cemitério de Tomnahurich (sempre chamado pelo meu pai de "o centro morto de Inverness") quando visitávamos seu marido no verão, e Tom, meu marido, costumava subir e descer suas vias íngremes nos treinos de rúgbi. Tantos cemitérios foram abandonados e estão em ruínas, talvez abrindo caminho para um futuro em que criaremos sepulturas eletrônicas, de modo que familiares e amigos possam postar online imagens memoriais. Não é bem a mesma coisa em minha opinião.

Conforme envelhecemos, assistimos a um número cada vez maior de funerais e prestamos mais atenção às mudanças e tendências à medida que os velhos costumes são postos de lado para abrir espaço para como achamos que as coisas deveriam ser feitas hoje. Se me arrependo do desaparecimento de algumas de nossas antigas convenções, reconheço, no entanto, que em muitos sentidos a liberdade que temos agora de marcar uma morte com o planejamento de uma despedida que reflita de forma mais específica a identidade, a personalidade e as crenças da pessoa falecida é um desenvolvimento positivo. E, embora rituais de luto sejam menos prolongados e públicos, a dor ainda é tão real quanto antes. Se o objetivo de consolar as pessoas enlutadas enquanto se honra o morto é cumprido, então quem são os outros para determinar como isso deve ser feito? Da mesma forma, tradições ainda importam enquanto existirem pessoas que se sintam reconfortadas com isso.

Há tanto a ser feito antes de um funeral acontecer que às vezes nos perguntamos se todo o processo foi realizado com o único objetivo de nos manter ocupados e nos distrair de nossa dor. Além de registrar a morte, organizar com o agente funerário, obter cópias do atestado de óbito e publicar a notícia no jornal, há tantas outras decisões a tomar. Tanto o funeral de minha mãe quanto o de meu pai aconteceram numa capela de crematório, o que significou que era preciso escolher flores e hinos, e escrever um texto para o pastor recitar. Precisávamos de carros funerários? De quantos? Havia um caixão a ser escolhido (meu pai teria comentado que era bom que o dele fosse queimado, o que era irônico porque isso era justo o que íamos fazer com o caixão), um local e a contratação de um buffet a serem decididos, e precisávamos nos certificar de que as pessoas certas seriam informadas. Na Escócia, onde o intervalo entre morte e enterro é curto, a atividade frenética necessária para organizar tudo a tempo traz à tona o melhor e o pior nas pessoas. Há momentos que inevitavelmente entrarão nas histórias de família.

Meu pai havia tocado órgão na igreja por muitos anos, e eu sabia o que ele teria gostado que fosse dito e cantado em seu funeral e o que com certeza não gostaria. Mesmo assim, não importa o quão desesperada eu estivesse para deixá-lo orgulhoso, não conseguia deixar de sentir que era ridículo ainda considerar suas preferências quando ele nem estaria ali para se importar com o que seria feito.

Nas noites de sábado, meu pai costumava ir à igreja para praticar antes dos cultos de domingo. Às vezes eu o acompanhava e apenas ficava sentada no banco da frente enquanto ouvia sua adorável música no órgão da igreja. Com frequência ele escolhia tocar "In the Mood", de Glenn Miller. Era estranho ouvir aquela harmonia de banda grande ecoando na igreja vazia, mas eu amava. Aos domingos, na infância, minha função era ir à missa com meu pai, me posicionar no segundo banco da frente, diante do órgão, e ficar de olho no hinário durante os cantos. Quando chegávamos ao último verso do hino, eu tinha que me lembrar de colocar minha mão na parte de trás do banco da frente — o sinal combinado para que ele parasse no fim do verso. Houve algumas ocasiões em que esqueci e meu pai seguiu tocando alegremente um verso que não existia. Eu costumava ouvir um sermão nesses dias.

Meu pai odiava quando a congregação não cantava. Então me incomodou que, em seu funeral, as pessoas em luto murmuraram os hinos. Eu não suportava olhar para o pobre organista no canto, pois sabia o quanto meu pai teria ficado irritado. Eu fiz o impensável. Fui lá para a frente, joguei as mãos ao ar e gritei para todo mundo parar — sim, no meio da cerimônia. Contei para eles como meu pai se sentia quando tocava órgão e as pessoas não cantavam com o coração, então pedi para, por favor, colocarem um pouco mais de emoção, só por ele. Minhas filhas ficaram horrorizadas, e a maior parte do restante da congregação achou que eu tinha perdido a cabeça. Mas gosto, sim, que uma ocasião seja memorável.

Eu não tinha tido qualquer dificuldade em escolher a melodia a ser tocada enquanto as pessoas estavam saindo. O que mais poderia ser senão "In the Mood"? Ou "In the Nude", como meu pai costumava chamar.

Tanto meu pai quanto minha mãe declararam de forma muito clara que queriam que seus restos mortais fossem enterrados, mas não se importavam se seriam seus corpos ou suas cinzas. É óbvio que existe uma terceira opção, mas nenhum de meus pais quis deixar o corpo para a anatomia, e nunca senti que coubesse a mim tentar convencê-los do contrário.

Até aí, muito sensato. A loucura estava no local do sepultamento de cada um. Minha mãe queria ser sepultada com o tio Willie e Teenie na parte baixa do cemitério de Tomnahurich e meu pai queria ficar com os pais dele no topo. Tínhamos sugerido que talvez eles quisessem ser enterrados juntos, mas o bom e velho pragmatismo escocês (ou, no caso de meu pai, sua mão de vaca) tomou conta. Havia um espaço vazio no túmulo ao pé da colina e outro no topo, ambos comprados e pagos. Por que desperdiçar dinheiro em um novo? Os dois eram da opinião que, quando se está morto, se está morto, e eles na verdade não se importavam com onde seriam enterrados desde que fosse feito direito. Eles podiam ser tradicionalistas, mas também eram práticos e nada sentimentais. Meu pai sempre prometeu que acenaria para minha mãe do topo da colina e ela sempre respondeu que o ignoraria.

Então meu pai foi cremado e, por cerca de um ano, ficou numa linda caixa bem trabalhada, que até mesmo ele teria aprovado, em nossa mesa do corredor até conseguirmos reunir a família inteira para o enterro. Eu não sentia necessidade de qualquer pressa. Ele estava morto e não ia a lugar algum. Mesmo as pessoas que faziam faxina em nossa casa, depois do choque inicial, acostumavam-se com sua presença e passavam a simpatizar com ele. Davam bom-dia para ele ao entrarem pela porta da frente e espanavam sua placa de metal, ficando muito tristes quando ele por fim foi embora. As pessoas não precisam estar vivas para fazerem com que sua presença seja notada. No Natal, decidimos que o vovô deveria almoçar conosco e colocamos sua caixa na extremidade da mesa de jantar. Embora isso possa soar estranho para alguns, de alguma forma era normal para nossa família, com um gorro de Papai Noel acomodado sobre sua caixa. Fizemos um brinde a todas aquelas pessoas ausentes que significavam o mundo para nós e a ele — o último membro de sua geração a partir.

Essa mudança geracional na família teve um impacto em Anna, a mais jovem, conforme ela passou a lidar com o fato de que seu pai e eu éramos agora a geração mais velha da família, e que ela e as irmãs haviam sido promovidas para as segundas no comando. Então, para ela, a morte de meu pai foi difícil não apenas por Anna o adorar, mas porque ficava em pânico ao pensar em quem poderia ser o próximo.

Quando enfim chegou a hora certa para meu pai ser enterrado, demos essa honra ao filho de minha irmã, em cuja vida ele tinha sido uma influência importante. Barry demonstrou grande dignidade ao carregar o avô do porta-malas do carro até o buraco no chão. Com grande solenidade, ele o colocou cuidadosamente ali. Anna decidiu que seu avô precisaria de um copinho para ajudá-lo a seguir seu caminho e derramou uma boa dose de uísque Macallan sobre a caixa de cinzas quando esta estava acomodada. É provável que meu pai tivesse considerado isso um desperdício — opinião com certeza compartilhada pelo coveiro sempre vigilante ao fundo.

O que quer que acreditamos que aconteça com a alma, ou a essência de uma pessoa, após a morte, os que sofrem a perda em geral sentem uma necessidade visceral de um lugar específico que possam visitar, ou imaginar, onde residem os restos mortais do ente querido. Para alguns, será um túmulo; para outros, uma paisagem mais ampla onde as cinzas da cremação terão sido espalhadas, em geral um lugar que significava alguma coisa para a pessoa falecida em vida. Muitas pessoas escolhem ficar com as cinzas por um tempo, como fizemos com meu pai, ou às vezes de forma permanente. Alguns até carregam as cinzas aos passeios que a pessoa poderia ter gostado em vida, ou aos lugares que o falecido nunca conseguiu conhecer. Conheço alguém que levou as cinzas da mãe para Nova York por um final de semana porque ela sempre quisera visitar o Central Park.

A cremação, que foi introduzida no Reino Unido no começo do século XX, é agora a escolha da maioria das pessoas, e sua popularidade é evidenciada pela quantidade de coisas criativas que é possível fazer hoje em dia com as cinzas de alguém. Podem ser disparadas para o espaço ou depositadas na água para criar um recife marinho; é possível incorporá-las em vidro e transformá-las em joias, pesos de papel ou vasos. Podem ser colocadas em cartuchos de espingarda, transformadas em iscas de peixe ou adicionadas a fogos de artifício para garantir que sua despedida aconteça com um estrondo, ou mesmo compactadas para criar pequenos diamantes.

É difícil para as famílias quando não há um "local de descanso" escolhido e um funeral adequado não é possível — na verdade, é uma das agonias duradouras sofridas por parentes de prováveis vítimas de assassinato, ou de pessoas mortas em desastres, cujos corpos nunca são encontrados. Portanto, renunciar a esses rituais no momento em que essa perda é mais dolorosa é um grande sacrifício para pedir às famílias daqueles que, como Henry, o homem que me ensinou da mesa de dissecação, decidem doar seus corpos para anatomia ou outras pesquisas científicas. Entendo perfeitamente como parentes podem se sentir como se não tivessem um "fechamento". Um corpo legado à ciência pode ser retido por lei durante três anos — um longo tempo para uma família esperar que as cinzas de seu ente querido sejam devolvidas. Mas, no caso desses doadores, esperamos que a certeza de que o firme desejo da pessoa falecida está sendo realizado traga algum consolo.

Não se deve menosprezar a decisão de deixar seu corpo para pesquisa e educação médica, odontológica e científica. As razões pelas quais algumas pessoas escolhem esse caminho são muitas e variadas, mas são em grande parte altruístas, surgindo de um desejo genuíno de participar de avanços que podem salvar vidas ou aliviar sofrimentos. Alguns doadores acreditam apenas que "morto é morto", e seus restos mortais podem tanto ser bem aproveitados quanto destruídos ou deixados para apodrecer. Como uma senhorinha atrevida me disse uma vez, com as mãos na cintura: "Mocinha, isto aqui é bom demais para queimar". Para outras pessoas, o motivo pode ser bem prático. Levando em consideração que o custo médio de um funeral e sepultamento em Londres é de cerca de 7 mil libras e pouco mais de 4 mil libras no resto do Reino Unido, é possível entender o apelo econômico. Mas não julgamos as razões de ninguém. É uma escolha pessoal, e nosso trabalho é apenas ajudar as pessoas a fazer isso acontecer.

No departamento de anatomia da Universidade de Dundee, temos uma gerente dedicada que cuida disso, recebendo ligações todos os dias de pessoas que perguntam sobre a doação de corpos. Um departamento de anatomia é um lugar onde você pode ter certeza de que uma conversa sobre a morte não terá silêncios desconfortáveis, clichês ou esnobismo. Alguns doadores em potencial pedem para nos visitar para falar sobre os aspectos práticos ou para olhar nosso Livro de Lembranças. Outros querem apenas deixar tudo organizado com o menor envolvimento possível no processo. Nesses casos, Viv envia os formulários necessários pelos correios — embora eu já a tenha visto pegar o carro e ela mesma entregar os papéis quando é o caso de uma pessoa muito doente para fazer uma visita, mas que ela sente que precisa do contato pessoal.

Os doadores assinam os formulários na frente de uma testemunha (não Viv — isso seria inadequado), enviam um de volta ao departamento de anatomia e apresentam o outro com o testamento no escritório do advogado. E é isso. Contudo, nós os encorajamos de forma ativa a falar com sinceridade sobre suas vontades com familiares e cuidadores, para que, quando o dia chegar, ninguém seja pego de surpresa e atrasos sejam reduzidos ao mínimo.

As pessoas que optam por doar não estão procurando gentilezas maçantes ou subserviência, elas querem apenas ternura, segurança, confiança e honestidade. Ao ligarem para Viv, entram em contato com a pessoa certa. Fico maravilhada quando a escuto ao telefone. Uma mulher bondosa com um ótimo senso de humor, cujo objetivo é responder com sinceridade, humanidade e de forma direta a todas as perguntas que lhe forem feitas e nunca as apaziguar com vagas palavras de conforto. Ela tem clientes regulares que ligam apenas para uma conversa, para avisar que ainda estão vivos e entretê-la com detalhes de seus padecimentos mais recentes. Eles a veem como uma amiga — a pessoa que estará ao lado de sua família quando o temido dia chegar. E ela sempre está.

Quando a ligação de um filho ou filha, marido ou esposa finalmente chega, Viv os orienta com delicadeza, mas firmeza, em tudo o que precisa ser feito para levar o corpo a nosso departamento o mais rápido possível. Esse pode ser um momento desafiador para famílias. Elas podem não compreender ou concordar com a decisão da pessoa que amam e muitas vezes se sentem confusos com o longo adiamento inerente das cerimônias fúnebres habituais. Fazemos o melhor que podemos para ajudar no cumprimento do legado de um doador, mas, como não desejamos de forma alguma causar dor adicional aos parentes, às vezes fortes objeções familiares podem anular a vontade da pessoa falecida.

Além de consentir que seus corpos sejam mantidos por nós por até três anos, os doadores podem optar por dar permissão para que algumas partes do corpo sejam retidas por mais tempo, para tirar fotos para fins educacionais e para que os restos mortais sejam usados por outro departamento na Escócia se o nosso não os puder aceitar. Isso é muita coisa para uma pessoa absorver quando sua mãe acabou de morrer, por isso aconselhamos todos os doadores a conversar de forma aberta e honesta com seus familiares sobre sua decisão.

O cargo de relações públicas de Viv é o mais importante, delicado e empático da universidade, e ela o realiza com perfeição no momento mais profundo do luto familiar. Recentemente, ela recebeu uma nomeação para MBE[*]

---

[*]   MBE (*Member of the Most Excellent Order of the British Empire*) refere-se ao título de Membro do Império Britânico.

pelos serviços prestados aos legados anatômicos na Escócia — não por "serviços a cadáveres", como disse um jornalista grosseiro. Tenho muito orgulho dela e do trabalho que faz.

Nossos doadores vêm de todos os cantos. Temos carteiros e professores, avôs e tataravós, santos e pecadores. A idade mais jovem em que podemos aceitar um doador na Escócia é 12 anos, mas a grande maioria tem mais de 60. O mais velho até hoje tinha 105 anos. A vida vivida tem pouca importância para nós e aceitamos quase todo mundo. Há um ou dois casos em que podemos ter que recusar um legado, mas são raros. Se o legista ou investigador forense tiver exigido uma autópsia, não podemos aceitar o corpo, pois o exame terá interferido nele. Se a pessoa falecida tiver tido metástases de câncer tão extensas que tenha restado pouca anatomia normal, podemos recusar, e, no passado, por vezes tivemos que rejeitar obesos mórbidos pela simples razão prática de que nosso equipamento não era capaz de os levantar.

Cerca de 80% de nossos doadores são da região universitária e temos muito orgulho do relacionamento que temos com a comunidade Tayside. Hoje em dia temos várias gerações de famílias de Dundee que "foram à universidade". Seus nomes estão registrados em nosso Livro de Lembranças. Isso não é apenas um memorial para os doadores, mas um lembrete diário para nossos alunos de quanta sorte eles têm por se beneficiarem da doação de tantas pessoas que pedem somente uma coisa de volta: que eles aprendam. O livro fica exposto no topo da escada do departamento, para que cada estudante o veja toda vez que entrar na sala de dissecação.

Há um doador que ilustra bem nossa relação com a comunidade local; é um senhor que chamarei de Arthur. Ele é encantador: vem para todos os eventos universitários, seja a palestra oferecida sobre ciência forense ou sobre escrita criativa. Ele tem uma mente ativa, está sedento por experiências e continua sendo um grande pensador que pondera sobre seu legado, mas não sobre sua mortalidade. Não é religioso e vê o mérito de, segundo suas palavras, "reciclar" seus restos mortais para o bem geral em vez de gastar uma fortuna desnecessária numa "cerimônia funeral desperdiçada".

No entanto, Arthur se distingue por ter planejado sua forma de partir deste mundo. Ele é inflexível quanto ao fato de não querer depender de outros, caso se torne enfermo ou incapacitado pela idade avançada. Quando achar que basta, ele deseja assumir a responsabilidade por sua morte e acabar com a própria vida sem ajuda. Não quer que vizinhos ou amigos o vejam sofrendo as indignidades do processo de morte. Arthur tem pleno domínio de suas faculdades mentais, está decidido e nenhum debate jamais o levou a mudar de ideia — acredite em mim, já tentei várias vezes. Depois de pesquisar o assunto incansavelmente, Arthur escolheu a maneira como pretende morrer. Ele me disse que comprou equipamentos pela internet que permitem que vá em paz, sem causar nenhuma perturbação em seu corpo e o deixando em total controle de ações e decisões até o último momento.

Essas não são linhas de raciocínio que muitos de nós seguem, com tantos detalhes e até um fim que Arthur vê como natural, embora seja provável que todos nós os entendamos de uma maneira abstrata, e alguns talvez se identifiquem com isso. O suicídio assistido e a eutanásia voluntária continuam ilegais no Reino Unido. Projetos de lei vão e vêm, e acredito que em algum momento um deles irá passar, permitindo que façamos a escolha, nas circunstâncias que desejarmos exercê-la, sobre como e quando terminaremos nossa vida. Acho que um dia seremos capazes de tomar essa decisão madura sem pressão das autoridades e com controles legislativos adequados, para que aqueles que desejarem ter alguma influência sobre a própria morte não sejam forçados a arrumar os fundos necessários para morrer num país estrangeiro ou a tomar medidas mais drásticas.

O turismo suicida é um negócio caro e a decisão de seguir esse caminho é, em geral, tomada mais cedo do que o necessário, devido ao temor de que demorar muito pode fazer com que a pessoa fique doente demais para fazer a viagem. Para garantir que isso não aconteça, podem muito bem estar privando a si e a suas famílias de mais alguns momentos e experiências preciosas juntos antes de chegar ao ponto em que nenhuma qualidade de vida é possível.

O suicídio assistido (ou a morte assistida) é legal no Canadá, na Holanda, em Luxemburgo, na Suíça e em partes dos Estados Unidos. Na Colômbia, na Holanda, na Bélgica e no Canadá, a eutanásia voluntária também é permitida por lei. A diferença entre as duas práticas está no grau de envolvimento de uma segunda pessoa. Se um paciente pede a um médico para dar fim a sua vida, talvez com uma injeção letal, e o médico concorda, isso é chamado de eutanásia voluntária. Se o médico prescreve drogas letais para o paciente autoadministrar, trata-se de suicídio assistido.

Nos Estados Unidos, o suicídio assistido é legal apenas para aqueles diagnosticados tanto como doentes terminais quanto mentalmente competentes, morrendo em Oregon, Montana, Washington, Vermont ou Califórnia. Oregon foi o primeiro estado do país a legalizar a morte assistida com a Lei da Morte com Dignidade de 1994. A medicação pode ser prescrita por um médico e autoadministrada somente depois que dois médicos confirmarem que é provável que o paciente tenha menos de seis meses de vida. Salvaguardas rígidas têm garantido que nunca tenha tido casos comprovados de abuso. O medicamento autorizado é uma mistura de fenobarbital, hidrato de cloral, sulfato de morfina e etanol, e custa entre 500 e 700 dólares. Cerca de 64% dos pacientes que solicitam o medicamento em geral o tomam na própria residência. O fato de que os 36% restantes, um número bem alto, decidem não usar a droga ilustra que as pessoas entendem a natureza da escolha. Talvez só de saber que a droga está ali se a quiserem seja suficiente para assegurar doentes terminais de que o controle de sua própria vida e também da morte está em suas mãos.

Nos hospitais do Reino Unido, os doentes terminais têm pouca autoridade sobre seus últimos momentos, e os parentes devem contar com a equipe médica para garantir que o processo de morte e a morte em si sejam tão livres de dor quanto for possível. Médicos podem empregar sedação contínua com morfina e retirar alimentos e água, o que pode resultar numa morte relativamente rápida, como aconteceu com minha mãe.

A Associação Médica Britânica (BMA, *British Medical Association*) vota com regularidade contra a morte assistida, talvez temendo que isso prejudique a confiança da sociedade nos médicos, o que é compreensível. Ainda assim, uma pesquisa europeia recente mostrou que o país com o maior nível de confiança nos médicos é a Holanda, onde a morte assistida é legal. Parece que ter uma escolha dada a você pode aumentar a confiança em vez de diminuí-la.

Os argumentos a favor e contra a legalização da morte assistida são bem ensaiados. Os apoiadores afirmam que, assim como temos direito à vida, devemos ter o direito a uma morte digna, humana e sem dor no momento de nossa escolha. A oposição expressa preocupações a respeito dos perigos de um abuso da legislação, das potenciais pressões sociais sobre idosos ou enfermos para não "se tornarem um fardo", de doenças ou deficiências serem percebidas como uma justificativa para encerrar uma vida. Alguns discordam por motivos religiosos, acreditando que apenas o Criador tem o direito de decidir quando morremos. As vozes dos detratores muitas vezes abafam as opiniões de pessoas que infelizmente sofrem agonias que consideram intoleráveis e desumanas, e que estão desesperadas para ter a opção da morte assistida disponível. Não é ilegal que eles ponham um fim à própria vida, mas, para cumprir com a lei, isso precisa ser feito sem assistência, o que significa que em geral as únicas opções à disposição são traumáticas e violentas.

Qualquer que seja o ponto de vista, escolher quando morrer deveria ser uma questão pessoal, em minha opinião, não uma decisão controlada pelo Estado. Talvez a adoção de uma abordagem menos pessimista e desconfiada dos desejos daqueles que buscam a liberdade de decidir a maneira e o momento de sua morte possa ser vista como indicação de uma sociedade responsável. Provavelmente não é coincidência que países e estados onde a morte assistida é legal costumam ter maiores investimentos em cuidados paliativos e costumam ser mais abertos quanto às opções de morte e fim da vida. Eu, por minha vez, preferiria fazer parte de uma sociedade que permitisse às pessoas ter maior controle tanto sobre a própria vida quanto sobre a própria morte.

Respeito Arthur e sua determinação por morrer em seus termos e compartilho de seu ressentimento pelo fato de a sociedade forçá-lo hoje em dia a considerar fazer isso sozinho porque ela não consegue, ou não quer, encontrar flexibilidade legislativa que lhe permita o fim digno que ele deseja. Sua determinação de legar seus restos mortais a um departamento de anatomia felizmente exclui os meios mais violentos em seu caso: como Arthur quer evitar uma autópsia, ele não quer "interferir em seu corpo".

Ele falou conosco sobre evitar o Natal e o Ano-Novo, quando a universidade está fechada, perguntando quais dias costumam ser mais convenientes para o departamento de anatomia. Sinto uma grande ansiedade quando ele fala assim, mas também sei que não há nada que eu possa fazer para dissuadi-lo, porque tivemos essas conversas muitas e muitas vezes. Não vou ajudar, mas não posso impedir Arthur — isso não é um direito meu, nem é uma opção que ele me dá. Considero um privilégio que ele sinta que pode falar comigo a respeito dessa escolha e não vou interferir, apenas permitir que ensaie sua retórica, testando quão confortável e razoável ela soa, tanto para ele quanto para os outros.

Arthur ficou profundamente triste quando, mesmo depois de levar tudo isso em consideração, procurou outro departamento de anatomia para ouvir a opinião deles sobre seu plano e apenas lhe informaram que o corpo não seria aceito em caso de suicídio. Ele achou difícil conciliar tal postura com seu desejo compreensível de uma "boa morte" e sua ambição genuína de ajudar na educação de outras pessoas.

Ele pensou em quase tudo. Arthur me deu uma palavra que só ele e eu sabemos que significa um código, o qual ele diz que deixará na secretária eletrônica de meu escritório durante um fim de semana para que esteja à espera na manhã de segunda-feira. Esse é o sinal para que eu alerte as autoridades necessárias, de modo que comecem a providenciar para que sua vontade seja seguida. Ele não me contará com antecedência quando irá morrer, tanto para me proteger de qualquer sugestão de envolvimento quanto por não querer que eu tente impedi-lo. De forma estranha, é uma gentileza, mas isso me levou a desenvolver uma antipatia muito saudável pela luz vermelha piscante de mensagens em meu telefone, em especial nas manhãs de segunda-feira. Até agora, nunca foi um indicador de mensagem de Arthur, e espero que nunca seja. Embora eu deva reconhecer a possibilidade de que um dia ele vá executar seu plano, minha esperança sem dúvida é que, quando chegar a hora, ele terá um fim calmo, rápido e natural que possa acomodar seus desejos e acalmar os medos e restrições atuais da sociedade. Para o caso de eu estar de férias ou fora do escritório, Viv também foi informada. Nós duas estamos comendo na palma da mão dele.

É difícil colocar em palavras o quanto sou grata a Arthur por seu forte apoio ao legado anatômico e à educação, e por compartilhar seus desejos mais pessoais comigo, mas também sinto uma enorme responsabilidade por garantir que o que ele quer seja respeitado ao mesmo tempo que todos os requisitos legais sejam mantidos. As questões morais são ainda mais pesadas. É aqui que acontece a verdadeira luta, quando, tarde da noite, Arthur surge em meus pensamentos, e me pergunto o que ele está fazendo. Está se sentindo sozinho? Está bem? Está assustado? Está juntando as diferentes partes de seu equipamento para o fim? Posso impedi-lo? *Deveria* impedi-lo? Embora ele tenha meu número, eu não tenho o dele. Não faço ideia de quando Arthur pretende fazer isso, se algum dia o fizer, e, quando o fizer, vai ser tarde demais para eu intervir. Portanto, tudo o que posso fazer de forma realista é continuar conversando com ele.

Não tenho certeza se quero que ele mude de ideia e corra o risco de enfrentar uma morte que ele rejeita fortemente. No entanto, sinto que, ao fazer perguntas, estou ajudando-o a reconsiderar sua decisão de forma constante. Arthur fica bastante zangado comigo às vezes por minhas persistentes cutucadas e curiosidade. Respondo que minhas perguntas vêm "de um lugar amoroso", o que costuma lhe causar uma careta de desdém e fazer com que diga: "Não é um lugar muito bom esse tal lugar amoroso".

É preciso dizer que ele próprio tem o hábito de lançar algumas questões complexas, descrevendo situações teóricas que me fazem parar e ponderar. Arthur faz isso com um brilho diabólico nos olhos. Há algum tempo me perguntou se podia dar uma olhada em nossa sala de dissecação e assistir a algumas dissecações. Arquejei. Um doador nunca havia pedido para ver o que acontece na sala. Mas por que perdi o chão? Quem estamos protegendo? Você pode comprar um ingresso para passear pela exposição Body Worlds e ver toda uma série de seres humanos dissecados em diferentes posições. Você pode ir a um museu de cirurgias e observar recipientes de vidro contendo patologias de arrepiar a espinha e anomalias de todos os tipos extirpadas de corpos humanos, examinar o horripilante e o sombrio embalsamados em formol e expostos num mostruário de vidro. Na internet, é possível acessar todo tipo de imagem associada à dissecação de cadáveres humanos. Podemos entrar numa livraria e comprar um atlas sobre dissecação humana, ou assistir ao procedimento na televisão. Arthur parecia não ter qualquer dúvida sobre ver o lugar; eu, por outro lado, estava num enorme e inexplicável conflito. Era algo muito pessoal para eu lidar ou uma responsabilidade grande demais?

Um dia Arthur será um cadáver na sala de dissecação de alguém, se ele conseguir o que quer, e não duvido nem por um instante que conseguirá. Como ele aspira a ser um cadáver, é perfeitamente razoável que queira ver sua aparência por dentro e o tipo de ambiente onde pode vir a passar vários anos. Quando futuros alunos vêm visitar a universidade, eles têm permissão para ver a sala de dissecação, então por que não os doadores em potencial, que são, afinal, a outra metade dessa relação simbiótica? Talvez, pensando em minhas primeiras experiências num lugar como aquele, eu temesse que isso pudesse assustá-lo ou perturbá-lo. Não havia mesmo como saber se o mais provável era que fosse um desastre absoluto para ele ou um tremendo sucesso para sua paz de espírito.

Com um comentário bobo, tentei não dar trela para seu pedido, mas ele não me deixou escapar impune. Arthur me disse, com educação, mas com firmeza, que queria fazer isso comigo por me conhecer e confiar em mim, mas que, se eu não me sentisse confortável com este presente, ele entendia muito bem. Arthur iria para outro departamento e perguntaria a eles. Que chantagistazinho! Ouvi alguém em algum lugar dizer, com minha voz, que eu verificaria com as autoridades se estaria tudo bem; então, ao que parecia, eu havia concordado. Com relutância. Nunca fui capaz de dizer não para Arthur, e não sei bem por quê. Talvez seja por eu gostar tanto dele e por ter muito orgulho do trabalho realizado em meu departamento por funcionários 100% comprometidos com doadores, familiares, alunos e educação. Se nossos "professores silenciosos" estão "ensinando", então eles também são funcionários. Talvez, fazendo um esforço, eu pudesse pensar em Arthur como um possível membro futuro de uma equipe de ensino de anatomia. Eu sabia que, se lhe falasse isso, ele gargalharia com desdém e provavelmente me acusaria de explorá-lo como mão de obra barata.

Verifiquei com o inspetor de anatomia de Sua Majestade, e ele disse não ter problemas com esse acordo desde que fosse uma visita controlada. Então, no dia marcado, Arthur e eu nos encontramos em meu escritório e conversamos mais uma vez sobre a doação e o que isso significava para ele, para mim e para nossos alunos. Discutimos seus planos de morte, tentei dar minha opinião da melhor forma e, como sempre, o que eu falei entrou por um ouvido e saiu pelo outro. Expliquei o processo de embalsamento e ele me questionou a respeito das reações químicas que ocorrem a nível celular. Arthur perguntou sobre olfato, tato e visão. Folheamos alguns livros didáticos e ele comentou que o tecido muscular não parecia tão vermelho quanto esperava. Arthur me contou que estivera imaginando algo numa cor semelhante à carne que vemos num açougue, e não o cinza rosado como de fato é. Foi bom que ele visse as fotos para prepará-lo para o que encontraria na sala de dissecação.

Conversamos sobre o esqueleto que está pendurado no canto de meu escritório e sobre as marcações em cor e códigos pintados nele para identificar onde os diferentes músculos se originam e se inserem. Manuseamos os crânios que estão em minha estante e discutimos como os ossos crescem e como quebram. Enquanto tomávamos uma xícara de chá, conversamos sobre vida, morte e aprendizagem. Eu o deixei definir o ritmo.

Quando ele estava pronto, subimos do escritório para nosso museu. Arthur já estava um pouco idoso àquela altura e muito curvado, e os degraus eram difíceis para ele, mas, segurando o corrimão com uma das mãos e a bengala na outra, ele conseguiu. Paramos por um momento e indiquei nosso Livro de Lembranças em sua caixa de vidro no topo da escada. Arthur comentou sobre o número de pessoas que doam seus corpos para nós e teorizou sobre os motivos. Falamos do memorial religioso em maio de cada ano e ele perguntou sobre as idades dos doadores mais jovens e mais velhos na sala de dissecação naquela época. Tínhamos mais homens ou mais mulheres? Respondi todas as perguntas de forma sincera e aberta.

Conforme seguimos pelo corredor, passamos pelo trabalho incrível feito por nossos talentosos estudantes de arte médica e forense, e conversamos sobre a antiga relação entre anatomia e arte, fazendo referência em especial aos gloriosos mestres holandeses, que tinham um fascínio mórbido por dissecação anatômica.

Nosso museu fica numa sala iluminada, mobiliada com fileiras de mesas longas e brancas onde os alunos estudam e comparam espécimes examinados com as ilustrações em seus livros didáticos. Arthur se sentou numa dessas mesas, e lhe mostrei o plano sagital, coronal e horizontal de corpos humanos, expostos em potes pesados de acrílico Perspex, que nos permitem ensinar anatomia em cortes que se relacionam com as imagens produzidas por tomografias e ressonâncias magnéticas. Levei um pote para a mesa onde estava sentado, explicando que era um plano horizontal na região do peito de um homem. "Como você sabe?", perguntou ele. Apontei os cabelos saindo da pele e nós dois rimos.

Indiquei a posição do coração, dos pulmões, dos principais vasos sanguíneos, do esôfago, dos ossos das costelas e da coluna vertebral. Arthur ficou totalmente intrigado. Ele se mostrou surpreso com o tamanho diminuto da medula espinhal, que carrega todas as informações motoras e sensoriais por nosso corpo, e do esôfago, comentando que no futuro se certificaria de comer em bocados menores. Ele comentou que ver como algumas dessas estruturas eram delicadas o fazia perceber o quanto a vida era frágil. Arthur olhou para os vasos coronários no coração e para a artéria "produtora de viúvas" (o ramo interventricular anterior da artéria coronária esquerda) e me pediu para identificar as câmaras visíveis do coração. Ele se divertiu com as cordas tendíneas, conhecidas de maneira coloquial como cordas do coração, que soam tão românticas. Na verdade, ele disse que pareciam cordas em miniatura segurando uma tenda liliputiana. Arthur perguntou quantos anos o espécime tinha e quanto tempo sobreviveria.

Eu estava tranquila ao ver que aquele senhor idoso se sentia completamente confortável com o que via e discutia. Não detectei qualquer apreensão, exceto talvez de mim mesma. Não havia medo em seus olhos remelentos, nenhuma oscilação em sua voz e nenhum tremor em suas mãos. Tinha chegado a hora. Deixei Arthur examinando o recipiente por um momento e entrei na sala de dissecação, um espaço aberto e iluminado, cheio de conversas e alunos cuidando das atividades normais de um departamento de anatomia, como sempre ficava durante o horário de trabalho. Observei a sala em busca de uma mesa com alunos mais maduros. Encontrando um grupo adequado, contei-lhes sobre Arthur e perguntei se estariam dispostos a falar com ele. Ficou claro que estavam nervosos com a perspectiva de ter uma conversa sobre dissecação com um cadáver em treinamento — especialmente enquanto estavam de pé sobre o corpo de outra pessoa, com bisturis e fórceps nas mãos, no meio da abertura da articulação do ombro. Mas eles ponderaram sobre o assunto, discutiram entre si e decidiram que topavam. Um porta-voz foi eleito.

Não sei quem estava mais assustado — os alunos, Arthur ou eu. Ainda não tinha ideia de como isso ia acabar. Seria um erro colossal? Arthur se levantou muito devagar e caminhou comigo para a sala de dissecação. Seria possível ouvir um alfinete cair. A tagarelice alegre de alguns momentos antes se foi, sendo substituída num instante por um silêncio respeitoso e atenção diligente ao trabalho. É incrível o modo que toda a atmosfera numa sala pode mudar numa fração de segundo como se por um comando não dito. Há uma consciência coletiva súbita de que alguém de fora da equipe muito unida está presente e isso gera uma modificação uniforme de comportamento. Vemos isso o tempo todo em necrotérios, onde existe uma regra não escrita que, quando um estranho entra, você ajusta sua conduta e seus modos até ter uma boa ideia de quem é a pessoa e o que ela está fazendo ali. Cada estudante na sala de dissecação fez isso sem receber qualquer aviso ou instrução. Fiquei muito orgulhosa de todos.

Arthur se aproximou da mesa um pouco hesitante. O líder do grupo de alunos se apresentou e brincou, com nervosismo, que talvez apertar as mãos não fosse apropriado, dado o trabalho em que estavam envolvidos. Então os outros alunos ao redor da mesa se apresentaram. Estavam tão pálidos e nervosos que pensei que um ou dois poderiam desmaiar. Arthur indicou a mesa e perguntou: "O que é isso? Por que você cortou dessa forma?". Dei um passo para trás e observei o milagre mais incrível se desdobrar diante de meus olhos: Arthur e os estudantes, longe de estarem separados pela morte, uniram-se por causa dela através do glorioso mundo da anatomia.

O nível de conversa na sala começou a aumentar de novo quando ele foi aceito no círculo. Arthur conversou com sua equipe de dissecação por uns bons quinze minutos ou mais. Uma ou duas vezes ouvi uma risada relaxada de algo que ele disse. Sentindo que quinze minutos era tempo suficiente para todos eles, e para Arthur ficar de pé, aproximei-me para levá-lo embora. Ele agradeceu aos alunos pelo profissionalismo e eles, por sua vez, agradeceram o presente inestimável que Arthur planejava dar. Senti uma relutância genuína de ambos os lados em encerrar a conversa. Quer dizer, também notei o suspiro coletivo de alívio dos alunos quando Arthur se virou e começou a se afastar devagar. Tinham ficado com muito medo de ofendê-lo ou chateá-lo. Mas entendiam a importância do que haviam feito por ele e, de fato, o que Arthur havia feito por eles e faria por futuros alunos.

Era hora de Arthur voltar ao meu escritório para uma conversinha, acompanhada de uma xícara de chá. Ele estava entusiasmado, animado e mais determinado do que nunca a seguir com os planos de doação. Seu único arrependimento, contou ele, foi estar na ponta errada do bisturi. Ele achou seu contato com o processo de dissecação tão fascinante que me pergunto se, caso sua vida tivesse seguido um caminho diferente, ele próprio não poderia ter sido um grande anatomista.

Foi uma experiência intensa e teve um impacto incrível em todos os envolvidos. Então, eu faria tudo isso de novo? Meu Deus, não.

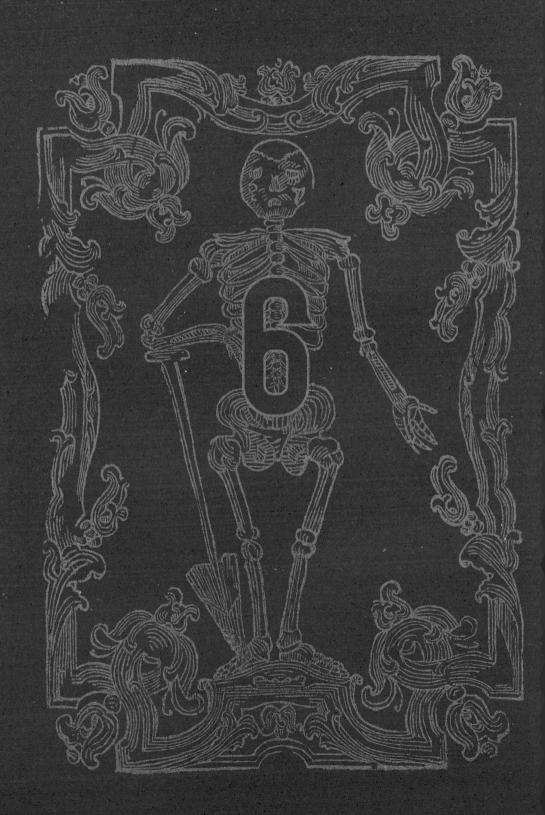

SUE BLACK
TODAS AS
FACES
DA MORTE

ESTES OSSOS
CAPÍTULO 6

"Há algo sobre um armário que deixa um esqueleto terrivelmente inquieto."
— Wilson Mizner, *dramaturgo (1876-1933)* —

Em que momento sua morte deixa de ter importância pessoal para alguém em algum lugar? No poema "So Many Different Lengths of Time", Brian Patten sugere que "uma pessoa vive enquanto a levarmos dentro de nós", e isso com certeza me comove. Muitas vezes, conforme envelheço, abro a boca e as palavras de meu pai saem. Não morremos enquanto houver pessoas na terra que se lembrem de nós.

A partir desse critério, temos uma "expectativa de vida" potencial, ou deveria ser "expectativa de morte", de provavelmente não mais do que quatro gerações, embora nossos ecos possam viver por mais tempo em memórias de parentes, histórias de família, fotografias, filmes e outros registros. Em minha família, minha geração é a última a se lembrar de meus avós, e meus filhos são os mais novos a se lembrar de meus pais, pois meus netos nunca os conheceram. Fico triste porque, quando eu morrer, minha avó também morrerá. No entanto, me parece apropriado e reconfortante que vamos morrer juntas, eu em meu corpo e ela em minha mente. É provável que deixe de ser lembrada quando meus netos se forem, embora haja alguma possibilidade de que eu tenha a sorte de sobreviver na forma corporal por tempo suficiente para ver meus bisnetos crescerem até uma idade em que terei me estabelecido em suas memórias. Isso, sim, é assustador. Como fiquei tão velha tão rápido?

Em termos legais, é improvável que um corpo seja de interesse forense se o indivíduo morreu mais de setenta anos atrás. No momento presente, setenta anos nos levam de volta para a metade da Segunda Guerra Mundial. Há uma gravidade em pensar que meus bisavós, nenhum dos quais conheci, são hoje tecnicamente amostras de esqueletos arqueológicos, e que minha avó será arqueológica em menos de trinta anos a partir de agora — é bem possível que isso aconteça enquanto ainda estou viva. Eu me sentiria afrontada se alguém decidisse desenterrar minha avó ou bisavó para estudá-las como espécimes arqueológicos? Pode apostar que sim.

Eu também não ficaria muito feliz com alguém mexendo nos restos mortais de minha tataravó. Embora o elo com nossos ancestrais mais distantes seja menos forte e menos visceral, ainda existe um laço de sangue na mente da maioria de nós. Portanto, a responsabilidade de tratar os vestígios arqueológicos com decência e dignidade, e observar a santidade da necessidade de deixar um corpo em paz deve estender-se além das memórias de nosso tempo de vida. Não são apenas amontoados de ossos velhos, é o parente de alguém, pessoas que uma vez riram, amaram e viveram.

Há pouco tempo organizei um *workshop* para alguns jovens em Inverness College, no qual decidimos olhar mais de perto um esqueleto de ensino que estava pendurado no laboratório de ciências deles. No final do dia, depois que souberam que estavam, na verdade, diante de um jovem, não mais velho do que a maioria deles, com 1,62 m de altura, que tinha anemia devido a uma dieta pobre e que era provável que viesse da Índia, eles passaram a ver esse esqueleto de forma totalmente diferente. Não estavam mais felizes em colocá-lo de volta no armário e queriam que ele fosse tratado com mais respeito. O anonimato dos restos humanos silencia nossas respostas empáticas, mas esse é o poder da antropologia forense, pois ela pode restabelecer a identidade e reacender o instinto humano de cuidar e proteger. Eu esperava que fossem reagir assim e eles não me decepcionaram. Era um grupo de jovens incrivelmente maduro e responsável.

Alguns restos mortais transcendem qualquer definição arbitrária do que é considerado interesse forense e o que é arqueológico, independente de a morte ter ocorrido há muito tempo. Existem importantes considerações humanas que tornam porosa a barreira entre essas definições — em especial quando a identidade de um corpo que foi descoberto é conhecida ou presumida, e os parentes da pessoa ainda estão vivos. Por exemplo, apesar da passagem de tempo, nenhum resto de criança encontrado em Saddleworth Moor, onde os assassinos Ian Brady e Myra Hindley enterraram suas vítimas, jamais será visto como algo que não tenha relevância forense.

Nunca estive destinada a me tornar uma osteoarqueóloga, mas isso não significa que não tenha trabalhado com material esquelético arqueológico. A primeira vez que fui exposta a isso foi no quarto e último ano de minha graduação na Universidade de Aberdeen. Depois do terceiro ano — dissecação de corpo humano, que eu tinha adorado —, deparei com uma estranha mistura de disciplinas que parecia ter sido colocada ali de acordo com os interesses de pesquisadores individuais em vez de constituir qualquer plano acadêmico viável. Passei do estudo de neuroanatomia numa semana para encarar a evolução humana na próxima, depois fui para a microscopia confocal (nunca entendi isso) e as reflexões retóricas desagradáveis de um acadêmico bem desprezível que gostava de falar sobre roupas de mergulho e o efeito que a ducha vaginal tinha nas mulheres. Bizarro.

Mais relevante do que isso era a obrigação de realizar um projeto de pesquisa naquele último ano. Todos da equipe pareciam pesquisar em áreas como níveis de chumbo no cérebro de ratos, carcinoma na hipófise de hamsters ou neuropatia em camundongos diabéticos. Tenho um medo mórbido de camundongos, ratos e, para ser franca, qualquer coisa desse tipo, viva ou morta, então de jeito nenhum eu ia gastar meu tempo de pesquisa com cadáveres de roedores. Implorei e supliquei a todos os acadêmicos que sugerissem quase qualquer outra coisa que eu pudesse estudar. Meu futuro orientador teve a ideia de que talvez eu quisesse considerar a identificação com osso humano para fins de antropologia forense. Perfeito — nada de pelos, rabos ou garras. Nada de movimentos rápidos e apressados, nada de mordidas, nada de arranhões, além de ser uma progressão natural do cadáver humano na sala de dissecação e a carne fresca de um açougue.

Analisei como poderíamos tentar estabelecer o sexo biológico de um indivíduo quando são apresentados apenas fragmentos de um esqueleto. A amostra que eu deveria usar era da coleção da Idade do Bronze mantida no museu de Marischal College. Esses vestígios arqueológicos eram da cultura do vaso campaniforme, nomeada assim por causa dos característicos vasos de bebida em forma de sino. Fazia parte da prática enterrá-los, às vezes junto de algumas pequenas pedras ou joias simples, na cista (uma caixa de pedra ou ossário) onde sepultavam os mortos. No Nordeste da Escócia, essas cistas baixas foram construídas com quatro lajes laterais de pedras verticais e um cume horizontal. A maioria tinha sido descoberta sem querer por fazendeiros, em geral quando a ponta de um arado levantava a pedra angular e revelava um esqueleto agachado com seu vaso campaniforme. Acredita-se que essas pessoas migraram da área do Reno como comerciantes e se estabeleceram ao longo da costa leste do Norte da Grã-Bretanha. Como muitas vezes foram enterradas na areia, houve uma excelente preservação dos restos e eles formaram uma coleção de estudos maravilhosa para meu projeto de pesquisa.

As silenciosas salas aos fundos do museu Marischal eram um paraíso para mim. Empoeiradas, quentes e com cheiro de madeira e resina, me lembravam da carpintaria de meu pai. Lá ganhei muitas horas de silêncio, escondida entre as pilhas de arquivo, para refletir sobre a vida das pessoas do campaniforme, sua saúde e como morreram. Era um povo pacífico, e poucas das mortes foram traumáticas. Embora os achasse interessantes e estivesse fascinada pelas histórias escritas em seus ossos, eu tinha consciência de uma sensação de incompletude e de falta de realização. Isso tinha menos a ver com a distância de uma cultura que havia existido 4 mil anos antes do que com a certeza irritante de que nunca saberíamos realmente a verdade sobre essas vidas e mortes. Tudo era suposição e teoria em vez de fato. Eu achava as vidas e as mortes dos habitantes mais recentes dessas ilhas mais desafiadoras, porém mais recompensadoras também, uma vez que começasse a usar na identificação dos mortos do mundo de hoje, e nas respostas para algumas das perguntas que eles colocavam, as habilidades que eu havia aprendido.

Como nossas ilhas são habitadas há mais de 12 mil anos, é inevitável que a vida profissional de todo antropólogo forense seja atravessada por material arqueológico com bastante frequência. Dada a enorme variação no tamanho da população ao longo dos séculos, podemos apenas imaginar quantas pessoas no total morreram em nosso solo, mas, de forma global, acredita-se que mais de 100 bilhões de pessoas tenham vivido e morrido desde o aparecimento do Homo Sapiens cerca de 50 mil anos atrás — quinze vezes mais do que os 7 bilhões ou mais vivos no mundo hoje. Os vivos nunca serão mais numerosos do que os mortos porque isso significaria a expansão da população global para mais de 150 bilhões, o que não seria sustentável.

No século XXI, uma pessoa em cada 39 mil da população morrerá todos os dias no Reino Unido — isso é mais de meio milhão de corpos por ano com o qual é preciso "lidar", em geral por sepultamento ou cremação. Há um número limitado de coisas que podem ser feitas com cadáveres antes de se tornarem bem desagradáveis de se conviver. Cinco maneiras tradicionais e aceitas de lidar com eles são usadas pela humanidade em todo o mundo ao longo dos tempos. Primeiro, os restos mortais podem ser deixados expostos ao ar livre para que os necrófagos terrestres e aéreos os removam, método ainda empregado nos cemitérios a céu aberto do Tibete. Em segundo lugar, podem ser depositados em rios ou no mar, para que a vida aquática cumpra o mesmo propósito. Em terceiro lugar, podemos armazenar nossos mortos acima do solo, isolando-os em mausoléus e semelhantes, o que com frequência é a opção preferida dos ricos. A quarta solução é enterrá-los, onde os invertebrados do solo farão o processo de necrofagia. Com a devida autorização, podemos tecnicamente enterrar um corpo onde quisermos, inclusive em terrenos privados, desde que não haja risco de contaminação dos mananciais. Por último, podemos queimá-los, o que hoje em dia é visto como a escolha mais rápida e higiênica, embora suscite preocupações sobre a poluição do ar.

Talvez a solução mais extrema — que não é defendida nem considerada socialmente aceitável na atualidade — seja comer a pessoa falecida. Embora o canibalismo (antropofagia) seja um traço de muitas culturas, no Reino Unido as evidências de mortos usados como fonte de alimento são escassas. A caverna de Gough, em Somerset, lar no final da Idade do Gelo para os caçadores-coletores da Garganta de Cheddar, é uma exceção. Restos de esqueletos encontrados ali mostram cortes consistentes com a remoção de carne para consumo. Há mais evidências em séculos posteriores de canibalismo médico, que surgiu da crença, entre os boticários, nas propriedades místicas do cadáver. Preparos para doenças como enxaqueca, tuberculose e epilepsia, bem como tônicos gerais, eram feitas com várias partes humanas. O raciocínio era que, se alguém morresse de repente, seu espírito podia permanecer preso no cadáver por tempo suficiente para trazer benefícios vitais para aqueles que decidissem consumi-lo. Esses "remédios de cadáveres" costumavam ser derivados de ossos moídos, sangue seco e gordura derretida, com muitas outras partes igualmente intragáveis do corpo.

Um boticário franciscano de 1679 até nos dá uma receita de geleia de sangue humano. Primeiro ele pegava o sangue fresco de pessoas recém-mortas que exibiam uma "compleição quente e úmida" e eram de preferência de "constituição gorda". O sangue era deixado para solidificar e virar uma "massa seca e pegajosa" antes de ser colocado sobre uma mesa de madeira macia e cortado em fatias finas, permitindo que qualquer líquido gotejasse. Em seguida, era misturado numa massa no fogo para então secar. Enquanto ainda estava quente, era moído com um pilão de bronze até virar pó, que seria forçado através de uma seda fina. Uma vez selado em um frasco, podia ser reconstituído a cada primavera com água limpa e fresca e administrado como tônico.

É curioso, mas, de acordo com um advogado acadêmico britânico, o canibalismo não é em si ilegal no Reino Unido, embora, por sorte, existam leis contra o assassinato e a profanação de cadáveres. Essa revelação levou minha filha mais nova, Anna, estagiária de advocacia (ou filhote de tubarão, como a chamamos), a refletir, enquanto chupava o sangue de um corte no dedo, sobre se seria considerado crime caso alguém decidisse comer a si mesmo — uma prática chamada autossarcofagia. E seria o canibalismo consensual considerado um delito se ninguém morresse? Parece que na legislação do Reino Unido o canibalismo está associado ao crime de homicídio, ou, pelo menos, à profanação de cadáveres, em vez de ser tratado como um ato separado. Eu me preocupo com que tipo de área do direito Anna pode querer seguir.

Historicamente, no Reino Unido, o enterro no solo costuma ser o destino mais comum para os restos mortais. É provável que os cemitérios antigos tenham sido selecionados pela importância cultural ou pelo significado sagrado da terra. Conforme a religião formalizada se consolidou, os sepultamentos foram transferidos para cemitérios em igrejas ou, se a pessoa falecida fosse preeminente, às vezes para as próprias igrejas ou logo abaixo delas em criptas.

Com a migração em massa para as cidades trazida pela Revolução Industrial, começamos a ficar sem espaço para sepultamentos e, na era vitoriana, foi providenciada a construção de cemitérios municipais, muitas vezes nas periferias das áreas urbanas. Até a Lei de Sepultamento de 1857, a reutilização de sepulturas era comum, mas, à medida que os cemitérios começaram a encher, o despejo de alguns de seus inquilinos mais rápido do que se julgava decente levou com frequência à indignação pública. A legislação tornou ilegal a perturbação de sepulturas, exceto quando exumações oficiais fossem ordenadas. Curiosamente, apenas abrir uma sepultura constituía uma ofensa. Não era contra a lei de fato roubar um cadáver — desde que estivesse nu.

Desde a década de 1970, conselhos locais têm o poder de reutilizar sepulturas antigas contanto que o caixão do ocupante original seja mantido intacto. Eles fizeram isso pelo aprofundamento de sepulturas, de modo a abrir espaço para outro sepultamento no topo. Em geral essa prática era restrita a túmulos com mais de cem anos que não estavam sendo cuidados, o que sugeria que não eram mais visitados. Em 2007, uma reformulação da Lei de Autoridades Locais em Londres, onde o problema de espaço é mais grave, abriu caminho para que os municípios exumassem os restos mortais e os colocassem em recipientes menores antes de enterrá-los outra vez, com a condição de que a sepultura tivesse pelo menos 75 anos e não houvesse objeções de arrendatários ou parentes. Isso permitiu que as sepulturas com espaço para mais corpos não necessariamente relacionados ao ocupante original fossem reivindicadas. Em 2016, o parlamento escocês promulgou uma legislação semelhante.

A reutilização de sepulturas continua sendo um assunto sensível e levanta questões religiosas, culturais e éticas. Mas, com a escassez de espaços funerários no Reino Unido atingindo um ponto crítico — de acordo com uma pesquisa de 2013 da BBC, metade dos cemitérios na Inglaterra estarão cheios em 2033 —, algo deve ser feito para evitar o fechamento de cemitérios para novos ocupantes, ou precisamos encontrar outra maneira de nos desfazer de nossos mortos.

Com cerca de 55 milhões de pessoas morrendo a cada ano em todo o mundo, o problema sem dúvida não se restringe ao Reino Unido. As cidades mais afetadas são aquelas que não têm tradição de reciclagem de túmulos. Durban, na África do Sul, e Sydney, na Austrália, por exemplo, assim como Londres, encontraram forte resistência cultural aos planos de introdução da nova legislação.

Muitas cidades ao redor do mundo, em especial na Europa, adotaram historicamente uma abordagem um pouco diferente, removendo de forma rotineira ossos do solo ou de jazigos e os transferindo para vastas catacumbas subterrâneas ou ossuários, onde foi dada total liberdade para as habilidades artísticas do conservador. O maior deles fica sob as ruas de Paris, onde estão quase 6 milhões de esqueletos, e talvez um dos mais ornamentados seja o Ossuário de Sedlec, na República Tcheca, construído em 1400 para abrigar os esqueletos removidos do cemitério superlotado da igreja. Em 1870, um entalhador de madeira chamado Frantisek Rint foi encarregado de separar os montes acumulados e começou a transformar os ossos de 40 mil a 70 mil pessoas em decorações e mobílias superelaboradas para a capela. Há lustres, brasões e apoios sofisticados, todos construídos com ossos humanos. Parece que, em sua dedicação à arte, Rint não permitiu que nenhum sentimento influenciasse sua escolha de materiais, e ver sua obra pode ser uma experiência desconfortável ao perceber quantos ossos vêm de crianças muito pequenas — incluindo aqueles usados de forma frívola para criar sua assinatura.

Em grande parte da Europa moderna, a tradição de remover restos de cemitérios evoluiu naturalmente para a reciclagem de túmulos. A Alemanha e a Bélgica, por exemplo, fornecem sepulturas públicas gratuitas por cerca de vinte anos. Depois disso, se as famílias não optarem por pagar para mantê-las, os ocupantes são movidos para o fundo do solo ou para outro local, às vezes uma vala comum. É uma prática normal em climas mais quentes, como na Espanha ou em Portugal, onde os corpos se decompõem com mais rapidez, que os restos sejam enterrados no solo por um período mais curto. Então, se as famílias desejarem, os ossos podem ser transferidos para gavetas nas paredes do cemitério enquanto houver pagamento. No fim, quando não há mais nenhuma família próxima, eles são removidos. Alguns acabam em museus para serem estudados e outros são queimados e transformados em cinzas. A Cingapura tem um sistema semelhante aos usados na Europa, e a Austrália está prestes a adotar a opção de "elevar e aprofundar" do Reino Unido.

Mas enterros, seja qual for a duração e independente de ser no solo ou dentro de monumentos, estão caindo em desuso. Os quase 10 milhões de metros de madeira, 1,6 milhão de toneladas de concreto, 750 mil galões de fluido de embalsamamento e 90 mil toneladas de aço que estão enterrados apenas nos Estados Unidos são uma ilustração nítida de seus efeitos poluentes. Se aqueles comprometidos com a preservação do planeta estão preocupados com a contaminação subterrânea por sepultamentos, também não estão nada felizes com a cremação. Cada cremação usa o equivalente a cerca de dezesseis galões de combustível e aumenta a emissão global de mercúrio, dioxinas e furanos (um composto tóxico). Uma estimativa ampla sugere que, se você juntar a quantidade de energia gasta em cremações em um ano apenas nos Estados Unidos, é possível abastecer um foguete para 83 viagens de ida e volta à lua. Ainda assim, a cremação está em ascensão no país — em 1960, era o método escolhido para apenas 3,5% das mortes; hoje a cifra está perto de 50%.

Não é de surpreender que a porcentagem mais alta seja encontrada em países onde a cremação é a norma cultural ou a escolha tradicional por motivos religiosos, em especial aqueles com grande população hindu ou budista. O Japão lidera a tabela mundial de cremação com 99,97%, seguido de perto pelo Nepal (90%) e pela Índia (85%). Em termos numéricos, a China tem o maior número de cremações — quase 4,5 milhões por ano.

A cremação queima os componentes orgânicos do corpo, deixando apenas pedaços compostos de minerais secos e inertes, com predominância de fosfato de cálcio dos ossos. As cinzas resultantes representam cerca de 3,5% do corpo e pesam em média quase dois quilos. Na maioria dos crematórios, os restos mortais são removidos do forno e colocados num pulverizador, que transforma as sobras de osso em cinzas e retira quaisquer pedaços estranhos de metal. Nas cremações japonesas tradicionais, a família retira os fragmentos de ossos das cinzas com *hashis* e os transfere para uma urna, começando nos pés e terminando na cabeça, para que o morto nunca fique de cabeça para baixo.

No Reino Unido, cerca de três quartos da população optam hoje em dia pela cremação em vez do sepultamento, mas o rápido aumento visto desde os anos de 1960 se estabilizou na última década. A sociedade moderna gosta de expandir fronteiras e novas opções "mais verdes" estão começando a surgir (cinzas cremadas são praticamente desprovidas de nutrientes importantes). Uma é chamada de "cremação líquida", que é o processo de hidrólise alcalina. O corpo é colocado num recipiente com água e soda cáustica (ou hidróxido de sódio) e aquecido a 160°C sob alta pressão por cerca de três horas. Isso dissolve os tecidos, transformando-os num líquido marrom-esverdeado, rico em aminoácidos, peptídeos e sais. Os ossos quebradiços restantes são reduzidos a pó (principalmente hidroxiapatita de cálcio) por um *cremulator*, ou processador de cinzas, e podem ser espalhados ou usados como fertilizante.

Outro método, o "promession", funciona por meio da liofilização do corpo em nitrogênio líquido a -196°C e, em seguida, há uma vibração vigorosa para quebrá-lo em partículas. Isso então seca numa câmara, e quaisquer restos de metal são separados com um ímã antes que o pó seja enterrado nas camadas superiores do solo, onde as bactérias terminarão o processo. A última alternativa verde, "compostagem humana", ainda está em fase de desenvolvimento, mas a ideia é que uma família leve o corpo de seu ente querido falecido, embrulhado em linho, para um centro de "recomposição" com uma torre de três andares no centro — uma versão gigante de uma composteira de jardim. Ali o corpo é colocado sobre lascas de madeira e serragem para ajudar na decomposição. Depois de quatro a seis semanas, o corpo se decompõe em cerca de um metro cúbico de composto, que pode ser usado para cultivar árvores e arbustos. Não descobriram o que fazer com ossos e dentes, então talvez a compostagem humana ainda tenha um longo caminho a percorrer.

Se esses métodos modernos se tornarem a norma, menos pessoas perderão tantos traços de seu "eu" físico quanto nossos ancestrais. Restos esqueléticos e outros enriqueceram a história humana, pois deram a arqueólogos e antropólogos o luxo voyeurístico e o estímulo acadêmico de serem capazes de estudar pessoas de culturas anteriores num nível próximo e muito pessoal.

Embora os vestígios históricos consistam, em geral, principalmente de ossos e equipamentos com os quais os mortos foram enterrados, como já discutimos, certas condições climáticas — o calor seco, as temperaturas abaixo de zero ou a submersão, por exemplo — são conhecidas por terem conservado alguns corpos quase em sua totalidade por séculos. Ötzi, o Homem de Gelo, descoberto em 1991, mais de 5 mil anos após sua morte, nas montanhas da fronteira entre a Áustria e a Itália, foi quase totalmente preservado, assim como o corpo de John Torrington, da malfadada expedição de Franklin de 1845, que foi encontrado 129 anos depois, enterrado na tundra congelada do extremo norte do Canadá com dois de seus colegas.

Os "corpos do pântano", como o Homem de Grauballe, o Homem de Tollund, o Homem de Lindow, a Mulher de Stidsholt e o Garoto de Kayhausen, devem a longevidade de seus restos mortais ao fato de terem sido enterrados em turfa. A submersão em um líquido um pouco ácido com altos níveis de magnésio é responsável pela notável preservação da múmia chinesa da Dinastia Han de 2 mil anos conhecida como Lady Dai, que foi descoberta em 1971 por trabalhadores que cavavam um abrigo antiaéreo para um hospital perto de Changsha. Até os vasos sanguíneos estavam intactos e continham uma pequena quantidade de sangue tipo A.

Embora seja raro minha equipe ter qualquer envolvimento significativo no campo da arqueologia, certa vez fui persuadida, apesar de minha relutância, junto de três colegas cientistas, a participar de uma série de televisão da BBC2 chamada *History Cold Case*, transmitida pela primeira vez em 2010/11. O formato era que receberíamos restos arqueológicos humanos para examinar, a partir dos quais deveríamos reunir partes das vidas que eles um dia representaram, com os pesquisadores nos dando pequenas informações quando fosse adequado. Realmente não tínhamos a menor ideia do que veríamos ou o que descobriríamos. Então, embora fosse um pouco estressante, também foi bem intrigante. Dito isso, ainda me incomodo com essa experiência sempre, principalmente porque estar em frente às câmeras de televisão não é minha praia — meu rosto foi feito para o rádio. Mas todas as histórias que cobrimos trazem um lembrete do quanto os mortos, mesmo aqueles de muito tempo atrás, podem ir longe, muito além de seus túmulos, e nos afetar hoje.

A exposição e a perda de anonimato que vêm com a aparição na televisão são uma bênção conflitante. É um incômodo ser considerada propriedade pública por estranhos, seja a aproximação para elogiar ou criticar. A maioria das pessoas só quer dizer o quanto gostou do programa, mas há aquelas que não têm vergonha de comentar sobre sua aparência, ou sobre algo que você disse do qual discordam com veemência, ou, óbvio, de pontuar que você não é muito inteligente.

Três de quatro apresentadores eram mulheres — algo que também foi comentado, e talvez tenha suscitado mais cartas e e-mails de natureza pessoal do que seria normal para a espécie masculina. Das "três bruxas de Dundee", como fomos apelidadas de maneira tão adequada, Xanthe Mallett, uma antropóloga forense e criminologista, foi alvo de muitas comunicações inapropriadas, mas ela é mesmo uma jovem muito atraente. Caroline Wilkinson, nossa especialista em reconstrução facial, recebeu poemas amigáveis sobre os rostos que ela restaurava e foi elogiada por suas habilidades como artista sensível. Quanto a mim, recebi um número desproporcional de cartas de detentos das prisões de Sua Majestade perguntando se eu poderia ajudar a tirá-los de lá, porque "honestamente, não fui eu quem assassinou minha esposa". Nosso acompanhamento dentro de certos setores da sociedade também levou o programa a ser apelidado de *Lesbian Cold Case*, o que excluiu o pobre Wolfram Meier-Augenstein, o especialista em análise de isótopos, embora eu suspeite que o professor não tenha se incomodado de ter sido esquecido.

O lado positivo foi que tivemos muito mais e-mails e cartas encantadores de espectadores que realmente gostaram de descobrir coisas novas, e o contato com o público serviu para nos lembrar de que as pessoas estão interessadas de verdade em aprender sobre o que os corpos de nossos ancestrais podem nos contar e como podemos usar a ciência projetada para o tribunal para nos ajudar a mergulhar nas vidas do passado. Houve muitos momentos tristes e tocantes quando sentimos que retomar histórias de pessoas comuns, não de reis, bispos ou guerreiros, mas de crianças e jovens prostitutas, demonstrava que elas não tinham sido esquecidas. Suas histórias apenas foram escritas numa linguagem que exigia interpretação por parte da antropologia forense.

Um caso triste foi o espécime anatômico preservado de um menino de cerca de 8 anos de idade. Essa criança mumificada sem documentos havia sido encontrada num armário em meu departamento na Universidade de Dundee. Seu tecido mole havia sido dissecado, deixando apenas o esqueleto e o sistema arterial artificialmente perfurado. Não sabíamos nada sobre ele nem o que fazer com o corpo, então esperávamos que a pesquisa realizada para o programa nos levasse a algum lugar interessante.

Tudo começou bem, mas rapidamente se tornou muito pesado. A criança não estava desnutrida e sua morte não tinha uma explicação óbvia do ponto de vista médico. A datação dos restos mortais nos dizia que ele havia morrido antes da aprovação da Lei da Anatomia de 1832. Estaríamos diante da vítima dos infames assassinatos de crianças perpetrados numa época em que anatomistas pagavam pelo corpo de uma criança por centímetro? Ou teria ele sido roubado do túmulo pelos ressurreicionistas, os ladrões de corpos empregados por anatomistas para atender à demanda de cadáveres a fim de treinar alunos e servir aos interesses de pesquisadores pioneiros? Sabemos que tanto o eminente anatomista William Hunter quanto o anatomista John Barclay estavam realizando perfusões vasculares naquela época, e a análise das substâncias químicas presentes nos restos mortais de nosso menino revelou que eram inteiramente consistentes com as usadas por Hunter e seus seguidores. A ironia de anatomistas revelando os possíveis delitos de anatomistas anteriores não passou despercebida por nossa equipe.

No final do programa, tivemos que tomar uma decisão que não havíamos previsto no início. O que faríamos com o corpo do menino agora? Ele deveria permanecer em nosso departamento, ser enviado para um museu de cirurgias ou receber um enterro adequado? Fomos unânimes em optar pela última opção. Tenho aversão a ver restos humanos expostos na vitrine de uma loja para instigar os curiosos. Há uma linha tênue entre educação e entretenimento e, em nossos corações, sabemos quando algo está certo e quando está errado. O parâmetro óbvio é imaginar que é seu filho. O que você iria querer? Infelizmente, foi difícil obter as permissões necessárias para enterrá-lo, e hoje em dia ele está num museu de cirurgias, longe do olhar do público, até que seu destino seja por fim resolvido.

Outra figura trágica foi a "Menina de Crossbones", uma jovem adolescente, provavelmente uma prostituta, encontrada num túmulo de indigente no cemitério Cross Bones em Southwark, no sul de Londres. Ela havia morrido terrivelmente desfigurada por sífilis terciária, sem dúvida contraída durante o trabalho. Com base no progresso da doença, suspeitávamos que não podia ter muito mais do que 10 ou 12 anos quando foi infectada pela primeira vez, o que proporcionava uma visão arrepiante do mundo da prostituição infantil do século XIX. Quando reconstruímos seu rosto, foi chocante ver a devastação causada por essa condição numa pessoa tão jovem. Em seguida, Caroline fez uma segunda reconstrução, mostrando como seria sua aparência se fosse saudável ou pudesse ser curada com penicilina. Era inevitável que víssemos um esqueleto arqueológico humano anônimo com certo distanciamento, mas ver o rosto da jovem mulher de carne e osso mais ou menos como ela era, e como poderia ter sido se tivesse tido mais sorte com seu destino, mostrava de forma dramática a todos que estávamos lidando com uma pessoa real que tinha esperanças, sonhos e caráter próprios; com uma vida que podia ser reconstruída quase a ponto de podermos devolver seu nome a ela. Quase, mas não exatamente.

A história que gerou a maior quantidade de cartas dizia respeito aos esqueletos de uma mulher e três bebês escavados em Baldock, Hertfordshire, que datavam da época romana. A jovem mulher tinha sido encontrada com o rosto para baixo na cova e com o primeiro conjunto de restos mortais de recém-nascidos ao lado do ombro direito. Escavações posteriores expuseram um segundo esqueleto neonatal entre as pernas. O terceiro bebê ainda estava dentro da cavidade pélvica. O que aconteceu com ela ainda acontece hoje em muitas partes do mundo onde a medicina não está equipada para lidar com a desproporção cefalopélvica (a desarmonia entre a dimensão pélvica materna e o tamanho da cabeça do bebê). Também pode acontecer quando o bebê não gira no útero e se apresenta em posição pélvica. A intervenção para auxiliar um parto que não pode ocorrer de forma natural é bastante fácil e segura hoje em dia, pelo menos nos países desenvolvidos. Mas não na Baldock dos tempos romanos.

O primeiro filho teria nascido com sucesso, embora nunca possamos saber se nasceu morto ou se nasceu vivo e morreu pouco depois. É provável que o segundo trigêmeo, o que causou o problema, tenha permanecido preso no canal de parto, ou porque estava na posição pélvica (que era consistente com a disposição do esqueleto) ou apenas porque não passava. É possível que a mãe tenha morrido tentando dar à luz o segundo bebê e tenha sido enterrada ao lado do primeiro. Quando ela e o segundo trigêmeo começaram a se decompor, teria ocorrido um acúmulo de gases em seu corpo que, auxiliados por uma descompressão do crânio do bebê, enfim o expulsou muito depois de ambas as mortes no que é conhecido como "nascimento no caixão". O terceiro filho nunca deixou o útero e morreu ali, pois a saída estava bloqueada pelo irmão preso no canal de parto. Que resultado doloroso para um acontecimento que deveria ter sido feliz, mas que resultou em quatro mortes.

Em tempos mais recentes, minha equipe na Universidade de Dundee ajudou com um fascinante caso arqueológico em Ross-shire após um esqueleto humano aparecer durante a escavação de uma caverna em Rosemarkie, na Ilha Negra, ao norte de Inverness, um lugar cheio de lembranças de minha infância dos dias em família — em especial aquele piquenique quando o tio Willie ficou preso na cadeira de praia. Gosto de coincidências e gosto muito quando momentos ou lugares que você conheceu no passado reaparecem em sua vida.

Concordamos em realizar um estudo dos restos mortais, usando nosso conhecimento forense de análise de trauma para descobrir o que havia acontecido com esse sujeito, para o projeto Rosemarkie Caves, parceria estabelecida entre a Sociedade de Arqueologia do Norte da Escócia e a comunidade local para investigar a arqueologia das cavernas, quem as usou, por que e quando.

O esqueleto havia sido encontrado sob a areia na parte de trás do que é conhecido pelos moradores como Smelter's Cave, ao norte da vila das Terras Altas. A datação por radiocarbono revelou que o mais provável era que o homem tivesse vivido durante o período picto, antes da chegada dos vikings, no final da Idade do Ferro e início da Idade Média. Ele estava deitado de costas em posição de "borboleta". Seus quadris estavam flexionados e os tornozelos cruzados, afastando os joelhos. Entre os joelhos, havia uma grande pedra. As mãos estavam na cintura ou nos quadris e pedras foram colocadas ao longo dos braços. Outra pedra tinha sido apoiada no peito. A teoria era que talvez a intenção fosse manter o corpo pesado e preso ao chão para evitar que ele se levantasse com raiva ou em retaliação, ou talvez apenas para garantir que não fosse levado pela maré.

A julgar pela extensão do trauma no crânio, ficou claro que seu fim havia sido violento. Não havia ferimentos no resto do corpo, e, em todos os outros aspectos, ele era um jovem saudável e em forma, provavelmente na casa dos 30 anos.

A análise de trauma é um processo lógico dedutivo que requer um entendimento de como o osso se comporta, como esse comportamento se altera quando o osso é prejudicado e sofre incidentes traumáticos adicionais a seguir e como isso pode ser sequenciado. Um possível utensílio, ou possíveis utensílios, pode ser então identificado. Ao olharmos a posição das fraturas e a relação entre elas, podemos chegar a uma provável cronologia de eventos que mostre a ordem em que os ferimentos foram causados e o que foi usado para os infligir.

Parece que o primeiro ataque ao Homem de Rosemarkie foi feito no lado direito da boca, e os dentes foram esmagados na frente quando ele foi atingido com força por algum projétil, talvez uma lança, estaca ou mastro de algum tipo: a entrada foi relativamente limpa e não penetrou até a coluna vertebral nem pareceu causar qualquer dano adicional. Ele sem dúvida estava vivo quando isso aconteceu, visto que a coroa de um dos dentes foi encontrada na cavidade torácica — é bastante provável que a tenha inalado após o impacto.

Em seguida, veio uma poderosa pancada do lado esquerdo da mandíbula, talvez de um punho, ou da ponta de um bastão de combate, o que também encaixaria na forma circular das fraturas nos dentes do lado direito. Isso causou fraturas à principal parte da mandíbula e em ambas as junções no ponto de articulação com o crânio. A ruptura continuou na parte interna do esfenoide na base do crânio. A força do segundo golpe deve ter jogado o homem para trás e, quando ele caiu, sua cabeça fez contato com uma superfície dura — talvez as pedras na praia onde foi enterrado —, desencadeando múltiplas fraturas que se espalharam pelo crânio desde o ponto de impacto, que foi ligeiramente para o lado esquerdo da parte de trás da cabeça.

Enquanto ele estava caído sobre a lateral direita do corpo, o agressor, ou os agressores, sem dúvida empenhado em garantir que ele não se levantasse outra vez, enfiou uma arma arredondada, semelhante em tamanho e forma àquela que fraturou os dentes, através da têmpora, então atrás do olho esquerdo até o crânio. O objeto saiu na mesma posição do lado oposto, atrás do olho direito. O golpe de misericórdia foi um ferimento grande e penetrante no topo da cabeça, feito com tanta violência que estilhaçou as partes restantes do crânio.

Fui convidada para Cromarty para apresentar nossas descobertas à sociedade histórica local. O esqueleto havia sido encontrado no último dia das escavações, e a equipe decidiu mantê-lo em segredo para dar à comunidade uma surpresa emocionante. Sendo de Inverness, sou bastante conhecida naquela parte do mundo, por isso houve um burburinho de especulações sobre o porquê de eu participar da reunião. Quando, no último slide da apresentação, o líder da equipe revelou uma fotografia do Homem de Rosemarkie no local onde foi achado, um suspiro audível circulou pela sala. Então me levantei e conversei com a audiência sobre quem era nosso homem e o que havia acontecido com ele, revelando, por fim, uma bela reconstrução facial criada por meu colega Chris Rynn. O público ficou entusiasmado.

Depois disso, uma das senhoras me disse que estava tão exausta que ia para casa se deitar. Em vez da palestra desinteressante sobre achados arqueológicos que ela esperava, a mulher havia sido levada numa montanha-russa de emoções com a história do assassinato brutal de um homem local. Ela até tinha olhado nos olhos da vítima, para um rosto tão real que, embora estivesse morto havia 1400 anos, não estaria deslocado nas ruas de Rosemarkie nos dias de hoje. Realmente adoro o fato de que humanos sempre são afetados por histórias de outros humanos, mesmo aqueles que viveram séculos atrás, e como esses precursores são abraçados como parte da vizinhança porque um dia ocuparam o mesmo pedaço de terra em nosso planeta. As pessoas de Rosemarkie e dos arredores até começaram a nos enviar fotos de seus filhos e netos, apontando a semelhança com nosso homem picto e sugerindo algum parentesco entre eles.

Esses estudos arqueológicos antigos trazem grande satisfação em termos de desvendar as complexidades da apresentação de um corpo, mas, da perspectiva de uma antropóloga forense, são frustrantes também, pois, não importa quanta certeza tenhamos a respeito de como uma pessoa encontrou seu fim, não há ninguém que possa confirmar se estamos certos ou nos dar qualquer orientação sobre em que podemos ter errado. Como descobri pela primeira vez quando era uma jovem estudante trabalhando em meu projeto sobre a cultura do vaso campaniforme, é a falta de provas evidentes que é o mais incômodo. Então, para mim, é provável que, quanto mais recente for a incursão no mundo arqueológico, mais gratificante seja, pois há uma chance maior de encontrar alguma prova documental que possa nos ajudar a reconstruir com mais precisão as vidas que estamos investigando e refazê-las sobre bases mais sólidas.

Deve ter sido por isso que fiquei tão interessada num pequeno irlandês peculiar do século XIX que encontrei em 1991, conforme escavávamos a cripta da igreja de St. Barnabas no lado oeste de Kensington, em Londres. O teto da cripta estava começando a rachar, e havia um medo genuíno de que desabasse se o problema não fosse resolvido. Estávamos envolvidos porque a cripta havia sido usada para enterros, e os corpos teriam de ser removidos antes que os construtores pudessem entrar para reforçar as paredes. Recebemos permissão da Arquidiocese de Londres para realizar uma missão de recuperação que permitiria que os caixões fossem esvaziados, os corpos cremados e as cinzas devolvidas ao solo consagrado.

Os enterros eram em caixões triplos típicos do início do século XIX para aqueles que podiam pagar. Esses receptáculos de várias camadas eram como bonecas russas. Havia um caixão externo de madeira, às vezes coberto com tecido e com alças ornamentais e outros acessórios, além de uma placa com o nome e a data da morte do ocupante. No interior, havia um revestimento de chumbo, selado por picheleiro e decorado com seu remendo personalizado, levando também uma placa de identificação com os detalhes do falecido. Esses caixões de chumbo foram projetados para reter os fluidos corporais e com frequência eram forrados com farelo para absorver o líquido desagradável de decomposição. Isso também garantia que o cheiro fosse contido e não escapasse e se esgueirasse para a igreja acima da cripta, de modo a não ofender os narizes delicados dos paroquianos durante as devoções dominicais.

Por fim, havia um caixão interno mais superficial feito de madeira mais barata, em geral olmo, que funcionava simplesmente como forro para o caixão de chumbo. Era nessa última caixa que o falecido ficaria em repouso eterno, a cabeça apoiada num travesseiro recheado com crina de cavalo, cercado por algodão perfurado para se assemelhar ao tecido mais caro do bordado inglês e normalmente vestido com suas melhores roupas.

Quando chegamos para escavar os restos mortais, os caixões externos estavam desintegrados, deixando apenas restos de madeira e mobília de caixão. Os duráveis caixões de chumbo selado eram outro assunto. Tivemos que abrir esses recipientes muito pesados, como latas de conserva gigantes, para chegar aos caixões de madeira internos e remover o que havia restado da pessoa falecida. Tínhamos recebido permissão para estudar e fotografar os restos mortais como um registro de quem havia sido enterrado lá. O objetivo de nossa pesquisa era determinar se era possível extrair DNA desses túmulos do século XIX. Será que o código genético pode sobreviver ao enterro em caixão de chumbo?

A resposta, infelizmente, é que não. À medida que o corpo se decompõe, os fluidos são ligeiramente ácidos. Como não podiam ser drenados, eles reagiram com a madeira do caixão interno e formaram um ácido húmico fraco, o que desfaz as ligações entre pares de bases (os principais componentes da dupla hélice do DNA) e a estrutura helicoidal. Assim, a informação genômica havia se dissolvido num depósito preto e espesso feito sopa no fundo dos caixões, parecendo uma mousse de chocolate bem intensa (anatomistas tendem a usar analogias com alimentos para descrever substâncias que encontram — talvez não seja lá muito apropriado, mas é eficaz).

Dado o número de enterros no início do século XIX e a proximidade da igreja do quartel de Kensington, não era surpresa que muitas das placas dos caixões sugerissem fortes conexões militares. Graças às várias guerras em curso na Europa nessa época, os registros do período são excepcionalmente abrangentes. Tínhamos convidado uma equipe do National Army Museum, o museu do Exército britânico, em Chelsea, para observar nossas atividades e para nos aconselhar sobre quaisquer incumbentes que pudessem ser historicamente notáveis.

Uma sepultura em particular foi de grande interesse para eles. Não foi a senhora enterrada em si, Everilda Chesney, quem causou entusiasmo, mas seu marido, o general Francis Rawdon Chesney, da Artilharia Real, celebrado por muitos feitos, porém em especial por sua épica descida pelo rio Eufrates num navio a vapor — viagem que demonstrou as possibilidades de uma nova rota mais curta para a Índia que poderia substituir a longa e traiçoeira viagem ao redor do Cabo da Boa Esperança. Deixamos o caixão de Everilda para o fim, para o caso de ficarmos atrasados no cronograma, torcendo para que o interesse por ela nos desse algum tempo extra caso fosse necessário. Tivemos apenas dez dias úteis para abrir, registrar e transferir os ocupantes de mais de sessenta caixões de chumbo.

Infelizmente, Everilda havia morrido e sido colocada na cripta pouco depois de seu casamento. Quando abrimos o caixão, vimos que a maior parte de seu esqueleto estava fragmentada. O que ainda estava intacto eram os delicados ossos da mão, dentro de um par de luvas de seda finamente trabalhadas. Uma das mãos era bem maior do que a outra, o que nos levava a suspeitar que ela havia sofrido alguma forma de paralisia mais jovem. Se Everilda em si não era lá muito ilustre, os demais conteúdos de seu caixão eram interessantes. Seu excêntrico marido a tinha enterrado junto do uniforme militar completo que ele usara no dia do casamento, 30 de abril de 1839. Ele havia colocado duas calças cruzadas sobre as pernas dela, coberto o peito da mulher com a jaqueta militar e posto o quepe perto da cabeça dela, além das botas perto dos pés. O uniforme foi posto nas mãos de curadores qualificados do museu, e Everilda foi devidamente cremada com os outros ocupantes da cripta. Todas as cinzas foram devolvidas para sepultamento em solo consagrado. Com o passar do tempo, comecei a ficar cada vez mais intrigada com o maridinho estranho de Everilda (ele tinha apenas cerca de 1,62 m de altura e teve que usar palmilhas de cortiça nos sapatos para atingir a altura exigida para admissão na academia militar). Li livros em que ele aparecia e comecei a pesquisar sobre sua vida. Um dia encontrei um site de família com o mesmo sobrenome. Respirando fundo, escrevi uma mensagem perguntando se alguém tinha informações sobre o paradeiro dos diários dele, pois eu havia descoberto que ele era conhecido por escrever. Em resposta, recebi o e-mail mais maravilhoso de Dave, um descendente direto do general Chesney, que mora perto de Chicago. E assim começou uma amizade on-line que continua por mais de quinze anos. Conforme eu desenterrava mais detalhes sobre sua família, Dave transmitia cada novidade ao pai doente, que esperava ansioso pelo desenrolar da história. "Você tem notícias da mulher na Escócia?", perguntava ele a Dave. "O que ela descobriu agora?"

Que um homem que morreu há mais de um século pudesse ser o catalisador para uma amizade duradoura entre duas pessoas que ainda não se conheceram pessoalmente e dar a uma terceira pessoa um novo interesse em seus últimos anos de vida é de fato um milagre. Não há dúvida de que alguns personagens do passado têm uma personalidade forte o bastante para ir muito além do túmulo e tocar vidas contemporâneas. Esqueletos são mais do que velhos restos empoeirados e secos: eles são a nota de rodapé de uma vida vivida, às vezes com ressonância suficiente para enredar a imaginação dos vivos.

No Iraque após a segunda Guerra do Golfo, com a história do general Chesney infiltrada em minha mente, eu me vi um dia sentada às margens do rio Eufrates sendo protegida por ninguém menos do que um batalhão da Artilharia Real. Outra daquelas maravilhosas coincidências que me agradam tanto. Do nada, me ouvi perguntar ao oficial superior: "A Artilharia Real tem um fundo beneficente?". Não tenho ideia de onde veio a pergunta e ninguém ficou mais surpresa do que eu ao ouvi-la sair de minha boca. O jovem simpático respondeu que tinha, sim. Enquanto ele me falava com entusiasmo de todo o bom trabalho do fundo beneficente, uma voz clara em minha cabeça me incitava a continuar minha pesquisa e talvez escrever a história do homem por trás da figura histórica. Quem sabe um dia eu o faça, e a Artilharia Real se beneficie de meus esforços. Acho que Francis aprovaria isso.

Devo admitir que tenho uma quedinha por meu pequeno irlandês e que o que começou como um interesse se transformou numa leve obsessão: uma vez fiz minha família ir de férias para a Irlanda para que eu pudesse achar o túmulo dele e, com binóculos à distância, pôr os olhos na casa que ele construiu com as próprias mãos. Felizmente, tenho um marido muito compreensivo que aceita que haja três pessoas em nosso casamento.

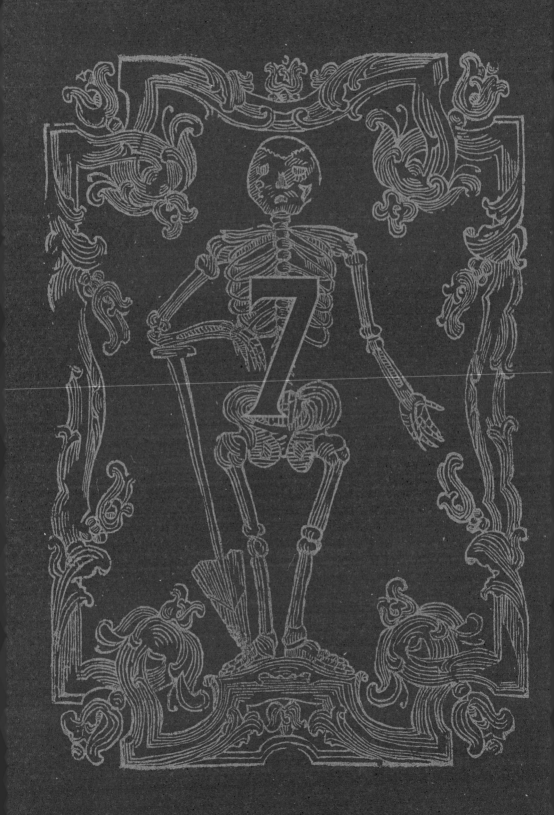

SUE BLACK

TODAS AS FACES DA MORTE

NÃO ESQUECIDOS

CAPÍTULO 7

"De mortuis nil nisi bene dicendum."
(Dos mortos, fale apenas o bem.)
— Quílon de Esparta, *sábio grego (600 a.C.)* —

Por mais fascinantes que sejam os vestígios arqueológicos, meu coração está no presente, tentando ajudar a resolver quebra-cabeças mais contemporâneos que auxiliarão na identificação de uma pessoa falecida ou na acusação de uma pessoa culpada que acabou com uma vida ou estragou a vida de outros. Há grande satisfação em encontrar respostas para famílias em luto e em ajudar a levar criminosos à justiça ou em confirmar a inocência de alguém acusado injustamente.

Como estudante, tendo explorado o mundo dos que estavam por muito tempo mortos e percebendo que não me sentia inspirada a permanecer ali, segui em frente, à procura de um imediatismo e uma emoção que me desafiassem a cada passo e com cada decisão.

Jamais tive qualquer desejo de trabalhar com os vivos. Embora eu valorize a importância e as tremendas recompensas a serem ganhas com a cura e a assistência aos doentes, sempre tive uma sensação furtiva de que pacientes vivos dariam mais problemas do que pacientes mortos. Como sou meio controladora e um tanto covarde, acho que uma interação mais unidirecional me convém — em outras palavras, um trabalho em que sou a única a fazer perguntas.

Se eu tivesse escolhido medicina, tenho certeza de que, a primeira vez que cometesse um erro que impactasse de forma negativa a qualidade de vida de alguém ou acelerasse sem necessidade seu falecimento, teria desistido. Eu teria perdido toda a confiança em minha capacidade de tomar decisões e me visto como um perigo para os pacientes. Alguns diriam que essa é exatamente a atitude que todos os médicos deveriam ter, mas eu simplesmente não conseguiria ter continuado se pensasse que fiz mal a outra pessoa. Então acho que meu caminho estava traçado desde a adolescência. Para mim, sempre foram os mortos: do açougue ao necrotério.

Antropólogos forenses também nem sempre acertam, óbvio. Isso só acontece naqueles terríveis programas de CSI em que o cientista espertalhão triunfa sempre no final. O que está gravado de forma mais indelével em nossas memórias e percepção da própria reputação são os casos que permanecem sem solução, ou aqueles pelos quais sentimos que poderíamos ter feito mais. E, em particular, aqueles em que, não importa o tamanho de seu esforço, você não tem certeza para atribuir um nome a um corpo não identificado, ou quando você não consegue encontrar um corpo, mas sabe que há uma forte probabilidade de que a pessoa desaparecida sendo procurada está morta. Qualquer coisa que impeça que o círculo seja concluído nos deixa com uma sensação de algo inacabado. Esses casos são como ácaros na pele e, por mais que você coce, a comichão não desaparece até que o mistério seja resolvido.

Não consigo pensar em nada pior do que não saber onde está um ente querido ou o que aconteceu com ele. Está bem, ou algum infortúnio terrível se abateu sobre ele? Está morto, abandonado em algum pedaço remoto e solitário de matagal ou deliberadamente escondido num buraco anônimo no chão? Esses são os pensamentos que torturam pais, irmãos, filhos, parentes e amigos de pessoas desaparecidas.

O luto é nossa resposta para qualquer perda, não apenas uma morte confirmada e aceita, e aqueles presos no limbo de não saber se alguém que lhes é querido está morto ou vivo muitas vezes têm ainda mais dificuldade de lidar com isso. São atingidos todas as manhãs quando acordam, é o último pensamento à noite antes de adormecerem e, de vez em quando, isso também entra em seus sonhos. Na superfície, com o passar do tempo, alguns aprendem a lidar com a perda, mas, sem aviso prévio, um nome, uma data, uma fotografia ou uma música pode a qualquer momento os arremessar de volta para o poço escuro de infinitas possibilidades horripilantes. Essa oscilação entre respostas "orientadas para a perda" e "orientadas para a restauração" é característica no modelo de processo dual de luto. Um casal cujo filho desapareceu uma vez me disse que era como se seu mundo tivesse entrado numa titubeação permanente. Enquanto os mesmos cenários de pesadelo ficarem se repetindo em sua cabeça num loop contínuo, é impossível de fato começar a se curar.

É difícil imaginar também a dor paralisante e não resolvida sofrida por pessoas em luto que não têm um corpo para velar. Embora possam ter certeza de que a pessoa que perderam está morta, o coração pode nunca reconhecer isso. Famílias de pessoas levadas por um incêndio, acidente de avião ou desastre natural, por exemplo, podem ter razão para esperar que um corpo seja enfim encontrado, e ter que aceitar que nem sempre é esse o caso adiciona um fardo extra à dor.

É por essa razão que antropólogos forenses examinam cada fragmento de um corpo, não importa quão pequeno seja, na tentativa de tentar garantir uma identificação. O caso de um incêndio fatal na Escócia ilustra como podemos fazer uma diferença vital entre o destino de uma pessoa que talvez permaneça para sempre sem confirmação e um corpo nomeado e liberado para o descanso. Uma casa afastada foi destruída por um incêndio que deve ter durado uma hora ou mais antes que um fazendeiro avistasse o brilho vermelho ao longe e chamasse o corpo de bombeiros. Até os bombeiros saírem da estação a mais de 30 km de distância e percorrerem as estradas sinuosas e de pista única para chegar à casa, havia pouco mais do que uma carcaça queimada. O telhado tinha desabado, e as telhas e os restos carbonizados do conteúdo do sótão enterraram tudo sob uma camada de entulho com mais de um metro de profundidade.

A senhora idosa que morava na casa era conhecida por gostar de um drinque ou dois e era uma fumante inveterada. Contaram-nos que no inverno, para se manter aquecida, ela costumava dormir num sofá-cama na sala de estar, onde mantinha uma fogueira de carvão queimando dia e noite. Convocamos uma reunião de estratégia forense e concordamos que, portanto, era mais provável que seus restos fossem encontrados nas proximidades do sofá-cama. Depois que os bombeiros garantiram que era seguro entrar no local, obtivemos uma planta da provável disposição do cômodo e traçamos a melhor maneira de entrar nele e chegar ao sofá-cama sem mexer em provas vitais. Com trajes brancos de "Teletubby", galochas pretas, máscaras faciais, joelheiras e luvas nitrílicas de dupla camada, fomos engatinhando perto das paredes devagar e com cuidado até a sala de estar, limpando os escombros até o nível do chão da fundação com escovas, pás e baldes conforme procurávamos o tempo todo sinais cinzentos e reveladores de ossos fragmentados.

Foi um trabalho lento: a casa estava preta por causa do fogo, molhada devido às mangueiras dos bombeiros e ainda fumegava em alguns lugares e estava quente ao toque. Depois de duas horas, alcançamos o que restava do sofá-cama contra a parede no lado leste e limpamos com cuidado os destroços em cima dele, mas não havia restos humanos dentro do esqueleto de metal. Notamos que não havia sido desdobrado, o que indicava que era improvável que a mulher que morava lá tivesse se deitado antes do incêndio começar.

Após três horas, tivemos uma segunda reunião estratégica para decidir onde procurar em seguida. Os vestígios do sofá-cama foram removidos e discutimos se deveríamos continuar mais ao longo da parede leste ou ir para o lado oeste, para a parte principal da sala. Enquanto inspecionávamos os escombros, notei um pequeno fragmento cinza que não passava de três centímetros de comprimento e cerca de dois centímetros de largura. Nós o fotografamos e recolhemos. Era parte de uma mandíbula humana, sem dentes presentes, que tinha sido calcinada ou queimada a tal ponto de quase ser reduzida a cinzas.

A sugestão então era que os restos mortais podiam estar entre o lugar onde o sofá estivera antes e a lareira. Ali, recuperamos os ossos muito quebradiços e fragmentados de uma perna esquerda, algumas vértebras da coluna vertebral, fundidas com um material tipo náilon, provavelmente os restos da roupa da mulher, e um osso do ombro esquerdo (clavícula).

Parecia então que havíamos encontrado os restos mortais da idosa que morava na casa. Mas como poderíamos confirmar que eram dela? Nunca seríamos capazes de extrair DNA de um esqueleto que era pouco mais do que cinzas. Ela usava dentes falsos, mas era provável que tivessem derretido no fogo. Precisávamos trabalhar com o que tínhamos. A clavícula era a chave. Mostrava sinais claros de ter sido fraturada no passado. É raro um osso quebrado e depois cicatrizado parecer exatamente igual a um que nunca foi quebrado. Embora um osso seja reparável, é uma espécie de remendo, e é pouco comum que esse reparo tenha tanta precisão a ponto de não deixar nenhuma pista de sua desventura anterior.

Os registros médicos da mulher revelaram que, uns dez anos antes, ela havia caído e quebrado a clavícula esquerda. Foi o suficiente para que o legista permitisse a confirmação de sua identidade e concedesse autorização para que os restos mortais fossem liberados para a família enterrar. Mal havia o suficiente para encher uma pequena caixa de sapatos, mas era alguma coisa.

Para os bombeiros, esse caso foi um alerta para a importância de ter um antropólogo forense no local. Eles admitiram que nunca teriam reconhecido esses pedaços cinzentos queimados como restos humanos; na verdade, talvez jamais os tivessem notado, e teriam apenas os limpado com os escombros do fogo. Desde esse incidente, na Escócia, antropólogos forenses têm comparecido com regularidade a incêndios fatais, com a polícia e os bombeiros. Uma ótima relação de trabalho foi forjada e provou seu valor repetidas vezes na recuperação de partes do corpo que apenas um cientista pode esperar reconhecer.

As duas categorias de pessoas desaparecidas mais complicadas para nossa profissão são aquelas que desaparecem sem deixar nenhuma pista pela qual podemos começar a procurá-las e corpos aos quais não podemos atribuir uma identidade.

Todos nós já lemos artigos de jornal sobre o desaparecimento de um homem ou de uma mulher jovem enquanto voltava de uma festa no sábado à noite. Nesse tipo de caso, usando pesquisas realizadas pelo Departamento de

Pessoas Desaparecidas do Reino Unido, podemos especular sobre o que é mais provável que tenha acontecido e ativar os protocolos de busca apropriados. Por exemplo, se parte da rota que uma pessoa fez para casa for perto da água, talvez um rio, um canal ou um lago, então esses serão os locais a serem verificados primeiro. Aproximadamente 600 pessoas no Reino Unido todos os anos têm mortes relacionadas com água. A maior categoria (cerca de 45%) é acidental, cerca de 30% são suicídios e menos de 2% são resultado de intenção criminosa. Talvez não surpreenda que o dia da semana associado com mais frequência a essas mortes seja o sábado, o horário de pico para atividades recreativas e consumo excessivo de drogas ou álcool. Por volta de 30% das mortes na água são incidentes em costas, litorais ou praias, cerca de 27% estão associados a rios, enquanto mar, portos e canais correspondem a uma média de 8% cada. Dos suicídios relatados associados à água, mais de 85% envolvem canais e rios. Essas convincentes estatísticas explicam por que os corpos d'água estão no topo da lista dos principais locais com potencial de busca.

Pesquisas sobre crianças desaparecidas também fornecem informações inestimáveis para as equipes policiais que trabalham com grandes incidentes, e para consultores especialistas. A maioria das crianças em situações nas quais há medo de sequestro (mais de 80%) é encontrada com rapidez e devolvida em segurança, sem nenhuma intenção desonesta. Em geral, elas apenas se afastaram ou se perderam. Não é surpreendente que assassinatos por sequestro recebam ampla cobertura da mídia, mas felizmente são raros. Há maior chance de as vítimas serem meninas do que meninos, e poucas são crianças menores de 5 anos. Tais estatísticas não proporcionam qualquer conforto às famílias que enfrentam esse cenário angustiante, sem dúvida, mas são um apoio necessário para um policiamento pragmático conduzido por informação.

Quando uma criança não é encontrada com rapidez, uma atividade criminosa torna-se a explicação mais provável, embora algumas famílias se apeguem à esperança dada por histórias de crianças sequestradas que retornam anos depois, seguras e bem, para seus pais. Esses casos são incomuns, mas não inéditos, como ilustra a história de Kamiyah Mobley. Retirada de um hospital em Jacksonville, Flórida, em 1998, quando tinha apenas algumas horas de vida, por uma mulher que havia sofrido um aborto espontâneo recente, Kamiyah foi encontrada viva e bem dezoito anos depois, a 480 km de distância na Carolina do Sul, tendo desfrutado de uma infância feliz de modo geral e alheia a sua verdadeira identidade. Apenas muito poucas famílias têm a sorte de um resultado como esse, e isso vem com um preço alto, em parte devido ao dano causado ao senso de identidade e pertencimento da criança. Para outras crianças, raptadas com intenções mais sinistras, pode haver um legado de abuso — o maior pesadelo de toda mãe e todo pai.

Apesar de estarem bem cientes de que histórias como a de Kamiyah são excepcionais, muitas famílias afetadas mantêm uma pequena chama de esperança viva por muitas décadas, o que talvez ajude a entorpecer a brutalidade da dor. Sem um corpo e, principalmente, quando não há evidências que confirmem a morte de uma criança, familiares consideram que agir de outra forma equivaleria ao abandono.

Tais casos permanecem oficialmente abertos, esperando de forma paciente que surjam novas evidências, enquanto houver benefício público nisso: uma família sobrevivente, ou a chance de que o criminoso ainda esteja vivo para ser levado à justiça. Como um superintendente da polícia me lembrou pouco tempo atrás: "Não existe isso de um caso arquivado encerrado". Quando um corpo é encontrado e podemos fazer uma identificação positiva, a notícia nunca é bem-vinda aos parentes, pois destrói esperanças e sonhos há muito alimentados e força uma dura aceitação da realidade de uma grande perda. E estamos bastante cientes da dor adicional que é causada pela investigação com a revelação das circunstâncias que envolvem os últimos dias e a morte de uma pessoa querida. Mas gosto de pensar que, a longo prazo, descobrir a verdade é uma pequena gentileza, uma vez que quebra por fim essa titubeação de incerteza e permite que algum nível de enfrentamento e cura entre na vida de quem ficou.

Penso com frequência nas famílias cujos filhos ainda estão desaparecidos e me pergunto como eu ficaria se estivesse no lugar delas. Em geral, tento manter, tanto quanto posso, o anonimato daqueles cujas tragédias pessoais são narradas neste livro, mas gostaria de fazer uma exceção para duas crianças desaparecidas e uma mãe que nunca foram encontradas, com a esperança de que talvez, apenas talvez, revisitar esses casos possa ajudar a encontrá-las e devolvê-las àqueles que ainda sentem sua falta. As famílias aceitaram que elas estão mortas, e o único desejo agora é saber onde estão seus entes queridos para poder "levá-los para casa". Quem sabe que reviravolta de acontecimentos pode de repente mexer com a memória ou a consciência de alguém, e, se existe a mínima chance de que contar essas histórias outra vez aqui pode ajudar a trazer as respostas que duas famílias tanto precisam, então vale a pena. Minha avó, uma pessoa que acreditava muito no destino, me ensinou que nunca sabemos quando um alinhamento de momentos pode produzir a alquimia certa para uma mudança.

O primeiro desaparecimento remonta a minha adolescência, e me lembro dele vividamente porque aconteceu bem na porta de casa. Eu nunca poderia ter imaginado que, quase trinta anos depois, me envolveria nesse caso de pessoa desaparecida, que é hoje em dia um dos mais antigos no Reino Unido. Renee MacRae, 36 anos, de Inverness, e seu filho de 3 anos, Andrew, foram vistos com vida pela última vez numa sexta-feira, em 12 de novembro de 1976. A polícia foi informada a princípio de que, após deixar o filho mais velho com o marido, com quem não tinha uma boa relação, ela ia para Kilmarnock para visitar a irmã, embora mais tarde tenha sido descoberto que Renee provavelmente ia se encontrar com o homem com quem estava tendo um caso havia quatro anos — e que, ao que parecia, era o pai biológico de Andrew —, William MacDowell.

Naquela noite, 19 km ao sul de Inverness, um maquinista notou um carro pegando fogo num acostamento na A9. Era o BMW azul de Renee. O carro estava destruído quando o corpo de bombeiros chegou, e não havia sinal dela ou de seu filho. Também não foi encontrado nenhum vestígio dos dois no carro, embora uma mancha de sangue identificada posteriormente no porta-malas fosse do mesmo tipo sanguíneo de Renee. Todo tipo de rumor circulava na época, incluindo histórias bizarras de aviões pousando no aeroporto de Dalcross com as luzes apagadas e alegações de que Renee tinha sido levada para uma vida de luxo no Oriente Médio, sequestrada por um rico xeque árabe ligado ao setor do petróleo.

Claro, não havia nenhuma base para nada disso. É simplesmente assim que, desde tempos imemoriais, comunidades respondem a eventos tão inexplicáveis e devastadores, tecendo histórias e construindo mitos em torno deles que acabam se tornando parte do folclore local. Essas histórias serão relatadas por cidadãos bem-intencionados, mas equivocados, assim como por aqueles que estão ansiosos para estar um pouco no centro da atenção. Seja qual for o propósito, é raro isso ajudar e com frequência faz a polícia perder um tempo muito valioso.

Eu me lembro da polícia chegando à nossa porta num domingo à tarde e conversando com meu pai. Mais de uma centena de policiais havia sido convocada para procurar Renee e Andrew, recebendo o apoio de várias centenas de voluntários locais e reservistas do Exército. Eles verificaram todas as casas rurais, barracos e galpões, e nós fomos revistados como todos os que viviam na área nos arredores da A9. Não havia uma família em Inverness que não fosse afetada de uma forma ou outra pelo desaparecimento de Renee e seu filho. A polícia revirava tudo dia e noite, vasculhando o pântano de Culloden e todas as construções e os matagais próximos. A Força Aérea Real (RAF, *Royal Air Force*) voou sobre a área com bombardeiros Canberra, equipados com dispositivos de busca de calor, e mergulhadores investigaram lagos e pedreiras inundadas. Não sobrou pedra sobre pedra.

Um detetive da polícia que estava trabalhando no caso e que havia iniciado uma escavação na Pedreira Dalmagarry ao norte de Tomatin, apenas algumas centenas de metros de onde o carro de Renee tinha sido encontrado, relatou um fedor de decomposição. Mas, por alguma razão, a escavação foi interrompida e logo, sem novas linhas de investigação a serem seguidas, a polícia começou a encerrar o caso. Um incidente enorme como esse deixa marcas numa comunidade, e elas nunca cicatrizam de verdade. É impossível para cidades inteiras seguirem em frente, que dirá familiares e amigos próximos deixados para trás, até que os desaparecidos sejam encontrados. Quando uma criança está envolvida, a tragédia da perda permanece vívida ao longo de décadas. Se Andrew estivesse vivo hoje, estaria na casa dos 40 anos (Renee estaria na casa dos 70), e toda vez que um aniversário significativo do desaparecimento deles se aproxima, a imprensa local reconta a história. À primeira vista, isso pode parecer um pouco macabro, mas serve para manter o caso ativo na consciência pública.

Em 2004, a construção de um novo trecho de via dupla na A9, para o qual foi necessário um suprimento de areia e cascalho da Pedreira Dalmagarry, deu à polícia a oportunidade de investigar outra vez a pedreira e a área circundante e finalmente encerrar uma parte do inquérito original sobre o qual questões permaneceram.

A Pedreira Dalmagarry ocupa um triângulo isolado de terra de cerca de 900 metros quadrados entre a A9 ao sudoeste e a íngreme encosta até as águas de Funtack Burn e a estrada de Ruthven ao norte. Esse local foi fonte de várias das evidências circunstanciais de 1976. Uma pessoa comum havia relatado ter visto alguém andando na A9 naquela noite no escuro, possivelmente com um carrinho de bebê (o de Andrew nunca foi encontrado). Também havia sido avistada uma pessoa arrastando o que parecia ser uma ovelha morta encosta acima em direção à pedreira (havia informação de que Renee vestia um casaco de pele de ovelha na noite de seu desaparecimento). Por coincidência, o homem com quem Renee estava tendo um caso extraconjugal, Bill MacDowell, trabalhava para a empresa que estava cortando a pedreira na época. Quando essas pequenas informações foram somadas, junto ao relatório do detetive que tinha sentido o cheiro de decomposição ali após iniciar a escavação de 1976, havia o suficiente para justificar uma nova investigação completa do local como parte de uma revisão de caso arquivado.

Fui convidada, ao lado do principal arqueólogo forense do país, o professor John Hunter, a liderar a escavação na tentativa de encontrar qualquer evidência dos restos mortais de Renee e Andrew MacRae. Imagens aéreas tiradas pela RAF em 1976 nos permitiram determinar a morfologia precisa das diferentes faces da pedreira naquela época e refazê-la e reconstruí-la precisamente como teria sido durante aquele período de atividade. Uma vez que essa escavação foi realizada, pudemos procurar áreas onde os restos mortais talvez estivessem enterrados. Trabalhamos em conjunto com os proprietários do local, e eles forneceram escavadores e motoristas especializados que se tornaram parte integrante de nossa equipe forense.

A Pedreira Dalmagarry é um lugar desolado, com acesso apenas por uma trilha fechada que sai da A9, e foi vigiada o tempo todo pela polícia enquanto trabalhávamos no local. A atenção da mídia foi feroz, e algumas pessoas comuns extremamente zelosas fizeram o possível para influenciar nosso pensamento. Umas poucas, convencidas de que a polícia estava escondendo informações — embora sem dúvida não estivesse —, até tentaram nos pressionar em suas tentativas de descobrir o que estava acontecendo. Felizmente isso foi antes do advento de drones. Realizamos uma coletiva de imprensa para explicar o que esperávamos alcançar, prometendo atualizar a mídia como e quando houvesse qualquer desenvolvimento, e cruzamos os dedos das mãos e dos pés com esperança de que isso fosse suficiente para mantê-los felizes e garantir que nos deixassem em paz para prosseguirmos com nosso trabalho. No final das contas, a escavação durou tanto tempo que eu acho que eles acabaram se cansando e esquecendo que estávamos lá.

A operação inevitavelmente provocou uma enxurrada do que Viv chama de correspondência *File 13*, ou seja, correspondências que viram lixo — cartas tanto de teorias da conspiração quanto de pessoas bem-intencionadas motivadas a se envolver num caso, na crença errônea de que suas teorias e fantasias preferidas fornecerão a evidência essencial que acabará resolvendo o mistério. Recebi cartas me falando para cavar em locais específicos sob a A9 — um correspondente tinha estado na estrada e marcado um X amarelo na pista para me mostrar onde era. Fui informada de que havia gangues locais de traficantes de seres humanos e redes de pedofilia comandadas pela polícia, por isso nunca encontraríamos os corpos. Muitos nomearam seu principal suspeito e nos incentivaram a escavar o cercado de cavalos em sua casa. E, óbvio, eu recebia cartas de videntes aos montes. Tudo o que posso dizer é que o mundo espiritual deve ter se divertido com eles, porque ninguém ofereceu a mesma resposta. Sei que a maioria dessas pessoas estava apenas tentando ajudar, mas na prática essas cartas só tomam tempo e, em geral, não produzem nada de qualquer relevância ou valor.

Nos trinta anos que se passaram desde que Renee e Andrew desapareceram, a pedreira havia sido preenchida, nivelada e reflorestada. Estimamos levar pelo menos um mês para voltar ao perfil dos anos 1970 e destacar quaisquer áreas de possível interesse. Se fossem encontrados restos mortais, provavelmente precisaríamos de mais tempo.

O primeiro passo foi limpar o local de cerca de 2 mil árvores para expor o nível atual do solo e mapear a sobreposição da pedreira como havia sido. A velocidade com que as árvores foram cortadas, desgalhadas e segmentadas pelo moderno equipamento florestal foi, de fato, incrível. Um trabalho que no passado teria levado semanas foi concluído em apenas dois dias. Algumas árvores foram deixadas estrategicamente ao longo das laterais da pedreira para proporcionar algum abrigo e privacidade, impedir fotos escondidas da mídia e que pessoas comuns virassem o pescoço para olhar com curiosidade ao passarem pela já perigosa A9. Eu estava confiante de que se Renee e Andrew estivessem lá, nós os encontraríamos, embora logo eu tenha lamentado meu entusiasmo em dizer isso à mídia. Nunca tive a intenção de criar falsas esperanças. Se não fôssemos bem-sucedidos, no mínimo o local poderia ser descartado como uma área de interesse no caso.

Também era possível que a pedreira pudesse ter sido usada como um primeiro local de depósito. Os restos mortais podiam ter sido escondidos lá a princípio e depois transferidos para um local secundário ou mesmo terciário. Essa teoria era consistente com toda a informação contemporânea, exceto o cheiro de decomposição relatado. Em geral, os locais de depósito primário são escolhidos pela conveniência e proximidade da cena do crime (possivelmente, nesse caso, o carro em chamas). Eles também tendem a ser familiares ao criminoso. Como a maioria dos assassinatos não é planejada, muitas vezes existe um elemento de pânico inicial em se livrar do corpo e de outras evidências. Depois de o assassino ter tido tempo para pensar, ele ou ela pode retornar ao primeiro local e mover os restos mortais para um lugar mais seguro, que costuma ser mais longe da cena do crime. Por terem sido mais bem pensados, os locais de depósito secundários são muito mais difíceis de prever ou encontrar, e os locais terciários ainda mais.

As quatro semanas seguintes foram gastas deslocando mais de 20 mil toneladas de terra da pedreira, coordenando o trabalho dos escavadores com o dos arqueólogos e antropólogos forenses, procurando ossos, roupas, pedaços de carrinho de bebê, bagagem e assim por diante, balde a balde. O arqueólogo direcionava a escavadeira e inspecionava a superfície do solo após cada raspagem e o antropólogo vasculhava cada balde cheio. Tivemos tempo seco, tempo úmido, tempo quente e frio, granizo e ventos cortantes — tudo no mesmo dia, às vezes.

O que alcançamos? Sabíamos que tínhamos restaurado a topografia da pedreira exatamente como havia sido em 1976 e antes. Encontramos itens que confirmavam isso, incluindo um pacote vazio de batatas de sal e vinagre que anunciava uma competição do Jubileu da Rainha promovida por Jimmy Savile. Sabíamos que, se os restos tivessem sido enterrados ali, teriam sido encontrados, pois ossos muito menores do que aqueles que estávamos procurando, como de coelhos e pássaros, apareceram em nossa minuciosa triagem. Descobrimos a provável fonte do cheiro de podridão: o local onde o lixo e os resíduos das instalações sanitárias dos trabalhadores tinham sido enterrados durante a construção da A9 nos anos de 1970.

Mas não encontramos Renee MacRae, não encontramos Andrew e não encontramos nenhuma evidência circunstancial relacionada a qualquer um dos dois ou ao desaparecimento deles. Foi bastante desanimador para a equipe que havia entrado nessa operação gigantesca com tantas esperanças, mas sabíamos que havíamos feito nosso melhor e estávamos confiantes de que, onde quer que tivessem estado e onde quer que estivessem agora, não estavam na Pedreira Dalmagarry.

Estima-se que o custo da escavação foi superior a 110 mil libras e teria sido um preço pequeno a pagar se tivéssemos encontrado qualquer vestígio de Renee e Andrew. O chefe da polícia na época recebeu fortes críticas por sua decisão de investigar a pedreira quase trinta anos após o desaparecimento deles, mas teria sido considerado um herói se os restos tivessem sido encontrados. Pessoalmente, acho que foi uma decisão corajosa e ousada e que demonstrou um compromisso inabalável da polícia para encerrar tais casos, independente da passagem do tempo.

De volta ao escritório, refletindo sobre a escavação e pensando o que mais poderíamos ter feito, fiquei bastante emocionada ao receber uma carta da irmã de Renee escrita à mão, nos agradecendo por nossos esforços. Seu único desejo não é a retribuição, mas o de ter sua irmã de volta, de poder enterrá-la com dignidade e saber que ela enfim está em casa e em segurança: o desejo universal expresso por todas as famílias que infelizmente se veem condenadas a passar a vida esperando a batida na porta que pode ser o prenúncio de notícias surpreendentes e animadoras, embora saibam que existe uma probabilidade muito maior dessa batida trazer uma decepção há muito esperada.

Quando essas buscas são bem-sucedidas, sem dúvida é estimulante para nós. Quando não nos dão o que estamos buscando, apenas temos que aceitar que estamos procurando no lugar errado e não podemos encontrar o que nunca esteve lá. A irmã de Renee resumiu isso numa entrevista de forma muito mais eloquente do que eu jamais conseguiria: "O tempo nunca consegue curar a dor, e não acredito que o tempo vai aliviar a consciência de alguém por aí afora a tal ponto de ela acreditar que vai escapar impune de um assassinato. Sempre me dá alguma esperança quando leio que um crime antigo foi solucionado. Quem sabe um dia."

Tempo, paciência e consciência são os ingredientes que alimentam a esperança das famílias de desaparecidos. A polícia escocesa não desistiu de Renee e Andrew MacRae, nem sua família. Alguém no mundo sabe o que aconteceu com eles e onde estão os corpos. Talvez tenham ficado em silêncio todos esses anos sobre algo que sabem ou sobre o que ouviram, relutantes em apontar uma pessoa culpada. Mas, com o passar do tempo, as lealdades mudam, parentes e conhecidos morrem, e se essa pessoa, ou grupo de pessoas, tiver alguma consciência, mesmo que volte a atenção para ela apenas em seu leito de morte, ela deve fazer a coisa certa e pôr fim à tristeza da família.

O segundo caso que quero destacar é o de Moira Anderson, de 11 anos, que saiu da casa da avó em Coatbridge num dia frio de inverno em 1957 para comprar manteiga e um cartão de aniversário para sua mãe e nunca mais foi vista desde então. Numa ruptura do protocolo normal, em 2014 o procurador-chefe do Escritório da Coroa da Escócia, Frank Mulholland, nomeou o assassino como sendo o pedófilo Alexander Gartshore, que havia morrido em 2006, 49 anos após o desaparecimento de Moira. O motorista do ônibus Gartshore, a última pessoa que se sabe ter visto Moira viva, foi indiciado pelo assassinato, o que sem dúvida não é a mesma coisa que ser considerado culpado. Tecnicamente, ele permanece inocente até que seja provada sua culpa em um tribunal; mas, como não está mais vivo para enfrentar o julgamento, isso nunca vai acontecer.

Eu me lembro de em 2002 estar com um policial aposentado do esquadrão de homicídios assistindo na televisão à cobertura da investigação sobre o desaparecimento das alunas Holly Wells e Jessica Chapman em Soham, Condado de Cambridge. O zelador da escola, Ian Huntley, que afirmava ter falado com elas ao passarem por sua casa, estava sendo entrevistado por uma equipe de jornalistas. O ex-detetive comentou comigo: "Sempre olhe com atenção para quem afirma ter sido o último a ver a pessoa desaparecida com vida. Ele me parece suspeito". Como todos nós sabemos agora, no final das contas, revelou-se que

Huntley tinha assassinado Holly e Jessica. Eu estava admirada com a presciência desse policial. Aliados a anos de experiência, os instintos policiais podem ser inestimáveis. Muitos elementos de investigações policiais são impulsionados pela tecnologia hoje em dia, mas o bom e velho trabalho de detetive nunca deveria sair de moda.

Quem faz um trabalho indispensável nos bastidores do caso de Moira Anderson é uma ativista incrível chamada Sandra Brown. Ela, que era alguns anos mais nova que Moira e cresceu em Coatbridge na mesma época, tem buscado com perseverança a verdade sobre o que aconteceu naquele dia. Além de fazer campanhas incansáveis sobre questões de proteção às crianças, em 2000 ela criou a Fundação Moira Anderson, que ajuda famílias afetadas por abuso sexual infantil, violência, bullying e problemas afins. Em 1998, ela escreveu um livro, *Where There is Evil*, sobre o desaparecimento de Moira e as investigações dos quarenta anos anteriores. Um exemplo inspirador de pura determinação por justiça diante de adversidades monumentais, o livro analisa, no clássico estilo direto de Lanarkshire, mas com compaixão e empatia, o efeito devastador do abuso infantil em todos que entram em contato com um dos crimes mais hediondos.

Sandra acredita que havia uma rede de pedofilia ativa e bem protegida em Coatbridge naquela época e nomeou Alexander Gartshore como a pessoa responsável não apenas pelo sequestro de Moira, mas também por seu assassinato. O que é tão surpreendente sobre a campanha de Sandra é que Alexander Gartshore era seu pai.

Eu a conheci em 2004, quando Gartshore ainda estava vivo, e Sandra buscava de forma ativa toda e qualquer pista que pudesse. Ela entrou em contato comigo depois de colocar um médium no caso de Moira (sim, os fantasmas estão sempre lá, não estão?). Eles tinham encontrado alguns ossos. Será que eu poderia dar uma olhada?

Os ossos foram descobertos enquanto eles procuravam os restos mortais de Moira perto do Canal Monkland. Pelo visto o médium tinha sido tomado pela força da dor e da angústia que emanava deles. Não havia dúvida em sua mente de que os ossos canalizavam a dor e o sofrimento de uma criança, que ele acreditava fortemente ser Moira.

Minha opinião sobre esse tipo de coisa é bastante óbvia: é um completo absurdo. Acho que entendo, entretanto, por que as pessoas trazem para um caso quem se autodesigna médium, em especial quando todo o resto falhou e eles sentem que não têm nada a perder. Alguns desses "médiuns" são sérios, mas equivocados; outros são charlatães, e me preocupo com os danos que podem causar a entes queridos vulneráveis. Mas, como ossos foram descobertos, concordei, deixando bem claro para Sandra que, se os restos fossem humanos, não haveria mais contato entre nós, pois isso se tornaria um caso de polícia. Ela respeitou minha decisão e entendeu perfeitamente. Sandra é uma amiga querida agora e sei que ela vai rir disso, mas me perguntei na época se ela batia bem da cabeça.

A entrega dos ossos foi feita de maneira misteriosa. Ao que parece, o médium trabalhava na Universidade de Dundee — olha aí a coincidência —, mas, pelo que me foi dito, ele queria permanecer anônimo, por isso os deixaria do lado de fora da porta de meu escritório. Esperei que os ossos aparecessem e um dia apareceram. Para restos mortais que carregavam tanto poder e dor, eles foram tratados com pouco respeito, simplesmente enfiados dentro de uma sacola de supermercado e deixados pendurados na maçaneta de minha porta. Um bilhete na sacola dizia apenas: "Monkland". Antes de abri-la, fiz anotações, tirei fotos da bolsa e coloquei máscara e luvas para garantir que, se fossem restos humanos, não haveria contaminação cruzada de DNA. Admito que estava um pouco nervosa ao desembrulhá-los. Mas em segundos eu estava exclamando baixinho "Ai, pelo amor do senhor!" diante da costela e do tronco esquartejados de uma vaca grande.

Dei a notícia a Sandra, que a aceitou como a pessoa forte que é. Para ela, era apenas mais uma alternativa descartada e sua missão continuaria. Fiquei em contato com Sandra de forma esporádica nos anos seguintes conforme ela, a Fundação Moira Anderson e a família de Moira mantinham suas críticas às autoridades legais e investigativas. Por volta de 2007, ela começou a falar comigo sobre a possibilidade de o corpo de Moira estar enterrado numa sepultura no cemitério de Old Monkland. Ela havia entrado em contato com o procurador-chefe do Escritório da Coroa da Escócia, o antecessor de Frank Mulholland, quanto a examinar o túmulo em questão, e tinha sentido que as conversas foram encorajadoras.

Conforme as negociações continuaram em 2008 e 2009, Sandra providenciou a coleta e a análise de amostras de DNA das irmãs de Moira e me pediu para armazenar os relatórios caso fossem necessários. Ainda os guardo até hoje. Ela me forneceu uma lista completa do que Moira vestia ao desaparecer para que, caso encontrássemos os botões de seu casaco, as fivelas dos sapatos ou seu bordado de escoteira mirim, ficássemos cientes de sua importância. Então, 100% em modo de batalha, ela foi atrás e obteve permissão para um exame da cova utilizando o método de GPR (radar de penetração no solo). Não afirmo entender as imagens de GPR, mas os resultados com certeza parecem mostrar algumas anomalias de interesse. Dito isso, era um cemitério, justo onde se espera encontrar buracos sendo cavados e restos humanos sendo enterrados.

Em 2011, tive um longo encontro com Sandra, que me explicou as razões pelas quais queria que escavássemos a cova e fizéssemos algumas exumações. Ela acreditava que o corpo de Moira podia ser encontrado diretamente sob o caixão de um tal sr. Sinclair Upton, que havia sido enterrado ali em 19 de março de 1957.

A teoria era que Moira havia morrido nas mãos da suspeita rede de pedofilia em 23 de fevereiro ou por volta dessa data, o dia em que ela desapareceu, e que seu corpo talvez tivesse sido ocultado em algum lugar, possivelmente dentro de um compartimento bem escondido no ônibus que Gartshore dirigia, até que fosse encontrado um local adequado de descarte. Se estivesse envolvido, livrar-se do corpo seria uma questão de grande urgência para Gartshore, pois pouco depois ele ia comparecer ao tribunal regional de Coatbridge para enfrentar acusações relacionadas ao abuso de uma criança de 12 anos e receberia determinada pena. De fato, em 18 de abril, ele foi condenado a dezoito meses na prisão de Saughton. Foi enquanto cumpria a pena que fez um comentário a outro presidiário sobre como um conhecido seu já falecido, "Sinky", havia "feito o maior dos favores sem nunca saber".

Sinclair Upton, que tinha morrido aos 80 anos de idade no mês anterior ao encarceramento de Gartshore, era um parente distante, e Gartshore teria tido conhecimento de sua morte e de seu enterro no cemitério de Monkland. Será que a morte desse homem inocente tinha proporcionado um local de descarte oportuno e seguro para Moira? Lá estava o buraco no chão, pronto e esperando, e teria sido ideal: quem iria procurar um corpo desaparecido num cemitério? Gartshore teria sabido que a cova seria cavada e deixada aberta durante o fim de semana pronto para o funeral na terça-feira. Poderia Moira ter sido colocada lá, talvez coberta por uma fina camada de terra, antes que o caixão do sr. Upton fosse baixado em cima dela, escondendo-a talvez para sempre?

Devo dizer que a pesquisa de Sandra e sua lógica foram convincentes. Elaborei um plano para o Escritório da Coroa, detalhando o trabalho que precisaria ser realizado para examinar o túmulo, e então sentamos e esperamos. Naquele ano, Frank Mulholland QC,* agora lorde Mulholland, foi nomeado procurador-chefe. Um homem grande que não se esquivava de decisões polêmicas, Frank era muito prático e, tendo nascido em Coatbridge, apenas dois anos depois do desaparecimento de Moira, tinha uma forte conexão com a cidade e entendia a necessidade de resolução do caso para a comunidade. Em 2012, ele ordenou que detetives de casos arquivados reabrissem o inquérito como uma investigação de homicídio. Conseguimos o sinal verde para falar com o detetive Pat Campbell sobre o que então era a Polícia de Strathclyde e começamos a discutir exumações. Já estávamos no caso com Sandra havia oito anos.

O acordo era que, com a permissão total do conselho local e de todas as famílias envolvidas, iniciaríamos as exumações, mantendo o foco total na possível necessidade de uma mudança para uma investigação forense caso identificássemos restos humanos juvenis, uma vez que não havia nenhum registro disso naquele local de sepultamento. Para isso, teríamos o apoio da polícia de Strathclyde e, se a natureza da exumação mudasse, o caso ficaria sob a direção do Escritório da Coroa. Então, de imediato, deixaríamos de trabalhar para a família e, em vez disso, trabalharíamos para a Coroa.

---

*   QC significa *Queen's Counsel*, ou Conselheiro da Rainha, e é utilizado para advogados preeminentes nomeados pela então monarca.

Nosso conselho era que o melhor seria programar as exumações para o verão, quando os dias seriam mais longos, choveria menos, o clima estaria mais quente e o solo do cemitério de Old Monkland, que tem bastante argila, ficaria mais seco, tornando mais fácil escavar. No final das contas, a papelada foi enfim concluída em dezembro. Então, quando nos pediram para começar? Na segunda semana de janeiro. Minha colega, a dra. Lucina Hackman, e eu estamos pensando em aconselhar a polícia no futuro a planejar escavações para os meses de inverno na esperança de que a lógica reversa alcance o resultado desejado. Falar de forma aberta parece simplesmente não funcionar.

Estabelecemos que deveria haver sete caixões no total no local de enterro de tripla largura da família. Três à esquerda, que eram mais recentes, enterrados em 1978, 1985 e 1995, respectivamente; um no meio, cuja data era de 1923, e três à direita, onde os registros indicavam que o caixão do sr. Upton deveria estar, entre o de sua esposa, enterrado em 1951, e um enterro posterior em 1976. Não havia justificativa inicial para perturbar os restos mortais no lado esquerdo ou no centro do terreno, embora tivéssemos permissão para fazê-lo se isso se tornasse necessário, por exemplo, se descobríssemos que o caixão do sr. Upton não estava onde esperávamos encontrá-lo.

Caixões nem sempre vão parar onde deveriam. De vez em quando, por vários motivos, as pessoas são enterradas no lugar errado. Às vezes, quando uma sepultura é aberta, verifica-se que não há espaço suficiente para colocar o caixão no lugar pretendido; às vezes, eles são colocados no lugar errado por mero engano. Os registros nem sempre refletem com precisão a verdadeira imagem. De fato, quando minha avó morreu em 1976 e abrimos a sepultura para ela ser enterrada com seu marido, encontramos um caixão de criança na cova. Até onde sabíamos, nenhuma criança da família havia morrido ou sido enterrada lá e, ao verificarmos com o cemitério, não havia registro de qualquer sepultamento adicional. Acontece. A criança foi transferida para um solo consagrado em outro lugar. Eu me senti um pouco desconfortável com isso, mas minha avó tinha que ficar em algum lugar, e um espaço precisava ser mantido no topo para meu pai quando sua hora chegasse.

Eu tinha uma equipe dos sonhos para o trabalho no cemitério de Old Monkland. A dra. Lucina Hackman está comigo em Dundee há dezesseis anos, o dr. Craig Cunningham há mais de dez e conheço o dr. Jan Bikker desde que ele era estudante de doutorado. Tendo desenvolvido um alto nível de confiança e respeito mútuo, estamos tão acostumados a trabalhar juntos que há uma sintonia com as tarefas que os outros estão realizando, de modo que somos capazes de antecipar o que nossos colegas precisam sem que uma palavra seja dita.

Antes de começar, tínhamos que garantir que a lápide do memorial estava segura; no final, tivemos que a retirar temporariamente por causa do risco de tombar no buraco em cima de nós e somar mais quatro cadáveres aos que já estavam no chão. Para ter acesso ao caixão do sr. Upton, primeiro tivemos que cavar até a sra. McNeilly, que havia sido enterrada em 1976. O solo à base de argila era sólido e, embora tenham sido trazidas máquinas para raspar as camadas superficiais até a tampa do caixão, o resto teve de ser escavado à mão para o caso de aquilo se tornar uma investigação forense.

Tivemos permissão para realizar um breve exame antropológico para determinar se o ocupante do primeiro caixão se encaixava na descrição e idade da sra. McNeilly, que tinha 76 anos ao morrer. O caixão era um clássico folheado fino de 1976 com uma camada de compensado e, considerando quão encharcado estava o solo, sabíamos que era provável que estivesse em mau estado de conservação. Descobrimos que de fato estava. A sra. McNeilly foi removida com cuidado e colocada num saco de cadáver, que foi alojado com segurança até poder ser transferido para um novo caixão e devolvido a seu lugar de descanso. Ficamos satisfeitos que os restos mortais eram consistentes com sua identidade.

Com apenas seis horas de iluminação natural por dia, precisávamos de geradores e luzes para completar um turno normal de dez horas. Aquecedores teriam sido maravilhosos, mas nunca se materializaram. Era um inverno rigoroso na Escócia Oeste, um frio congelante e muito, muito úmido. Enquanto trabalhávamos no barro encharcado, havíamos começado a afundar. Se tentássemos dar um passo, veríamos nossas galochas deixadas para trás, sugadas pela lama, então nossos pés estavam sempre enlameados, molhados e com frio. Essas condições tornam o dia muito longo e terrível. Qualquer pessoa que acha a antropologia forense sexy deveria passar um dia no cemitério de Old Monkland em janeiro, congelando até os ossos, com lama e argila até os joelhos e com as paredes da escavação continuamente sob o risco de desabar e criar um túmulo próprio.

Ao levantarmos a placa de base do caixão da sra. McNeilly, esperávamos que a próxima descoberta fosse a tampa do caixão do sr. Upton. Como esperado, um vislumbre de um brilho metálico e uma mudança no som feito pela pá ao bater na madeira indicavam que tínhamos chegado lá. O caixão era de madeira sólida, como era comum em seu tempo, e estava perfeitamente intacto. Descobrimos que o metal eram as sobras frágeis de uma placa de identificação do caixão. Isso foi removido com cuidado e secado devagar para que pudesse ser limpo, o que revelou nome, idade e o mês e ano de sua morte. O sr. Upton estava exatamente onde deveria e todas as informações estavam corretas. O que não sabíamos era se Moira estaria dentro do caixão, embaixo dele, ao lado ou mesmo, quem sabe, no caixão abaixo, no qual sua esposa havia sido enterrada seis anos antes. Todas eram opções viáveis, considerando os cenários possíveis, e, assim, todas tinham que ser investigadas.

Removemos a tampa do caixão do sr. Upton e deparamos com seu esqueleto em perfeito estado de preservação. Organizamos os restos mortais de forma meticulosa para garantir que não houvesse ossos juvenis presentes (não havia), e ele também foi colocado, osso por osso, num saco de cadáver resistente e armazenado com segurança até que pudesse ser devolvido à sua cova. As laterais do caixão foram desmontadas com delicadeza para expor a placa de base. O lugar mais provável para Moira ter sido escondida, se a teoria de Sandra estava correta, era sob a placa de base do caixão do sr. Upton e acima da tampa do da esposa dele. Quando levantamos a placa de base, descobrimos que mal havia espaço para um papel de cigarro ser colocado entre os dois. Onde quer que Moira estivesse, não estava nem no caixão do sr. Upton nem no espaço entre o dele e o da sra. Upton.

Isso não significava, no entanto, que ela não pudesse ter sido "enfiada" nas laterais da sepultura. Então escavamos para os lados e nas extremidades da cabeça e dos pés do espaço do caixão. Nada. Nossa última tarefa foi examinar o caixão da sra. Upton. Quando a sepultura foi aberta, antes do funeral do sr. Upton, era possível que o caixão de sua esposa tivesse sido arrombado e Moira colocada dentro. Como o de seu marido, o caixão da sra. Upton estava em perfeitas condições. Ao levantarmos a tampa, tudo o que encontramos foram os restos mortais de uma senhora idosa. Também limpamos em torno desse caixão, mas de novo não descobrimos nada. Onde quer que Moira estivesse, ela não estava naquele túmulo no cemitério de Old Monkland.

Ter que dar a notícia para Sandra, que tinha esperança de chegar a uma resolução do caso para a família de Moira, cuja forte convicção a havia levado a trabalhar incansavelmente por tanto tempo em uma campanha para que a sepultura fosse escavada, e toda a comunidade de Coatbridge era difícil. Também era angustiante para a família do sr. Upton, pega de forma involuntária num caso com o qual tinha pouca conexão. O envolvimento dos familiares é uma ilustração de quão longe as ondas de tais eventos se espalham. Eles também esperavam que Moira fosse encontrada na cova, pois isso teria feito com que a exumação valesse o transtorno causado. Do jeito que foi, eles compartilharam a decepção sentida por todos na cidade. Seus parentes foram enterrados de novo e a família organizou uma cerimônia memorial no local da sepultura.

A menina que desapareceu de repente em Coatbridge em 1957 continua desaparecida e o caso permanece aberto. Visto que seu paradeiro é desconhecido há sessenta anos, o número de pessoas vivas que podem ter informações importantes é cada vez menor. É improvável que sejamos capazes de processar qualquer outra pessoa agora em relação ao desaparecimento, mas a corrida continua para dar um pouco de paz às irmãs mais velhas da garota ao trazer, enfim, a irmãzinha delas para casa.

Recentemente, a equipe de casos arquivados drenou e procurou uma área do Canal Monkland após receber informações que sugeriam que, na noite em questão, alguém tinha sido visto jogando um saco na água. O radar mostrou algumas anomalias no fundo do canal e mergulhadores foram enviados para investigar. Nossa equipe estava presente outra vez, mas tudo o que tivemos que identificar foram os ossos de um cachorro grande, possivelmente um pastor alemão. Outros locais serão considerados e talvez um dia tenhamos sorte, seja por informações recebidas ou por acaso.

No caso de Renee e Andrew MacRae, que desapareceram vinte anos depois de Moira, há um pouco mais de tempo para alguém se apresentar e aliviar o sofrimento da família. Não saber é um dos fardos mais debilitantes para os que sofrem pelos desaparecidos. Se o trabalho que fazemos trouxer um pouco de conforto e alívio, então ele tem grande valor. E, se por acaso os autores de crimes que se transformam em casos arquivados como esses ainda estiverem vivos, eles podem ser levados a julgamento. Não há prescrição para o crime de homicídio.

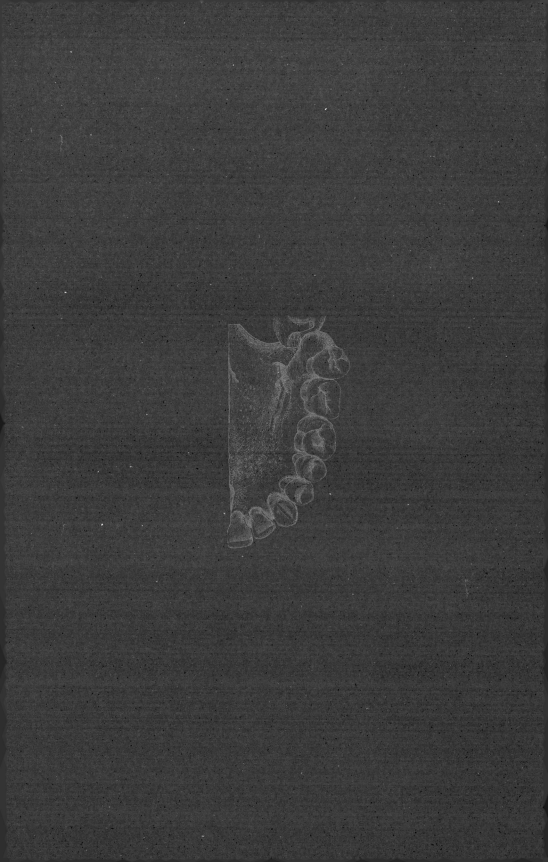

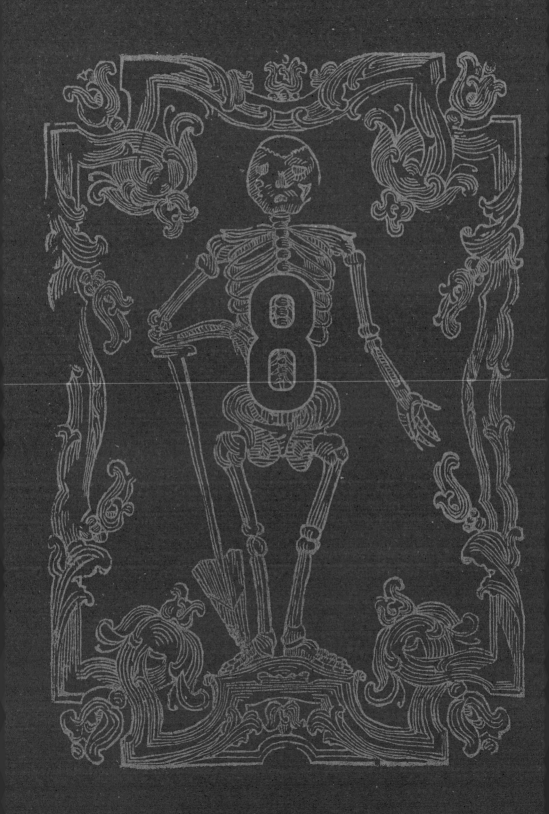

SUE BLACK
TODAS AS
FACES
DA MORTE

HOMEM DE BALMORE

CAPÍTULO 8

"O verdadeiro roubo de identidade não é financeiro.
Não está no ciberespaço. É espiritual."
— Stephen Covey, *educador (1932-2012)* —

Sem ter um corpo, pode ser muito difícil investigar o que aconteceu com uma pessoa desaparecida. Pode ser igualmente problemático quando um corpo é encontrado e não há pistas óbvias quanto à identidade da pessoa.

Infelizmente, como vimos, a ideia de que para cada corpo não identificado sempre há um relato correspondente de uma pessoa desaparecida, de modo que tudo o que precisamos fazer é conectar os dois, é uma grande simplificação da realidade. A denúncia pode ter sido feita em outro país, para uma força policial distante de onde o corpo foi encontrado, ou pode ter sido registrada muitos anos antes, então arquivada e esquecida. Talvez não tenha nenhum relatório porque ninguém percebeu que a pessoa estava desaparecida, ou não houve ninguém que se importasse o suficiente para alertar as autoridades. Alguns podem ver isso como uma triste ilustração da sociedade, mas o fato é que algumas pessoas não querem interagir com outras ou fazer parte de uma comunidade, e, enquanto não fizerem nada ilegal, o direito à privacidade e ao anonimato tem que ser respeitado. Quando aqueles que preferem viver sozinhos e desconhecidos também morrem sozinhos e desconhecidos, reconciliá-los com sua identidade pode ser um desafio e, em alguns casos, lamentavelmente, isso pode ser inalcançável.

Um intervalo de tempo entre a morte e a descoberta do corpo pode complicar as coisas. Certa vez fomos chamados a um apartamento de habitação social em Londres onde morava um homem chinês. Havia mais de dezoito meses que ele não pagava o aluguel. Por fim, o município entrou na propriedade para retomá-la. Agentes ficaram chocados ao encontrar o inquilino na cama, enrolado com firmeza no edredom como se fosse um casulo. Havia mais de um ano que ele tinha morrido enquanto dormia e estava quase 100% esqueletizado. A roupa de cama e o colchão funcionaram como gaze, sugando toda a umidade produzida pela decomposição e deixando o tecido mole restante ressecado, o que de fato o levou a mumificar.

Esse homem havia vivido sozinho e morrido sozinho, sem que sentissem sua falta e no anonimato. A polícia conduziu inquéritos de porta em porta e vizinhos disseram que não haviam percebido sua ausência, embora alguns tenham dito que, pensando bem, haviam notado moscas mortas no interior do parapeito da janela alguns meses antes, bem como um cheiro ruim, mas acharam que era o lixo da cozinha apodrecendo durante uma onda de calor do verão.

A causa da morte não pôde ser estabelecida. Além disso, não havia impressões digitais, DNA ou registros odontológicos do locatário arquivados que pudessem confirmar que o corpo era dele. Sua identidade foi aceita pelo legista com base na ancestralidade e na faixa etária. Às vezes, no meio de uma grande cidade cercado por milhões de pessoas, ainda é possível ficar escondido à vista de todos.

Sem um ponto de partida claro e sem ligações imediatas com família, amigos ou colegas que possam lançar alguma luz sobre o que aconteceu com a pessoa falecida, nenhuma investigação policial pode de fato começar. Num mundo ideal, nossas forças policiais teriam orçamentos irrestritos e uma equipe ilimitada para se dedicar à busca de pessoas desaparecidas e à correspondência com corpos não identificados. Entretanto, todos estamos conscientes das restrições impostas pelo mundo real e, dado o número cada vez maior de pessoas desaparecidas, haverá aquelas que nunca serão encontradas, mortas ou vivas. Quase toda força policial britânica detém restos humanos que, apesar dos melhores esforços, permanecem não identificados (apelidados em inglês de "*unidents*"). Todo ano alguns deles são enterrados sem nome, sem conhecimento de familiares e amigos, porque as autoridades de investigação não conseguiram estabelecer quem eram em vida.

Quando a maioria de nós morre, nossa identidade não é questionada. Uma grande parte fará isso sob supervisão médica em casa ou em hospitais, lares de idosos ou hospícios. Aqueles que morrem de repente, por exemplo, como resultado de um acidente, em geral levam evidências de quem são, como uma carteira ou bolsa com cartões bancários, carteira de habilitação ou outros documentos com nome. Mesmo quando um corpo aparece do nada, na maioria das vezes é possível nomear a pessoa falecida por ter morrido, digamos, na casa que morava ou no carro que possuía, e há pistas registradas que quase todos deixam para trás. Em tais situações, os parentes mais próximos podem ser rastreados com agilidade para verificar a identidade e auxiliar na investigação.

O maior desafio é colocado por um corpo encontrado de forma inesperada num lugar isolado, às vezes decomposto, e que não carrega nenhuma evidência circunstancial que possa levar com facilidade à identificação. Pode não haver nenhuma correspondência no DNA ou no banco de dados de impressões digitais. É nesse momento que a antropologia forense é de fato eficiente e oferece a melhor e quem sabe única chance de reunir o falecido com sua identidade em vida.

O processo que seguimos é bem documentado e envolve muito bom senso, interpretação científica lógica e atenção a detalhes. Conforme descrito no Capítulo 2, existem dois tipos de identidade que buscamos assegurar quando somos confrontados com restos humanos: a identidade biológica, que pertence a classificadores gerais, e a identidade pessoal, que deve permitir confirmar o nome da pessoa falecida. Uma pode levar à outra, mas, mesmo quando isso acontece, temos que estar preparados porque vai tomar muito tempo e é preciso ter paciência. Óbvio que processaremos as informações de DNA e impressões digitais de imediato na esperança de poder pular direto para a identificação pessoal por meio de uma correspondência rápida. Com frequência, porém, isso é um sonho impossível e precisamos recorrer ao velho trabalho de campo antropológico.

Os seres humanos se enquadram em várias categorias diferentes de descritores gerais que podem ajudar a reduzir o leque de possibilidades. Quanto mais recente for a morte, maior a probabilidade de sermos capazes de determinar com precisão os quatro componentes básicos da identidade biológica: sexo, idade, estatura e ancestralidade. Essas são as características que nos permitem emitir um aviso de pessoa desaparecida, dizendo que encontramos os restos de uma mulher branca entre 25 e 30 anos de idade que tinha por volta de 1,57 m de altura. É importante que todos esses indicadores gerais estejam corretos, pois grandes erros podem resultar na não identificação da pessoa falecida ou num atraso significativo na investigação. Também podemos acabar no tribunal como testemunhas especialistas, portanto todas as opiniões devem ter fundamentos científicos sólidos e devemos resistir à tentação de desviar para o campo da suposição.

Sexo, o determinante do primeiro componente de nossa identidade, deve ser entendido como muito direto, pois esperamos que seja binário — masculino ou feminino. O termo "sexo" é usado de forma muito específica em nosso campo e não deve ser confundido com "gênero": o primeiro é usado para denotar a construção genética do indivíduo enquanto o último se relaciona com escolhas pessoais, sociais e culturais e pode divergir do sexo biológico.

A norma genética para o genoma humano é a presença de 46 cromossomos em 23 pares. Um de cada par — metade de sua composição genética nuclear — é doado pela mãe e a outra metade pelo pai. Vinte e dois dos pares, embora um pouco diferentes um do outro, têm a mesma "forma" dupla (um pouco como pares de meias pretas vagamente combinando) enquanto o 23º, os cromossomos sexuais, carregam informações genéticas relacionadas ao sexo e são, portanto, bastante distintos um do outro (como meias de cores diferentes que não combinam).

Como a maioria de nós vai se lembrar das aulas de biologia da escola, o cromossomo X contém o padrão para características "femininas" e o cromossomo Y para "masculinas" (especificamente no gene SRY do cromossomo). O sexo feminino carrega uma combinação XX de cromossomos sexuais e o masculino uma combinação XY. Então, todos herdam um cromossomo X da mãe. Se o cromossomo doado por um pai também for um X, o bebê carregará uma combinação XX e se desenvolverá numa pessoa de sexo feminino. Quando o pai fornece um cromossomo Y, o bebê se torna uma pessoa de sexo masculino. Existem distúrbios raros dos cromossomos sexuais que produzem alternativas aos pares usuais, incluindo a Síndrome de Klinefelter (XXY) ou a Síndrome de Turner (XO), mas isso é tão incomum que não me lembro de ter encontrado nenhum dos dois em toda minha carreira.

O embrião em desenvolvimento tem um sexo genético desde o momento em que o esperma se funde com o óvulo, mas durante as primeiras semanas de seu desenvolvimento parece ser assexual, sem características externas ou internas obviamente masculinas ou femininas. Mesmo oito semanas após a fertilização, há poucos sinais no tecido mole de um embrião humano para indicar se irá se tornar do sexo biológico feminino ou masculino, mas por volta de doze semanas começamos a ver evidências de qual pode ser o sexo do feto. Quando a mãe for fazer o primeiro ultrassom, pode ser que seja possível determinar, a partir da genitália externa visível, o sexo do feto.

Hoje em dia alguns hospitais optam por não confirmar o sexo de um bebê, alegando ser por falta de equipe e por causa do tempo necessário para fazer a avaliação. Contudo, há outras preocupações, como o risco de litígio se errarem e a prevenção de aborto seletivo por casais cuja cultura valoriza um sexo mais do que outro. Portanto, o sexo do bebê pode permanecer um mistério até o dia do nascimento, como sempre foi antes do advento do ultrassom. Gosto do elemento surpresa, e nunca quis saber de antemão qual era o sexo de meus bebês. Como disse meu sogro: "O que isso importa contanto que haja uma cabeça, dez dedos dos pés e dez dedos das mãos?".

Se os pais estiverem interessados em saber, e a pessoa operando o ultrassom estiver preparada para lhes dizer, o que ele ou ela estará procurando na imagem é a mesma evidência externa visual usada pela enfermeira, pela parteira ou por quem quer que esteja presente para anunciar o sexo de um bebê em seu nascimento — se tiver um pênis, é um menino, e se não tiver, é uma menina —, o que então se torna sua descrição legal. Há muito de errado nisso como base para determinar o sexo legal de uma criança, em termos biológico, social e cultural. Mas, desde o início dos tempos, é nisso que temos confiado, e ainda é o melhor que temos.

A partir desse momento, todo o esquema de infância de um bebê já está em geral traçado. Serão criados como um menino ou uma menina, com todas as armadilhas culturais que essa definição traz, puramente com base no fato de terem ou não um pênis visível. Se tivermos acertado, quando o menino passar por mudanças sexuais secundárias na adolescência, o que se espera é que ele desenvolva genitália externa de tamanho apropriado (testículos e pênis), distribuição de pelos de padrão masculino em seus braços, pernas, tórax, axilas, região púbica e rosto, bem como uma voz mais grave. Uma menina irá apresentar desenvolvimento dos seios, alargamento dos quadris, crescimento de pelos axilares e pubianos e começará a menstruar. Imagine o efeito em sua confiança na própria identidade se, durante os primeiros doze anos de vida, você tiver acreditado ser um menino e depois começar a desenvolver seios, ou, após sempre ter sido dito que você era uma menina, você notar o aparecimento de pelos no peito. A puberdade é um período de grande sensibilidade e de consciência estranha de nosso corpo na melhor das hipóteses, e alterações imprevistas de tal magnitude são compreensivelmente devastadoras para uma pessoa jovem.

Na grande maioria dos casos, a designação do sexo quando nascemos está correta, mas o antropólogo forense deve deixar espaço para outras possibilidades. Seria útil para nós se esqueletos masculinos fossem azuis e esqueletos femininos cor-de-rosa. Por mais ridículo que pareça, vamos usar essas cores por um momento para representar a masculinidade e a feminilidade dos corpos. O azul representa a presença do gene SRY e a produção do esteroide sexual testosterona, enquanto o cor-de-rosa representa sua ausência, o que permite que o outro esteroide sexual, o estrogênio, predomine. Todo bebê tem uma combinação de ambos os esteroides sexuais, apenas em proporções diferentes. Como embriões do sexo masculino têm um cromossomo X, além da testosterona dominante, eles também produzem estrogênio como uma função bioquímica normal. E as pessoas do sexo feminino produzem pequenos níveis de testosterona através de rotas anatômicas que não envolvem um cromossomo Y, por exemplo, os ovários e as glândulas adrenais. Em caso de dúvida, moças, esperem até depois da menopausa, quando o estrogênio diminui, permitindo que a testosterona se afirme, e vejam a barba e o bigode crescer. A mulher barbada amada dos circos vitorianos não era uma aberração da natureza, mas uma variante humana perfeitamente normal.

Sexo, ou o que percebemos ser características masculinas ou femininas, diz respeito, em grande parte, à interação entre genética e bioquímica e os efeitos que isso tem em todos os tecidos do corpo, incluindo o cérebro. Imagine um embrião geneticamente cor-de-rosa que entra em superprodução de testosterona (como acontece quando uma mutação genética causa hiperplasia adrenal), ou um embrião geneticamente azul que não liga seu gene SRY ou não produz testosterona suficiente (hipoplasia adrenal), ou começa uma superprodução de estrogênio, e então você passa a ver como a interação entre sexo genético e aparência física ou identidade psicológica se misturam.

O antropólogo forense precisa estar ciente de que as características que vemos no esqueleto são uma interação complexa entre o modelo genético para sexo e os efeitos da bioquímica, resultando numa área cinza (ou talvez, considerando nosso esquema de cores, deveria ser uma área roxa) em que indivíduos geneticamente masculinos podem apresentar algumas características femininas, e indivíduos geneticamente femininos parecem mais masculinos do que seus pares em extremos opostos da escala, nos quais o sexo genético e a bioquímica estão talvez em maior harmonia. O que é tão maravilhoso sobre o humano é que temos inúmeras variações possíveis. É o que nos torna, de verdade, uma espécie fascinante de estudar.

Mesmo quando os restos mortais são mais ou menos recentes, determinar o sexo biológico pode ser desafiador, em particular se houver alguma intervenção cirúrgica. Portanto, é muito importante que não sejamos influenciados por evidências circunstanciais (restos de roupas íntimas femininas, por exemplo) e que estejamos alertas para a possibilidade de quaisquer características congênitas ou de cirurgias. A ausência de útero pode indicar que os restos mortais são de uma pessoa do sexo masculino, ou podem ser de uma mulher que fez uma histerectomia, ou que nasceu sem útero devido à agenesia (falta de desenvolvimento de um órgão durante o crescimento embrionário). A ausência de um pênis ou sinais de aumento de mama podem sugerir que a pessoa falecida era do sexo feminino, mas, da mesma forma, isso pode indicar cirurgia transexual.

Depois do tsunami asiático de 2004, no qual um quarto de milhão de pessoas perdeu a vida, a questão de sexo biológico e gênero foi proeminente na mente de muitos cujo trabalho era tentar categorizar e identificar os mortos. Um dos países afetados, a Tailândia, é reconhecido como a capital mundial transgênero. Com cirurgias MTF* custando quase um quarto do preço cobrado nos EUA,

---

* MTF ou M2F significa *male-to-female* em inglês e é um termo em desuso que designava uma pessoa a quem o sexo masculino foi atribuído no nascimento e depois passou por processo de transição para o feminino.

mais de trezentas operações desse tipo são realizadas na Tailândia a cada ano, e o terceiro sexo, ou *kathoeys*, são reconhecidos como um setor da sociedade totalmente integrado. Não se pode esperar uma abordagem estritamente binária com relação à expressão de gênero nessa parte do mundo e, logo após o desastre, a avaliação de órgãos externos sempre foi respaldada por exames internos.

A atribuição do sexo biológico torna-se mais complicada à medida que o corpo começa a se decompor. A genitália externa se deteriora com rapidez depois da morte e o exame da anatomia interna por meio de dissecação *post mortem* pode auxiliar de forma limitada. Usar a análise de DNA para buscar o gene SRY ajuda a confirmar se os restos mortais são de sexo masculino, mas é de pouco valor para verificar se são de sexo feminino, a menos que um cariótipo completo (um perfil dos cromossomos de um indivíduo) possa ser estabelecido. Então, o que fazemos se tudo o que temos à disposição são alguns ossos humanos secos, espalhados ou enterrados?

Apesar de meu sonho impossível por ossos azuis e cor-de-rosa, um esqueleto adulto intacto já é um indicador razoavelmente confiável de sexo biológico. As características que procuramos são aquelas manifestadas quando o crescimento é acelerado durante a puberdade em resposta aos efeitos do aumento dos níveis hormonais esteroides sexuais circulantes. Se o hormônio predominante for o estrogênio, as mudanças no esqueleto refletirão o que lemos como "feminização" dos ossos. Isso não significa que o indivíduo seja com certeza do sexo feminino, mas apenas que ele exibe características "cor--de-rosa". Aqui esperamos que a maior mudança esteja relacionada à preparação da pelve para facilitar o crescimento fetal e permitir que a cabeça de um bebê passe por ali sem obstáculos.

No entanto, as pelves femininas nem sempre seguem uma norma. A desproporção cefalopélvica era um medo justificado para mulheres grávidas no passado. Se a pelve não fosse espaçosa o suficiente para permitir que a cabeça do bebê entrasse, passasse e depois saísse da parte óssea do canal do parto, elas podiam ficar em trabalho de parto por dias sem nenhuma solução óbvia para o impasse ou que levasse à sobrevivência. Lembre-se do destino da mãe romana e dos trigêmeos escavados em Baldock. Ao longo dos séculos, muitas morreram de traumas de parto.

Em circunstâncias nas quais salvar a vida da mãe era considerado mais importante do que a sobrevivência do bebê, algumas ferramentas obstétricas horríveis costumavam ser usadas para tentar resgatá-la da desproporção cefalopélvica. O perfurador, por exemplo, era um implemento metálico com a forma de uma pequena lança que era inserida na vagina da mãe e empurrada para além do colo uterino, onde "perfurava" a primeira parte do bebê que encontrava. Como na maioria dos nascimentos normais isso seria a cabeça, o perfurador era usado com mais frequência para perfurar a fontanela anterior do crânio, o maior dos "pontos moles" que permitem que os ossos se movam em relação uns aos outros para que a cabeça possa atravessar o canal de parto.

Um gancho na extremidade do perfurador era então mexido para achar algum pedaço do crânio ao qual pudesse se prender, em geral uma órbita (do olho). No processo, isso perturbava parte da estrutura do cérebro, tornando mais fácil para a cabeça do bebê ser puxada à força pelo canal do parto. Perfuradores posteriores tinham ação semelhante à de uma tesoura que permitia que o bebê fosse removido literalmente uma parte de cada vez.

A desproporção cefalopélvica é vista com menos frequência hoje em dia, em especial por causa da melhora da saúde, mas também, talvez, por ser um exemplo bastante brutal da sobrevivência dos mais aptos, em que a mortalidade fetal e maternal resultou na eliminação gradual das formas pélvicas malsucedidas. Contudo, ainda hoje em algumas partes do mundo, dar à luz pode ser um negócio perigoso para ambas as pessoas envolvidas. A Organização Mundial da Saúde (OMS) relata cerca de 340 mil mortes maternas, 2,7 milhões de natimortos e 3,1 milhões de mortes neonatais a cada ano, quase tudo em países empobrecidos. Na África Subsaariana, o risco de uma mulher morrer durante o parto é de um em sete e a desproporção cefalopélvica ainda é responsável por mais de 8% das mortes maternas.

Onde há acesso a serviços médicos adequados não importa mais se a pelve tem formato ou tamanho incorreto, porque o bebê pode ser retirado por cesariana com uma taxa de sucesso muito alta para a mãe e para a criança. Em alguns países mais ricos, os avanços em anestesia e antibióticos fizeram a cesariana se tornar quase eletiva como resultado da tendência do "chique demais para fazer força". E, em situações em que o bem-estar da mãe e do bebê é considerado um risco financeiro muito grande para um hospital seguir o caminho natural, a cesariana às vezes é vista como uma alternativa mais segura.

Assim, a mulher ocidental do século XXI pode ter a forma e o tamanho que quiser, e todos podem ser preservados de forma legítima na herança genética da forma pélvica. Ironicamente, parece que a determinação do sexo a partir dos ossos pélvicos é obtida com maior precisão e confiabilidade em amostras arqueológicas do que em amostras forenses recentes, porque o nível de dimorfismo sexual necessário para manter a herança de uma gravidez bem-sucedida tem sido perdido.

Quando o hormônio de circulação dominante é a testosterona, seu objetivo principal durante a puberdade é aumentar a massa muscular. Todo mundo está ciente de como a ingestão de quantidades adicionais do hormônio masculino na forma de esteroides anabolizantes diminui os níveis de gordura e aumenta a massa muscular em fisiculturistas. A equação osso-músculo é simples: ossos mais fortes são necessários para aguentar a força exercida pelas ligações de músculos mais fortes. Em áreas como o crânio, os ossos longos, os ombros e a cintura pélvica, vemos locais mais bem desenvolvidos de inserção muscular. A testosterona, então, leva à masculinização do esqueleto, mas, de novo, isso não significa necessariamente que os restos mortais sejam biológica ou geneticamente masculinos.

Se não houver hormônio circulante dominante, como será o caso em crianças pré-púberes, o esqueleto tenderá a manter uma aparência pedomórfica ou infantil, que em geral é interpretada como sendo mais cor-de-rosa do que azul. Como as mudanças relevantes que procuramos no esqueleto não ocorrem até a puberdade, o sexo não pode ser determinado com nenhum grau de confiabilidade a partir do esqueleto de uma criança.

Se o esqueleto adulto inteiro estiver disponível para análise, é provável que o antropólogo forense seja capaz de atribuir de forma correta o sexo biológico em cerca de 95% dos casos, embora diferentes grupos ancestrais apresentem variações que devem ser levadas em consideração. Por exemplo, os holandeses são oficialmente a "raça" mais alta do mundo, mas seus bebês não são maiores do que os de outras populações ocidentais. Não é de surpreender, portanto, que tenham um nível muito baixo de complicações obstétricas visto que a pelve feminina holandesa de proporções maiores não teve que se adaptar para garantir a passagem segura do bebê. Acredita-se que mulheres de outros grupos que são menores em estatura, mas que dão à luz bebês do mesmo tamanho, exibem níveis maiores de dimorfismo sexual na pelve, pois a natureza tem buscado encontrar uma forma que acomode com segurança o parto. Essa pesquisa nos diz que é potencialmente mais desafiador distinguir entre pelves holandesas femininas e masculinas a partir de restos esqueléticos.

É óbvio que, se o esqueleto estiver danificado ou destruído, talvez por fogo ou fragmentação, a determinação do sexo torna-se mais difícil. Para estabelecê-lo com alguma confiança, é necessário que sejamos capazes de reconhecer o menor fragmento de osso e identificar sua localização no esqueleto — faz parte da porção distal do úmero, proximal do fêmur ou de um pedaço supraespinhal da escápula? — enquanto procuramos aquelas áreas independentes que mostram as maiores diferenças entre os sexos. Portanto, dependemos da sobrevivência das áreas mais dimórficas do esqueleto. A forma da maior incisão ciática na pelve, a proeminência das marcas do músculo nucal na parte de trás do pescoço, o tamanho do processo mastoide atrás da orelha e a presença de incisuras supraorbitais sob as sobrancelhas contêm, todos, pistas importantes.

Quanto maior o grau de dimorfismo sexual, mais confiáveis serão as descobertas do antropólogo forense ao estabelecer o sexo a partir dos ossos. Mas devemos sempre lembrar que as características nas quais baseamos nossa análise são indicadores da extensão e do momento das influências bioquímicas, e não uma prova em si do sexo biológico ou genético do indivíduo.

Determinar de forma correta o sexo de um corpo não identificado é muito importante porque, sem dúvida, conseguir eliminar todos os membros do sexo oposto ao tentar ligar um corpo a uma pessoa desaparecida irá reduzir pela metade nosso grupo de possíveis candidatos. Mas o outro lado da moeda é o perigo muito real de que, se nos enganarmos, as chances de fazermos uma identificação positiva em outro momento serão remotas.

Embora tenhamos muito sucesso em estabelecer o sexo biológico ou genético correto para um adulto, mas nem tanto para crianças, quando se trata do segundo componente biológico de identificação — a idade — é o contrário. Quando você considera a dificuldade que temos para julgar com precisão a idade dos adultos vivos, que nos fornecem muito mais pistas do que os mortos, não deveria ser uma surpresa o fato de que determinar a idade de restos mortais não é fácil, em particular quando estão esqueletizados ou, ainda pior, fragmentados.

Em vida, afirmar a idade com precisão torna-se mais difícil quanto mais as pessoas envelhecem. Podemos entrar em qualquer sala de aula do ensino fundamental e ter uma ideia bastante boa, dentro de um ano mais ou menos, da idade das crianças ali. Numa turma de alunos do ensino médio, é provável que acertemos ao considerá-la como um grupo, mas haverá algumas pessoas que parecerão muito mais velhas ou muito mais jovens do que a maioria, porque nem todos irão experimentar as várias mudanças físicas associadas à puberdade ao mesmo tempo. Quanto a adivinhar as idades de uma sala cheia de adultos, bem, todos sabemos que, se tentarmos isso, podemos até lisonjear alguns, mas é provável que acabemos ofendendo pelo menos metade.

Nos primeiros anos de vida existe uma forte relação entre idade, aparência facial e tamanho. O rosto é um indicador confiável da idade devido à maneira como precisa crescer para acomodar o desenvolvimento odontológico. Tirei uma foto todos os anos de todas as minhas filhas em seus aniversários, o que me permitiu criar um mapa cronológico de como e quando seus rostos se alteraram (todo bom cientista considera os filhos como suas pequenas placas de Petri particulares). A primeira grande mudança ocorreu em todas entre 4 e 5 anos de idade, quando as mandíbulas, que formam a metade inferior do rosto, têm que crescer o suficiente para permitir que o primeiro molar permanente entre em erupção na boca com cerca de 6 anos. A segunda mudança significativa foi pouco antes da puberdade, pois as mandíbulas cresceram outra vez para garantir que houvesse espaço para a chegada dos segundos molares permanentes. E então foi o inferno na terra quando o mar revolto de hormônios bateu com tudo em suas vidas (e nas nossas) na puberdade, e seus lindos rostos adultos começaram a aparecer.

A correlação entre idade e tamanho em crianças pequenas reflete-se na forma como compramos suas roupas. Elas são vendidas por idade, e não por medida, porque os fabricantes podem prever com alguma confiança que, digamos, entre o nascimento e seis meses, um bebê terá uma altura de cerca de 67 cm. Não procuramos um vestido para uma criança de 100 cm, e sim para uma criança de 4 anos. A faixa etária aumenta à medida que a criança cresce: as roupas de bebê são etiquetadas em tamanhos de intervalos de três meses, depois seis meses. Os tamanhos para crianças de 1 ou 2 anos de idade aumentarão a cada um ou dois anos até cerca de 12 anos de idade. Quando a puberdade ataca, as mudanças no corpo tornam a relação entre idade e tamanho muito menos previsível.

Assim, quando examinamos os restos mortais de um feto ou bebê, o comprimento dos ossos longos no membro superior (úmero, rádio e ulna) e no inferior (fêmur, tíbia e fíbula) permite que calculemos sua idade com uma margem de algumas semanas. Com uma criança pequena, temos precisão de alguns meses, já com uma criança mais velha o intervalo será de dois ou três anos.

No entanto, a questão não é apenas tirar simples medidas. Nas crianças, alguns ossos são compostos de várias partes para permitir o crescimento, que enfim se unem com a maturidade. Como o padrão de crescimento e fusão está intimamente relacionado com a idade, o estágio a que esses ossos chegaram é um guia confiável. O fêmur humano adulto (osso da coxa), por exemplo, é um osso único, mas em crianças ele consiste em quatro componentes diferentes: a diáfise, a extremidade articular distal (no joelho), uma cabeça articular proximal (no quadril) e o trocânter maior na lateral do osso onde os músculos se fixam. A primeira parte do fêmur a se converter de cartilagem em osso é a diáfise, mostrando a formação óssea na sétima semana de vida intrauterina. O centro de ossificação (quando o osso começa a se formar) no joelho será visível por volta do nascimento — de fato, sua presença num raio X era usada no passado como um indicador de que um bebê havia chegado ao termo e que o feto era, portanto, considerado clinicamente viável. Isso era importante no julgamento de mães que ocultavam nascimentos a termo, o que acarretava uma pena mais severa do que ocultar um feto natimorto.

A parte óssea da cabeça do fêmur, que forma a articulação do quadril, começa a se converter em osso no final do primeiro ano de vida, e o topo do trocânter maior, onde os músculos glúteo médio e glúteo mínimo, vasto lateral e outros se fixam, aparecem como um centro ósseo entre as idades de 2 e 5 anos. Então as diferentes partes começam a crescer uma em direção à outra e acabam se fundindo.

Entre 12 e 16 anos para mulheres e 14 e 19 anos para homens, a cabeça do fêmur se une à diáfise, seguida pelo trocânter maior dentro de mais ou menos um ano. A última parte a se fundir para completar o osso adulto é a extremidade distal no joelho, o que ocorre entre 16 e 18 anos nas meninas e entre 18 e 20 anos nos meninos. Quando todos os componentes se fundirem, não haverá mais crescimento nesse osso. Quando todos os ossos terminam de crescer em comprimento, atingimos nossa altura máxima.

O crescimento e a maturidade da maioria dos ossos do esqueleto em desenvolvimento seguem um padrão que nos permite estimar a idade provável, desde que, é claro, o crescimento esteja prosseguindo como esperado. Algumas partes do corpo oferecem mais informações do que outras. Mãos adultas, por exemplo, têm cerca de 27 ossos cada, enquanto numa criança de 10 anos cada mão é composta de pelo menos 45 partes separadas, tornando-se uma boa testemunha para estabelecer a idade tanto em vida quanto em morte. Por ser de fácil acesso, bem como uma parte do corpo eticamente mais aceitável de se expor à radiação ionizante do raio X, com frequência é usada para determinar se alguém que se apresenta como uma pessoa jovem para fins de imigração ou como refugiado é de fato uma criança.

Mais da metade da população mundial nasce sem certidão de nascimento e, portanto, sem prova documental de sua idade. Isso causa poucos problemas quando as pessoas permanecem em uma área geográfica onde o Estado aceita tal fato como lugar-comum, mas quando alguém que não tem esses papéis migra para um país onde a estrutura da sociedade depende de evidências oficiais de identidade, isso pode levar a conflitos com as autoridades.

Os países que assinaram a Convenção das Nações Unidas sobre os Direitos da Criança concordam em proteger crianças de perigos, abrigá-las, vesti-las, alimentá-las e educá-las. Quando requerentes de imigração potencialmente falsos, ou crianças que escapam pelo sistema, são identificados pelas autoridades, antropólogos forenses são às vezes solicitados a avaliar sua idade, em particular se chegarem ao conhecimento do tribunal criminal como autores de um delito ou como vítimas, com suspeita de ser uma criança traficada.

Minha colega, a dra. Lucina Hackman, é uma das duas únicas profissionais qualificadas no Reino Unido para realizar avaliação de idade em pessoas vivas. Ela usa imagens médicas do esqueleto — tomografia, raio X ou ressonância magnética — para determinar a idade aproximada que pode ser levada aos tribunais como confirmação da idade de responsabilidade criminal ou de consentimento, ou como prova em casos que tratam dos direitos internacionais de uma criança.

Uma vez que um indivíduo passa da infância e da adolescência, a correlação entre características ligadas à idade e a idade cronológica em si é mais fraca. Podemos ser razoavelmente precisos, dentro de cinco anos, com pessoas até cerca de 40 anos de idade, mas depois disso as mudanças no esqueleto humano são em grande parte degenerativas e, para ser sincera, todos nós nos desfazemos em diferentes ritmos, dependendo de genes, estilo de vida e saúde. É provável que todos conheçamos uma pessoa de 60 anos de idade que parece ter 40, e vice-versa. Ao olharmos para restos mortais de indivíduos entre sua quinta ou sexta década de vida, tendemos a recorrer a descrições como "adulto de meia-idade" — odeio esse rótulo, em especial quando me define — e, ao lidarmos com qualquer pessoa com mais de 60 anos, falamos de "adultos idosos". Um horror! Isso só serve para mostrar como somos ruins em atribuir idade com confiança àqueles na parte superior da escala, seja um indivíduo vivo, um cadáver ou restos esqueléticos.

Portanto, somos mais competentes na determinação de sexo biológico em adultos e menos em jovens; somos bastante impressionantes em estabelecer a idade de uma criança, mas medíocres quando se trata de adultos. E quanto às outras duas categorias biológicas, estatura e ancestralidade? Em geral, somos muito bons em uma e muito ruins na outra. O ideal seria que a avaliação que melhor sabemos fazer tivesse mais valor na determinação da identidade da pessoa falecida. Ah, se ao menos a natureza fosse tão bondosa! Infelizmente, aquela em que somos realmente bons, a estimativa de estatura, parece ser a menos importante de todas as quatro características biológicas.

Isto aqui não se parece com as glórias da antropologia forense da mesma forma que os programas de televisão mostram, não é? Mas, no mundo real, é importante reconhecer que, se a identidade de um indivíduo não for fácil de determinar, a solução se resume à experiência, ao conhecimento e à probabilidade em todos os quatro identificadores. O antropólogo que afirma absoluta confiança no sexo, idade, estatura e ancestralidade de um esqueleto é um cientista perigoso e inexperiente que não entende a variabilidade humana.

No Reino Unido, a altura da maioria dos indivíduos adultos fica numa faixa de quarenta centímetros de variação, entre 1,50 m a 1,93 m. Qualquer pessoa fora dessa faixa pode ser considerada baixa ou alta de forma incomum. A altura média de uma mulher é 1,65 m, e de um homem 1,78 m. É óbvio que a estatura é bastante influenciada pela genética e pelo ambiente. Se você tem pais altos, é provável que seja uma pessoa alta e, se eles forem baixos, o mais comum é que você também seja. Podemos prever a altura adulta de uma criança dobrando sua estatura com dois anos (não é incrível que cresçamos até a metade de nossa altura adulta nos primeiros dois anos?) ou calculando o que é chamado altura-alvo. Para um menino, a equação em centímetros é: altura do pai + altura da mãe + 13 ÷ 2; para uma menina: altura do pai – 13 + altura da mãe ÷ 2.

Para ilustrar a influência da genética, basta observar as variações de altura média em diferentes partes do mundo. Os homens mais altos são os holandeses, que têm em média 1,83 m, e os mais baixos são do Timor Leste, com 1,6 m. A Letônia tem as mulheres mais altas, ganhando das holandesas, com 1,70 m; e a Guatemala as mais baixas, com cerca de 1,5 m.

A pessoa mais alta já registrada de cuja altura houve provas confiáveis foi Robert Pershing Wadlow, de Illinois, nos Estados Unidos, que tinha 2,72 m de altura no momento de sua morte prematura, aos 22 anos. Infelizmente, ele sofria de excesso do hormônio de crescimento humano e ainda estava crescendo quando morreu, em 1940. O detentor do recorde na extremidade oposta da escala é Chandra Bahadur Dangi do Nepal, com 54,6 cm, uma pessoa com nanismo primordial que desfrutou de uma longa vida para alguém com essa condição — ele morreu em 2015 com 75 anos.

Como demonstrado por esses exemplos, a genética não é a única influência em nossa estatura adulta. Além do impacto mais raro dos distúrbios de crescimento, fatores mais comuns como nutrição, altitude, doenças, variações de crescimento, álcool, nicotina, peso ao nascer e hormônios afetarão a altura que teremos quando adultos. Com condições 100% favoráveis, uma criança atingirá seu potencial de altura. Se experimentarem condições adversas nos primeiros quinze anos mais ou menos, é provável que sejam mais baixas do que o esperado.

Como a cultura ocidental vê a estatura alta como desejável e a estatura baixa como uma desvantagem, a maioria de nós tem a tendência de superestimar nossa altura. E, quando julgamos a altura dos outros, baseamos essa avaliação na percepção de nossa própria altura e, portanto, superestimamos a deles também. Não querendo reconhecer que encolhemos com a idade, continuamos ao longo da vida a reivindicar a altura que tínhamos em nosso auge, mesmo que nos tornemos mais baixos, gostemos disso ou não. Ao passarmos dos 40 anos, perdemos cerca de um centímetro a cada década e, depois dos 70, mais três a oito centímetros.

Nossa altura é composta pelo comprimento e espessura de todos os componentes de nosso corpo, desde a pele na sola dos pés até a pele no topo da cabeça, abrangendo alturas e comprimentos ósseos (calcâneo, tálus, tíbia, fêmur, pelve, sacro, 24 vértebras e crânio), bem como espaços articulares entre esses ossos e a espessura da cartilagem entre os ossos de cada articulação. Com a idade, as cartilagens se dilatam e alguns dos espaços articulares se deterioram. Condições clínicas como artrite e osteoporose também irão alterar ossos e articulações e reduzir a altura total. E, acredite ou não, nossa altura varia de acordo com a hora do dia: somos em média meio centímetro mais baixos quando nos deitamos para dormir do que quando nos levantamos. Perdemos a maior parte dessa altura três horas após nos levantarmos, à medida que nossas cartilagens se acomodam e comprimem, diminuindo os espaços articulares.

Seria um grande desafio se, ao tentar determinar a altura de um indivíduo a partir de um esqueleto, tentássemos somar as medidas de todos os diferentes ossos, cartilagens e espaços que contribuem para isso. Quando um corpo é encontrado com todos os ossos onde deveriam estar, ainda há muito tecido mole presente, então pegamos nossa fita métrica e registramos a estatura do corpo deitado ali. No necrotério, seguimos os mesmos procedimentos para calcular a idade de uma criança a partir dos ossos longos. É lógico que, se você tiver braços longos e, em particular, pernas longas, será alto; e o contrário também é verdadeiro. Medimos o comprimento de cada um dos doze ossos longos (fêmures, tíbias, fíbulas, úmeros, rádios e ulnas, dos quais temos dois cada) num dispositivo chamado tábua osteométrica e colocamos os valores em fórmulas de regressão estatística apropriadas para o sexo e ancestralidade do indivíduo. A estatura resultante será estimada em cerca de três ou quatro centímetros para mais ou para menos da altura em vida da pessoa.

Entretanto, a realidade é que, numa investigação forense, é improvável que a estatura seja uma característica de identificação importante por si só, a menos que você seja alto ou baixo de maneira excepcional. Sei de famílias que se agarraram à vã esperança de que os restos mortais analisados não eram do filho deles, até mesmo questionando um resultado de DNA que confirma sua identidade, somente porque lhes foi dada a altura mais provável de cerca de 1,68 m e ele tinha na verdade 1,71 m. É por isso que fornecemos uma margem de erro e sugerimos uma faixa de variação.

Nosso quarto identificador biológico é a ancestralidade, ou o que no passado pode ter sido chamado de "raça". Hoje em dia evitamos essa terminologia por causa de suas associações negativas com as desigualdades sociais e os riscos de preconceitos e equívocos que tais conotações trazem, e porque a evidência biológica que procuramos tem origem no passado distante. A atribuição de ancestralidade é de enorme interesse potencial para o processo investigativo, mas muitas vezes os antropólogos forenses não falam a mesma língua que a polícia. O que a polícia vai querer saber é se deve falar com membros de, digamos, uma comunidade polonesa ou chinesa. Infelizmente, não somos capazes de distinguir entre grupos como esses e outros de estreita proximidade biológica apenas olhando para os restos do esqueleto.

Nós categorizamos as pessoas com base numa variedade de características físicas: a cor da pele, dos cabelos ou dos olhos, o formato do nariz ou dos olhos, a textura do cabelo ou a língua. Acúmulos de dados genéticos multilocais confirmaram em grande parte a premissa aceita de que, apesar de haver uma mistura de características através de regiões geográficas, costumávamos ser capazes de separar geneticamente o mundo em quatro origens ancestrais básicas. O conceito "fora da África", que classificava o primeiro grupo ancestral como pessoas originárias da África subsaariana, ainda se mantém firme. O segundo grupo estendia-se do norte da África pela Europa e ao leste até a fronteira com a China. O terceiro abrangia as regiões mais ao leste da massa terrestre asiática e, atravessando o Oceano Pacífico Norte, as Américas do Norte e do Sul e a Groenlândia. A quarta região, mais isolada geograficamente, consistia nas Ilhas do Pacífico Sul, Austrália e Nova Zelândia. Isso resultou nas quatro classificações arcaicas de negroide, caucasoide, mongoloide e australoide.

Embora possamos categorizar com facilidade as origens de nossos ancestrais, as coisas se tornaram mais complicadas num passado mais recente, e suspeito que muitos de nós teríamos algumas surpresas com relação a nossas próprias histórias se investigássemos nossos genes. Em nosso passado paleolítico distante, é provável que a ligação cruzada entre esses grupos fosse limitada, mas em nosso mundo moderno menor, em que as interações têm sido mais comuns e mais frequentes ao longo das gerações, o sinal genético para cada uma das quatro classificações está se tornando cada vez mais fraco.

O que a genética não pode nos dizer com confiabilidade é a diferença entre um homem chinês e um homem coreano, ou uma mulher britânica e uma alemã. Portanto, não tem qualquer valor como auxílio para avaliarmos a ancestralidade de uma pessoa descendente, por exemplo, de um avô materno indiano, uma avó materna inglesa, um avô paterno nigeriano e uma avó paterna japonesa.

Existem algumas diferenças básicas, em particular na região facial do crânio, que podem ser detectadas em indivíduos cujas manifestações de origem ancestral estão mais protegidas. Temos sistemas computadorizados que podem processar uma variedade de medidas do crânio e nos dar sugestões quanto à ancestralidade mais provável de um indivíduo, mas isso deve ser analisado com alguma cautela. O que esperamos em tais circunstâncias é que sobreviam cabelos ou outros tecidos moles que possam nos ajudar, ou que pistas possam ser fornecidas por meio de objetos pessoais como roupas, documentos ou joias religiosas. A análise de DNA é nossa melhor chance, mas só vai revelar a origem ancestral, e não a nacionalidade. Não pode nos dizer se uma pessoa de ascendência indiana nasceu em Mumbai ou Londres. Somente a análise de isótopos estáveis nos oferece alguma ajuda com isso.

Uma vez que os quatro parâmetros biológicos foram determinados, nosso próximo trabalho é encontrar identificadores individuais que nos permitirão focar numa única pessoa com a exclusão efetiva de todas as outras, usando um ou todos os métodos primários aprovados pela Interpol: comparação de DNA, registros odontológicos ou impressões digitais. É improvável que as impressões digitais possam ser obtidas de restos esqueléticos, mas às vezes é possível recuperá-las mesmo de corpos em avançada decomposição.

Se os bancos de dados de DNA não fornecerem correspondência alguma, a polícia pode ir a público com as informações para tentar obter pistas. Para estabelecer a identidade pessoal do falecido — seu nome —, precisamos de dados para seguir, e espera-se que a comunidade responda com sugestões que possam ser eliminadas ou exploradas mais a fundo pelos investigadores. Quando a polícia divulga a mensagem de que o falecido é, digamos, um homem com idade entre 30 e 40 anos, com cerca de 1,72 m de altura e negro, com certeza está diminuindo o leque de possibilidades, excluindo mulheres, crianças, idosos, pessoas baixas, pessoas altas e outros grupos guarda-chuva de ancestralidade. Mas ainda haverá, como discutido antes, milhares de indivíduos registrados como desaparecidos que se enquadrarão nesse amplo perfil biológico.

É provável que os cartazes de pessoas desaparecidas que a polícia deixar em circulação incluam uma imagem de como a pessoa pode ter se parecido com base numa reconstrução de seu rosto, como o que nos ajudou a identificar o suicídio na floresta do Capítulo 2. O artista forense ou especialista em reconstrução vai confiar que as características biológicas que fornecemos estão corretas. Se dissermos que o corpo é de uma mulher quando é de um homem, ou se dissermos que é de uma pessoa negra quando é de alguém branco, ou que tem por volta dos 20 anos quando tem cerca de 50, o rosto reconstruído nunca vai se parecer com a pessoa que deve representar.

Uma ilustração do quanto essas reconstruções podem ajudar de forma dramática a acelerar a identificação é fornecida por um caso de 2013 em Edimburgo, no qual restos femininos desmembrados foram encontrados numa cova rasa em Corstorphine Hill. As únicas pistas eram alguns anéis característicos nos dedos e um extenso trabalho odontológico. Um retrato produzido pela professora Caroline Wilkinson, minha colega da área craniofacial, e divulgado internacionalmente foi reconhecido por um parente na Irlanda como sendo Phyllis Dunleavy, de Dublin. A sra. Dunleavy havia estado em Edimburgo e ficado com o filho, que tinha alegado que ela havia retornado à Irlanda. A identificação o levou a ser acusado do assassinato da mãe no período de um mês após a descoberta do corpo e condenado em seguida.

Quanto menor o tempo entre uma morte, o descarte dos restos mortais e a identificação da pessoa falecida, maior é o potencial de recuperação de provas. Nesse caso, a rapidez com que o corpo foi identificado aprimorou de maneira inquestionável o processo de investigação e foi essencial para o sucesso da acusação.

Quando temos uma possível identidade para nosso corpo, o DNA extraído do osso pode ser comparado a uma amostra da mãe, do pai, da irmã, do irmão ou de filhos. Pode até ser possível conseguir uma amostra de DNA da própria pessoa desaparecida, talvez de uma escova de dentes, escova de cabelo ou elástico que ainda retenha alguns fios com células na base. No Reino Unido, talvez consigamos ter acesso à amostra de DNA dos cartões de Guthrie retidos pelo Serviço Nacional de Saúde (NHS, *National Health Service*). Eles contêm pequenas amostras de sangue colhidas de quase todos os bebês nascidos no Reino Unido desde 1950, obtidas por meio do "teste do pezinho", em que se dá uma picadinha de agulha no calcanhar do bebê, gotas de sangue caem no papel e são usadas para testar uma série de doenças genéticas, incluindo doença falciforme, fenilcetonúria, hipotireoidismo e fibrose cística. Quase todas as autoridades do NHS mantêm esses testes de Guthrie, embora seu uso para fins de identificação forense seja um tanto controverso, pois o consentimento original não foi dado para isso. Foi um cartão de Guthrie que forneceu a correspondência para pelo menos um indivíduo que morreu no tsunami asiático de 2004, permitindo que a identidade fosse confirmada, e o corpo devolvido à família. A questão da privacidade e se o resultado de uma identificação positiva ou mesmo negativa pode justificar a ausência de consentimento são coisas para advogados debaterem.

O Banco de Dados Nacional de DNA de Inteligência Criminal (NDNAD, *National Criminal Intelligence DNA Database*) do Reino Unido, criado em 1995, é o maior banco de dados nacional de DNA do mundo. Mais de 6 milhões de perfis estão armazenados lá, representando quase 10% da população do país. Por volta de 80% são perfis de homens. Estatísticas recentes sugerem que o banco de dados ajuda a identificar um suspeito em cerca de 60% dos casos criminais. Um banco de dados de DNA nacional e completo para todos os cidadãos do Reino Unido seria algo bem simples de ser introduzido e é muito provável que reduzisse o número de corpos não identificados e crimes não resolvidos. Entretanto, as opiniões ficam muito divididas quando o assunto se trata de ser permitido que os benefícios de um sistema nacional tenham maior importância que o direito à privacidade e ao anonimato. Essa é uma situação muito complicada, e suspeito que a discussão se estenderá por muito tempo.

Às vezes, com frequência em casos arquivados, a amostra de DNA de um indivíduo pode resultar numa ajuda involuntária para levar à justiça um criminoso de quem são parentes. Um exemplo é o caso de James Desmond Lloyd, o estuprador de sapatos, que estuprou pelo menos quatro mulheres em South Yorkshire na década de 1980 e tentou fazer o mesmo com outras duas. Depois de atacá-las, ele roubava seus sapatos. Cerca de vinte anos depois, o perfil de DNA de uma mulher acusada de dirigir alcoolizada foi colocado no banco de dados de DNA, destacando uma ligação genética familiar com o estuprador. Ela era irmã dele. Quando o local de trabalho do homem foi invadido, a polícia encontrou mais de cem pares de sapatos femininos, incluindo os pertencentes às vítimas de estupro. Ele foi condenado a uma pena indeterminada e o juiz ordenou que cumprisse pelo menos quinze anos de prisão.

Embora não exista um banco de dados central para registros odontológicos, a maioria dos cidadãos britânicos visita um dentista em algum momento da vida, então há provas do trabalho realizado em seus dentes — se pudermos rastrear o dentista. Muitas pessoas têm mais de um conjunto de registros odontológicos. Nem todos ficam com o mesmo dentista e, com muitos procedimentos não disponíveis no NHS, os registros de tratamentos particulares podem ser mantidos por um profissional diferente daquele com o qual estamos oficialmente registrados. Como um número crescente de pacientes opta por ir ao exterior para alterações cosméticas melhores, e muitas vezes mais baratas, algumas sequer vão ser no mesmo país. Poucas vezes tais registros são rastreáveis. E, dado que muitos dentistas só mantêm documentação para fins de auditoria, as informações disponíveis podem ser difíceis de interpretar em relação à boca que está sendo investigada.

Uma complicação adicional recente surge, ironicamente, dos avanços da odontologia. Assim como outros de minha geração, não tenho um dente reto na boca. Tenho um palato típico de minha ascendência do Norte da Europa, que não é largo o suficiente para todos os meus dentes, de modo que eles ficam amontoados, desordenados, como lápides num velho cemitério. Aos 14 anos, eu também não tinha um único dente que não fosse obturado. É provável que meus níveis de metais-traço de prata, mercúrio, estanho e cobre sejam altíssimos. Que Deus abençoe a boa e velha dieta escocesa e a falta de flúor em nossa água. O resultado é que, embora minha boca possa não ser bonita, é bastante improvável que se pareça com a de qualquer outra pessoa, em especial depois de tratamentos de canal, verniz e extrações de siso ao longo dos anos. Se meu corpo precisasse ser identificado, meu dentista poderia confirmar sem hesitar ser o meu.

Em contraste, muitos dos adolescentes de hoje têm dentes perfeitos. Aparelhos dentários garantiram que todos os dentes fossem retos para que sorrisos brancos hollywoodianos (dentes deveriam ser um pouco amarelados, e não brancos) pudessem ser exibidos e, caso tenham qualquer preenchimento, é provável que também seja branco e realmente difícil de ser notado. Tenho certeza de que nosso dentista de família teria dificuldade em confirmar a identidade de minhas filhas a partir da dentição.

No Reino Unido, impressões digitais podem ser tiradas de qualquer pessoa que tenha sido presa ou detida sob suspeita de cometer, ou ter cometido, um delito. Identi, o banco de dados pesquisável para impressões digitais e palmares, contém mais de 7 milhões de dez impressões digitais (impressões de cada um dos dez dígitos) e faz mais de 85 mil correspondências de perfil por ano com provas recuperadas de cenas do crime. Esse sistema também é usado nos controles de fronteira, onde se estima que mais de 40 mil identidades são verificadas pelos oficiais de visto e imigração do Reino Unido a cada semana.

Contanto que tenhamos parâmetros biológicos e uma provável identidade para restos mortais, um desses três identificadores aprovados pela Interpol ou uma combinação deles nos permitirá, em geral, confirmar identidades pessoais. Mesmo quando identificadores primários não podem ajudar, com frequência existem fontes secundárias, como cicatrizes, tatuagens, roupas, fotos ou outros objetos pessoais que possibilitam que estejamos razoavelmente certos de que a pessoa falecida corresponde a uma pessoa desaparecida específica.

Os corpos que não conseguimos nomear — como os nomes dos desaparecidos cujos corpos nunca foram encontrados — são aqueles que assombram os antropólogos forenses. Para mim, nenhum me assombra mais do que o de um jovem cujo corpo foi descoberto em Balmore, em East Dunbartonshire. Tenho a esperança de que, ao falarmos mais sobre o caso, consigamos ajudar as autoridades a resolver o mistério de sua identidade e permitir que o devolvamos para sua família.

Para nós, a história começou quando, em janeiro de 2013, entraram em contato com nossa equipe na Universidade de Dundee a respeito de alguns restos humanos em decomposição avançada encontrados pendurados numa área de floresta isolada na região de Balmore. É provável que estivessem lá entre seis e nove meses ao serem descobertos em 16 de outubro de 2011. As verificações de pessoas desaparecidas e os perfis de DNA não renderam correspondências. Os pertences pessoais associados aos restos mortais não revelaram nada que pudesse ajudar na identificação. A medicina legal não era de opinião que a morte fosse suspeita, acreditando ter sido suicídio, mas havia solicitado que uma última tentativa fosse feita para assegurar a identidade antes de enterrar o corpo como "não identificado". Solicitaram que examinássemos os restos esqueléticos com o objetivo de formar um perfil biológico (dr. Craig Cunningham), reconstruir o rosto (dr. Chris Rynn) e analisar os objetos pessoais encontrados com os restos mortais (dr. Jan Bikker).

A pelve, o crânio e os ossos longos nos diziam que era provável que fosse de um homem. Sua idade foi estimada entre 25 e 34 anos, indicada em particular pelo envelhecimento de suas cartilagens costais (o tecido mole que conecta a extremidade da costela ao osso do peito), sua sínfise púbica (a articulação entre os lados direito e esquerdo na frente da pelve, atrás da região púbica) e a junção entre sua primeira e segunda vértebras sacrais (na base da coluna). Ele possivelmente era de ascendência norte-europeia e tinha cabelos loiros — alguns dos quais ainda estavam presentes. Sua altura era entre 1,75 m e 1,85 m e ele tinha um corpo franzino. Nenhuma impressão digital foi obtida. Ele já havia feito algum tratamento odontológico, mas isso não podia ser rastreado sem um possível nome.

Seus muitos ferimentos talvez fossem a melhor chance de identificá-lo. Uma fratura cicatrizada no osso nasal esquerdo pode ter sido visível em vida como um nariz torto. Havia uma fratura cicatrizada num osso na base do crânio que se chama placa pterigoide lateral. Ambas deviam ser consequência do mesmo evento traumático, provavelmente vários meses antes de sua morte. Teria ele sofrido um acidente ou teria sido vítima de um grave espancamento?

Uma fratura adicional no lado esquerdo da mandíbula, que não foi observada na autópsia original, não tinha cicatrizado direito, mas podia ter ocorrido ao mesmo tempo. Isso deveria ter sido tratado no hospital com placas e parafusos, mas, como não foi, ele teria sentido uma dor imensa toda vez que tentasse comer. Será que essa agonia incessante o levou à decisão de cometer suicídio?

Suas rótulas mostraram evidências de degeneração articular, incomum em alguém tão jovem, e é possível que ele também tenha achado doloroso caminhar, então talvez coxeasse. Seu dente superior esquerdo central foi fraturado, o que deve ter ocorrido no mesmo incidente que causou os ferimentos no resto da face, e a parte quebrada devia ser visível toda vez que ele abria a boca.

Ele estava vestindo uma camisa polo azul-clara de mangas curtas e decote em V, com um desenho branco impresso na frente com texto e carimbos; um cardigã azul-escuro de mangas compridas com gola redonda e zíper frontal; jeans de botão e tênis preto e cinza com sola vermelha. O comprimento da calça estava de acordo com a escala de estatura calculada e o tamanho da cintura correspondia ao tamanho pequeno da camisa polo e do cardigã. Essas roupas lembram você de alguma coisa? Por favor, olhe a lista no final do livro para mais detalhes, incluindo marcas, logotipos e tamanhos exatos.

Quem era esse homem? Uma sugestão era que poderia ter sido um morador de rua que, segundo se dizia, vivia de forma desabrigada na floresta ao redor de Balmore. Ele se encaixou em nossa descrição e, pelo que sei, não foi visto desde então, portanto continua sendo uma possibilidade. Mas, como a polícia não tinha nome para o homem, a pista esfriou.

Talvez o homem de Balmore não quisesse ser encontrado. Talvez estivesse com medo e se escondendo. Quem foi o responsável por sua mandíbula quebrada? Por que ele escolheu viver com dor e angústia em vez de buscar assistência médica? Por que ele tirou a própria vida? Que frase estranha essa. De que forma ele a "tirou"? De quem ele a "tirou"? Nossa linguagem sobre a morte pode ser inconstante e nebulosa. Ela levanta tantas perguntas para nós e às vezes apenas não conseguimos encontrar as respostas por conta própria.

Acredito que se você tem direito a uma identidade em vida, o mesmo direito existe em morte. Alguns podem escolher não o exercer, mas aqueles de nós que ficam têm o dever de tentar restaurá-la a uma pessoa que tenha sido privada dela, se isso for possível. A passagem do tempo não altera isso. Ela torna a tarefa cada vez mais difícil, mas casos como o de Alexander Fallon, que foi enfim identificado dezesseis anos após sua morte no incêndio na estação de King's Cross em 1987, demonstram que isso ainda é realizável.

Em algum lugar deve haver uma família que está sentindo falta do homem de Balmore. É nosso desejo fervoroso poder devolvê-lo a ela.

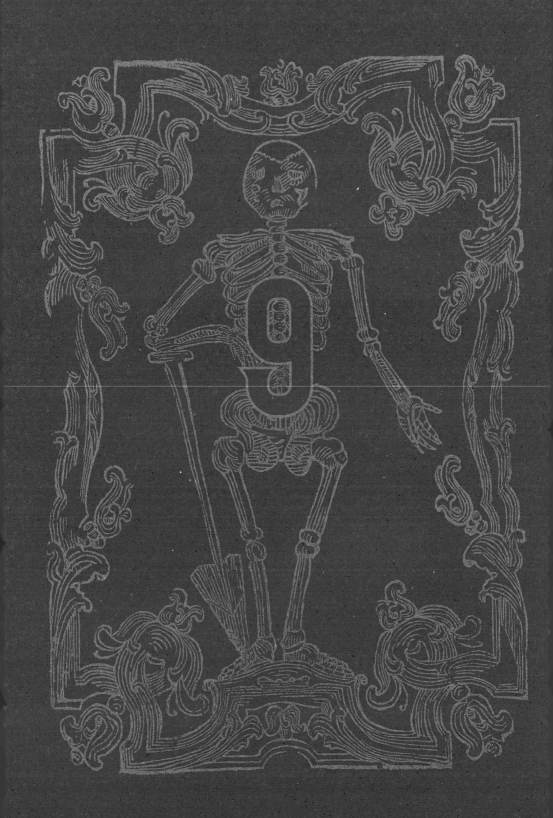

SUE BLACK

TODAS AS FACES DA MORTE

CORPO MUTILADO

CAPÍTULO 9

> "Fogo e cruz, manadas de feras, quebraduras de ossos, esquartejamentos [...] venham sobre mim."
> — Inácio de Antioquia, *bispo e mártir (cerca de 35-107)* —

O ato de separar um corpo em partes como sacrifício ou punição está presente até certo ponto em quase todas as culturas. As gravuras em madeira retratando as atrocidades espanholas no Novo Mundo ou as gravuras satíricas do século XVIII do Dia do Julgamento feitas pelo anatomista William Hunter demonstram uma aceitação humana da prática de desconstruir o todo corporal. E, de fato, isso foi feito de várias maneiras em quase todas as sociedades em algum estágio de sua história por uma variedade de razões culturais, religiosas e ritualísticas. Apenas em tempos mais ou menos recentes a profanação da forma humana por desmembramento passou a ser vista como repugnante e um sinônimo de criminalidade, em geral de assassinato.

Óbvio, nem todos os desmembramentos são criminosos. Um acidente no trabalho ou um desastre esportivo pode levar à perda de um membro, e um ato de suicídio por saltar na frente de um trem pode causar extenso desmembramento corpóreo e ampla dispersão das partes, assim como fatalidades em massa violentas, tipo acidentes de avião, resultando em pedaços do corpo sendo procurados e encontrados.

Dos 500 a 600 assassinatos por ano que ocorrem no Reino Unido — menos de 1 em cada 100 mil membros da população —, por volta de 3 são registrados como envolvendo desmembramento criminoso, então sem dúvida não é comum. Mas, quando acontece, desperta a imaginação do público e da mídia e tende a ocupar mais espaço nas notícias do que quase qualquer outro tipo de crime, fornecendo uma rica fonte de inspiração para romances, dramas de televisão e filmes de terror.

No mundo real, como você se livra de um corpo para que ninguém jamais o encontre? Todos pensam ter uma resposta para essa pergunta (muitas informadas assistindo à série *Dexter* na TV) e uma teoria sobre o que constitui o assassinato perfeito. Mas, com certeza, se um assassinato é perfeito, nenhum corpo jamais é encontrado e nenhum criminoso é punido — os únicos crimes de que ouvimos falar são aqueles que são imperfeitos. Se um assassino se safou, o que sem dúvida já aconteceu, continuamos felizes e ignorantes quanto a como ele o fez. Mesmo quando nenhum corpo aparece, acusações criminais ocorrem, é óbvio, embora tais casos sejam mais difíceis de provar.

Um corpo é um objeto muito pesado para manusear, mesmo na melhor das ocasiões, e seu tamanho, peso e incapacidade de cooperar podem tornar sua eliminação um tanto incômoda para qualquer pessoa que tente esconder uma morte. A menos que os restos mortais fiquem dentro das instalações onde ocorreu o falecimento (e corpos são encontrados debaixo de camas, em armários e guarda-roupas, atrás de acabamentos de banheiras, em sótãos, porões, jardins, galpões, garagens, chaminés e sob pátios e calçadas novos), é necessário transportá-lo para outro lugar. De fato, com frequência há uma necessidade urgente de removê-lo da cena e do assassino literalmente se distanciar das evidências.

No entanto, há muitos problemas práticos que precisam ser resolvidos. É possível movê-lo intacto em segurança? Se não, onde você vai cortá-lo? O que vai usar? Como vai embrulhar os pedaços? Porque elas vão vazar, pode acreditar em mim. Que tipo de receptáculo é grande o suficiente? Quando o mover? É provável que você seja visto? É possível que haja câmeras em todos os lugares ou transeuntes que possam notar você. Que tipo de transporte usar? Para onde levá-lo? Como se desfazer dele ao chegar lá? É possível fazer isso por conta própria?

Se um assassinato foi premeditado, o assassino pode ter antecipado o que fazer com o corpo, mas como a maioria dos assassinatos ocorre no calor do momento, em geral não há um planejamento anterior. Uma vez que o perpetrador percebe que a vítima está morta, seja ou não intencional, todas essas perguntas e muito mais podem invadir uma mente já em pânico. Como resultado, a solução encontrada é muitas vezes mal pensada e executada num momento de impulsividade. Pouquíssimas pessoas terão experiência nessa situação. Para a maioria, será a primeira e única vez em que tiram uma vida e desmembram um corpo. Por isso, as pessoas tendem a deixar de forma inadvertida um rastro de evidências tanto para a polícia quanto para investigadores científicos.

O fato de um assassinato ser ou não planejado é importante, pois a premeditação resulta em uma sentença mais alta se o tribunal considerar o infrator culpado, assim como o desmembramento intencional de um corpo. Se o assassinato é considerado o mais hediondo de todos os crimes, a profanação deliberada de restos mortais é vista como um insulto adicional, um passo além dos limites da humanidade. Portanto, trata-se a prova de desmembramento como um agravante de homicídio, e a punição é dada de acordo. O fato de que aqueles encarcerados nas prisões de Sua Majestade com penas de prisão perpétua estão todos lá por assassinato e homicídio com agravante demonstra a seriedade com que a sociedade encara tais crimes.

Como os casos de desmembramento criminoso são incomuns, policiais costumam deparar-se apenas com um, se tanto, ao longo de toda a carreira. Por essa razão, muitas vezes eles procuram aconselhamento de outros profissionais com mais experiência na área, incluindo patologistas e antropólogos forenses. Minha equipe em Dundee vê tantos casos desse tipo que justifica sermos nomeados especialistas no Reino Unido pela Agência Nacional do Crime (NCA).

Existem cinco principais classificações de desmembramento criminoso, baseadas em essência na intenção do perpetrador. O desmembramento defensivo é de longe o mais comum e ocorre em cerca de 85% dos casos. Esse termo estranho reflete a exigência funcional de se livrar de um corpo da forma mais rápida e conveniente possível. O motivo é a eliminação de provas e ocultação do delito — que em geral é assassinato, mas não exclusivamente. Em outras palavras, é um meio para atingir um fim, e não um elemento do crime original. Parece lógico em tais ocasiões reduzir um corpo a pedaços de tamanho manejável que podem ser removidos do local de maneira eficiente e descartados sem chamar a atenção para a morte.

As estatísticas nos dizem que a maioria dos assassinos e desmembradores são pessoas conhecidas das vítimas e que é mais provável que o assassinato ocorra na casa da vítima ou do agressor. O desmembramento costuma acontecer no local do crime, usando ferramentas que estão disponíveis em nossas cozinhas, galpões e garagens. Não é de surpreender que o banheiro — projetado para lidar com uma grande quantidade de líquidos e ser enxugado e limpado com facilidade — seja o local doméstico escolhido com mais frequência. Também há, na banheira ou no box, um receptáculo especificamente adaptado ao tamanho e forma do corpo humano. Portanto, em caso de suspeita de desmembramento criminoso, a maioria dos policiais da cena do crime (SOCO) inicia a investigação no banheiro.

Agachar-se para serrar ou cortar um corpo no espaço confinado de uma banheira ou chuveiro é complicado, então é comum ter salpicos de sangue e tecido corporal e, por mais que o perpetrador acredite que tenha limpado o local de forma minuciosa depois do ato, materiais especiais passados em paredes, bases de torneiras e no chão revelarão com frequência vestígios de sangue. Investigar o conteúdo do encanamento também pode ser produtivo, assim como analisar de perto a superfície da banheira ou do chuveiro em busca de marcas deixadas por uma serra ou cutelo. É difícil cortar um corpo sem que a lâmina pegue em algum lugar.

Em geral, o desmembramento defensivo é caracterizado por uma abordagem anatômica do processo, uma vez que um corpo é mais fácil de manusear quando dividido em seis partes: cabeça, tronco, dois membros superiores e dois membros inferiores. Um torso intacto ainda é um pedaço muito pesado e volumoso para ser deslocado, mas a bissecção tende a ser evitada devido às complicações de expor e cortar as vísceras. Cortar osso também não é nada fácil, uma vez que é muito duro — em vida, é preciso que seja forte o suficiente para suportar o peso de nosso corpo todos os dias e para resistir a batidas e quedas. Facas não servirão. São usados principalmente instrumentos como serras, cutelos e até tesouras de jardim. Os membros são muitas vezes as primeiras partes a serem removidas. Como estão conectados apenas numa extremidade, eles atrapalham, e o eixo do corpo é mais manejável sem que fiquem pendurados ali. É comum que se tente fazer o corte através do único osso da coxa (fêmur) ou do braço (úmero) para separar os membros do tronco principal.

A cabeça é mais complexa de remover, pois o pescoço é composto de uma série de ossos interligados e sobrepostos, um pouco como blocos de construção infantil, dificultando um corte único e preciso. Contudo, o verdadeiro desafio aqui é psicológico. A maioria dos criminosos infligirá essa agressão final com o corpo deitado de bruços (rosto para baixo) em vez de em posição supina (rosto para cima): presume-se que ter que olhar nos olhos da vítima pode impedi-los de decapitar um corpo deitado de costas.

Em termos de praticidade, é possível que os desmembradores decidam que é mais fácil remover a cabeça a partir das costas, sendo que, se você souber o que está fazendo, na realidade é muito mais fácil fazer isso pela frente. A ideia de remover a cabeça por si só é assustadora demais para muitos, e esse pode ser o momento em que dividir o tronco em dois, por mais difícil e desagradável que isso possa ser, começa a parecer preferível. Em geral, seguir tal opção é um grande erro, porque depois será muito mais desafiador esconder a bagunça. Enquanto o tronco estiver intacto, os órgãos internos permanecerão contidos dentro das cavidades do corpo, mas, uma vez expostos, irão vazar copiosamente e criar um fedor bastante desagradável.

A menos que as partes do corpo fiquem escondidas na residência, elas devem ser removidas do banheiro e retiradas do local. A maioria dos criminosos embrulha os pedaços em sacos plásticos ou sacos de lixo. Papel-filme também é usado às vezes, assim como outras formas de plásticos domésticos ou tecidos como cortinas de chuveiro, toalhas ou edredons. No processo, o assassino deve tentar não deixar sangue ou tecido do lado de fora da embalagem ou do recipiente no qual as partes do corpo serão transportadas. Sacos de lixo, por exemplo, podem rasgar por causa das pontas afiadas dos ossos cortados, e as toalhas encharcadas com sangue suficiente irão vazar.

A noção de um corpo enrolado num tapete pertence, em geral, ao imaginário da TV — as formas de transporte mais comuns atualmente são malas com rodas ou mochilas. Ninguém olha duas vezes para uma pessoa levantando uma mala para colocar dentro de um carro ou de um táxi, ou carregando-a pela rua a pé. Infratores tendem então a ir para algum lugar que lhes é familiar para se livrar dos restos mortais. A água é a escolha mais comum: rios, *lochs*, lagos, lagoas, canais ou o mar.

O desmembramento defensivo também abrange situações em que a intenção é esconder a identidade da pessoa falecida. Nesses casos, o desmembramento terá um foco anatômico. Os alvos comuns são o rosto (para ofuscar a identificação visual), os dentes (para evitar a comparação com registros odontológicos) e as mãos (para destruir evidências de impressões digitais). Às vezes, pedaços de pele podem ser retirados para acabar com a evidência de tatuagens e partes do corpo despidas de todas as joias reconhecíveis.

Felizmente, esses esforços costumam ser malsucedidos. Assassinos podem pensar que conhecem as áreas do corpo que são fundamentais para identificar restos mortais, mas o alcance da ciência forense é maior do que muitos deles imaginam. Como vimos, não há quase nenhuma parte do corpo que não possa ser usada de alguma forma para ajudar na identificação. E, durante a última geração, o surgimento de uma cultura de experimentação artística na tela que é a forma humana tem proporcionado aos especialistas forenses uma gama mais ampla de possíveis pistas. Um número cada vez maior de pessoas tem se tatuado, ou perfurado a pele em todos os tipos de lugares, ou esculpido com implantes de silicone seios, glúteos, peitorais e até mesmo as panturrilhas — todas essas modificações pessoais oferecem novas oportunidades de identificação, desde que existam evidências suficientes da alteração corporal.

Sem dúvida a recuperação de um corpo intacto oferece a melhor chance de um final bem-sucedido, mas às vezes restos mal decompostos ou mesmo desmembrados ainda podem fornecer pistas importantes para a identificação. O perpetrador pode remover as joias de piercing, mas se a pele ainda estiver lá, a presença das marcas de perfuração tem um valor. Os restos de silicone dos implantes — e, se tivermos muita sorte, o número de lote visível e ainda decifrável — podem ser muito úteis para rastrear onde a cirurgia foi realizada e em quem. Uma tatuagem pode ser removida por meio de esfolamento ou desmembramento, mas se você entende como funciona uma tatuagem, é necessário apenas um pouco de conhecimento anatômico para descobrir algumas evidências de tinta.

A pele tem três camadas: epiderme, derme e hipoderme. A camada externa, a epiderme (a parte que podemos ver), é composta de células mortas que se desprendem de forma contínua numa taxa de quase 40 mil por dia. Então qualquer tinta colocada nela irá desbotar e um dia desaparecer, como acontece com uma tatuagem temporária, tipo de henna. Abaixo da epiderme está a derme, a camada que os tatuadores buscam com suas agulhas. Ela tem muitas terminações nervosas, mas nenhum vaso sanguíneo, e é por isso que fazer uma tatuagem pode doer, mas não deve sangrar. Pense em como um corte de papel, que nem sempre sangra, pode doer pra caramba. Isso ocorre porque você cortou a epiderme e entrou na derme, com suas terminações nervosas sensíveis, mas não foi fundo o suficiente para alcançar os vasos sanguíneos na hipoderme.

Tatuar muito a fundo, chegando na hipoderme, é inútil, pois o sistema cardiovascular removerá a tinta como resíduo e o corpo a excretará. As moléculas das tintas usadas para tatuagem são grandes e projetadas para serem inertes, de modo que não costumam ser quebradas pelo corpo, não interagem com o sistema imunológico e podem permanecer presas com sucesso na camada dérmica entre a epiderme e a hipoderme — um pouco como o queijo num sanduíche. É inevitável que ocorra alguma quebra das moléculas da tinta (as tatuagens desaparecem com o tempo) e esses restos são aspirados para o sistema linfático para serem descartados.

Cada um dos vasos linfáticos na derme acaba se conectando num inchaço final. Temos muitos desses nódulos linfáticos espalhados pelo corpo, mas há uma alta concentração deles no topo de nossos membros, na virilha e na axila em particular. Nesses locais, eles agem um pouco como um encanamento que coleta cabelo no chuveiro: como as moléculas de tinta são grandes demais para passar pelos gânglios linfáticos, a tinta se acumula ali. É por isso que, em pessoas com tatuagens, os gânglios acabam assumindo todas as cores das tintas.

Em anatomia, sempre estivemos cientes dessa peculiaridade provavelmente inofensiva: quando eu era estudante, ao dissecar a axila do querido Henry, meu professor-cadáver, que tinha aquelas antigas tatuagens de âncora azul de marinheiro nos antebraços, notei que seus gânglios linfáticos eram azuis com pequenos reflexos de vermelho nas letras associadas à imagem. Hoje, com as tatuagens se tornando um acessório de moda obrigatório (nos Estados Unidos, quase 40% dos jovens entre 20 e 30 anos de idade têm pelo menos uma), vemos isso com muito mais frequência e, refletindo o arco-íris de cores usado por tatuadores, os linfonodos da população atual são de fato espetaculares em variação caleidoscópica.

Imagine que um tronco desmembrado é encontrado, sem nenhum vestígio dos membros superiores. Se ele ainda tiver pele suficiente, podemos procurar os linfonodos das axilas, analisar qualquer tinta observada ali e isso nos dirá se havia tatuagens em um membro superior ou nos dois, e qual era a cor das tatuagens naqueles membros ausentes. Infelizmente, não podemos prever se a imagem era de um golfinho, algum arame farpado ou apenas a palavra "mamãe". Mas, quando não há quase nenhuma pista para seguir, é um começo.

Para minha grande tristeza, uma de minhas filhas tem três tatuagens (que eu esteja ciente), piercings visíveis e muito provavelmente outras modificações que uma mãe nunca deveria saber. Mesmo eu poderia considerar fazer uma tatuagem modesta um dia, ainda que apenas por razões práticas. Flertei com a ideia de ter as palavras "UK, Black" e meu número de segurança social nacional tatuados sob a pulseira de meu relógio, escondidos com discrição da vista, à moda de Lady Randolph Churchill, que supostamente tinha uma tatuagem de serpente em torno do pulso. Então, se eu me envolver numa fatalidade em massa, ou se meus restos mortais não forem encontrados por algum tempo após minha morte, esse pedaço de pele dará à equipe de identificação uma vantagem inicial e tornará o trabalho um pouquinho mais fácil. Ainda não reuni a coragem necessária. Ao lembrar como eu estava ansiosa quando fui ao joalheiro local em Inverness em meu 15º aniversário para me presentear com orelhas furadas — disse a eles que se me pedissem para marcar um horário e voltar, eu perderia a coragem, então tinha que ser naquela hora ou nunca —, me pergunto se talvez uma tatuagem não seja um passo grande demais para mim.

Alguns desmembradores defensivos podem tentar destruir por completo os restos mortais — por exemplo, por meio de tratamento químico ou queimando. Dissolver um corpo não é tão simples como algumas pessoas pensam. Ácidos ou álcalis fortes são líquidos perigosos de se manusear, e obtê-los em quantidade suficiente poderia levantar suspeitas. Encontrar um contêiner que não fosse ser corroído no processo também não é tarefa fácil.

Certa vez trabalhei num caso no norte da Inglaterra no qual um homem admitiu ter assassinado a sogra e descartado os restos mortais. Sua alegação de que a dissolveu numa banheira com vinagre e soda cáustica e que o corpo liquefeito desapareceu pelo buraco do ralo não convenceu, em função de seu domínio duvidoso de química. Sendo o vinagre um ácido e a soda cáustica um álcali, eles se equilibrariam e se anulariam de forma mútua. Além disso, não há como os produtos químicos vendidos legalmente serem fortes o suficiente para dissolver ossos humanos adultos, dentes e cartilagem de modo a se tornarem um líquido que você pode despejar pelo ralo. O ácido teria que ser super-resistente, e a chance de o encanamento doméstico suportar isso é quase zero.

Mesmo quando uma confissão está próxima, às vezes a improbabilidade das evidências oferecidas pelo réu pode ser terrivelmente ingênua. Esse aí disse então que havia picado o corpo da sogra e colocado os pedaços em latas de lixo pela cidade. Nunca encontramos nenhuma evidência dela e com certeza não havia nada que apoiasse a lenda urbana que circulava em sua cidade natal sobre a presença *post mortem* da sogra na loja de *kebab* dele.

A segunda classificação mais comum de desmembramento é o desmembramento agressivo, às vezes chamado de "supermatar". É uma progressão de um estado de fúria exacerbado, amiúde alcançado durante o próprio homicídio, que continua na fase de desmembramento, em que esse estado se manifesta através da mutilação violenta do corpo. Caracteriza-se por uma abordagem quase aleatória e não lógica do ato. Nesses casos, não é raro que o desmembramento comece antes que a vítima esteja morta e, portanto, às vezes pode ser, em última instância, a causa da morte. A análise dos padrões de ferimentos ajuda na determinação dessa categoria, que tipifica o *modus operandi* do assassino em série mais famoso da Inglaterra, chamado Jack, o Estripador, que matou pelo menos cinco mulheres, e possivelmente mais de onze, nas ruas de Whitechapel na Londres vitoriana.

Mais de cem identidades possíveis foram sugeridas para Jack, o Estripador. Embora seja decepcionante, há poucas evidências para sustentar as alegações feitas a respeito de William Bury, o último homem a ser enforcado em Dundee, que foi executado pelo assassinato e mutilação de sua esposa Ellen e que vivia em Bow, perto de Whitechapel, na época dos assassinatos. Mas, se tiver sido ele, tenho as vértebras do pescoço de Jack, o Estripador, numa prateleira em meu escritório.

O desmembramento ofensivo, o terceiro tipo, muitas vezes vem após um assassinato cometido por gratificação sexual, ou resulta do prazer sádico de infligir dor aos vivos ou de punir com ferimentos os mortos. Com frequência esse tipo de desmembramento envolve mutilação das regiões sexuais do corpo e pode ser o objetivo principal do assassinato. Felizmente, é muito raro.

O desmembramento necromaníaco, o tipo mais raro de todos, recebe atenção indevida e desproporcional em filmes e romances por causa de seu enorme escopo para retratar atos terríveis e horripilantes de violência e depravação. A motivação pode ser a aquisição de uma parte do corpo como troféu, símbolo ou fetiche. O canibalismo também se enquadra nessa categoria. Ressalte-se que o desmembramento necromaníaco nem sempre é precedido de morte: pode ocorrer, por exemplo, quando indivíduos têm acesso a um cadáver já morto, ou envolver a exumação e a profanação de cadáveres. Em deferência a questões como humanidade, decência e crenças religiosas, esperamos que os restos mortais sejam deixados em paz pela eternidade e, embora a sociedade possa aceitar perturbações acidentais ou intervenções planejadas por causas justificáveis, o que não é tolerado é o abuso dos mortos.

Por fim, há o desmembramento comunicativo, usado com frequência por gangues violentas ou facções rivais como uma ameaça para persuadir seus inimigos a desistir de uma determinada atividade ou para coagir outros, em geral homens jovens, a se juntar a uma gangue, e não à rival. A mensagem é direta e poderosa: se você não fizer o que queremos, isso é o que vai acontecer com você.

No Kosovo, onde passei a maior parte de 1999 e 2000 como parte da equipe forense britânica que auxiliava o Tribunal Penal Internacional para a antiga Iugoslávia (ICTY), vimos exemplos dessa forma "comunicativa". Um jovem, em geral de etnia albanesa, era sequestrado, assassinado e esquartejado em pequenos pedaços. Partes de seu corpo eram deixadas na porta das famílias de outros jovens como um cartão de visita aconselhando-os a não se alistar no Exército de Libertação de Kosovo (ELK). Para alguns, isso alcançou o efeito desejado de modo instantâneo. Para outros, porém, apenas alimentou uma determinação nacionalista de se juntar à guerrilha contra a milícia sérvia.

Como especialistas indicados no Reino Unido, com frequência minha equipe é chamada para locais mais próximos de casa para ajudar em casos de desmembramento, o que já é complicado o suficiente sem que as partes do corpo estejam espalhadas por dois condados diferentes, como aconteceu num caso em 2009.

A primeira vez que a polícia soube dessa morte suspeita foi quando uma perna e um pé esquerdos apareceram embrulhados em sacos plásticos ao lado de uma estrada rural em Hertfordshire. As partes estavam frescas e haviam sido removidas de forma tão limpa do torso na articulação do quadril que pensaram que poderia ser o resultado de uma amputação clínica de um hospital próximo. Primeiro, verificaram com todos os hospitais da área para ver se havia alguma irregularidade com seus procedimentos de incineração de resíduos, mas todos estavam irredutíveis de que não tinha vindo deles. Uma pesquisa no banco de dados de DNA não encontrou resultados. Estava claro que o membro pertencia a um homem adulto branco. A altura podia ser calculada a partir de seu comprimento, mas, com base na informação limitada que poderia ser obtida apenas da perna, não parecia corresponder às descrições de alguma pessoa na lista local de desaparecidos ou de quaisquer indivíduos registrados pelo Departamento de Pessoas Desaparecidas.

Sete dias depois, um antebraço esquerdo, cortado no cotovelo e no pulso, foi encontrado, mais uma vez envolto em sacos plásticos, numa vala na lateral de outra estrada a cerca de 32 km de distância de onde a perna esquerda havia sido descartada. O DNA era compatível com a perna. Dois dias após essa descoberta, um fazendeiro horrorizado em Leicestershire encontrou uma cabeça humana que havia sido jogada em seu pasto de vacas. Como a cabeça foi notificada a uma força policial diferente, a ligação com a perna e o antebraço identificados antes não foi feita de imediato. A polícia de Leicestershire estava procurando uma pessoa desaparecida muito conhecida e se perguntou se talvez a cabeça não seria dela — embora os restos mortais fossem muito recentes, a identificação facial não era possível porque não havia pele e tecidos moles, provavelmente devido à atividade animal, acreditava o patologista. Mas nossa análise indicava que havia mais chances de o indivíduo ser do sexo masculino, e uma sobreposição do crânio e de uma fotografia da pessoa desaparecida sugeria que era bastante improvável que fosse compatível.

A polícia de Leicestershire também fez uma busca infrutífera no banco de dados de DNA e, por alguns dias, duas forças separadas buscavam de forma independente partes desaparecidas do corpo em suas respectivas regiões. Na semana seguinte, de volta a Hertfordshire, uma perna direita, cortada em dois pedaços na altura do joelho, embrulhada em sacos plásticos e escondida numa sacola, foi encontrada no acostamento de uma estrada rural. Enfim, quatro dias depois, foi descoberto o torso com o braço direito, do qual a mão havia sido decepada no pulso, e a parte superior do braço esquerdo ainda presos, todo embrulhado em toalhas e enfiado numa mala que havia sido descartada perto de um dreno de campo na área rural, mais uma vez em Hertfordshire.

Então foi feito um perfil de DNA entre todas as partes do corpo, mas, sem ter correspondência no banco de dados nacional, estabelecer a identidade da vítima e, portanto, investigar sua morte e encontrar a pessoa ou as pessoas responsáveis por ela seria um desafio. Embora os pés ainda estivessem presos aos membros inferiores, as duas mãos haviam sido removidas e ainda estavam desaparecidas, ou seja, o desmembramento não tinha seguido o padrão normal de seis pedaços. A distribuição das partes do corpo, no entanto, era consistente com a motivação mais comum para o ato: a facilidade de descarte. A ausência das mãos e os danos ao rosto apontavam para a possível intenção defensiva adicional de tentar ocultar a identidade da vítima.

Ter um corpo espalhado por uma área geográfica tão ampla causou certo aborrecimento administrativo. Quem deve comandar a investigação? A polícia que encontrou a cabeça? A polícia que encontrou a primeira parte do corpo? Aquela que está com a maior parte do corpo? Operar uma investigação de incidentes graves por meio de diferentes forças policiais não é um problema logístico pequeno, sobretudo por causa de implicações orçamentárias e de equipe. Mas, no final das contas, essa foi uma das colaborações mais profissionais com que lidamos entre duas forças policiais.

A dra. Lucina Hackman e eu fomos para o sul para auxiliar. A longa jornada nos deu muito tempo de conversa — e, se falar fosse um evento olímpico, levaríamos ouro para casa todas as vezes. Embora tenhamos feito um pequeno desvio no caminho para ajudar em outro assunto envolvendo uma guerra de gangues de drogas e um rosto desfigurado num corpo no norte da Inglaterra, passamos muito tempo discutindo o caso de desmembramento. Tínhamos uma hipótese que não coincidia com as teorias da polícia e precisávamos das sete horas no carro para pensar e conversar porque, se estivéssemos erradas, iríamos parecer as duas maiores idiotas desse lado do rio Tweed. Mas, se estivéssemos certas, haveria muitos policiais hiperativos correndo por Hertfordshire e Leicestershire.

Não concordávamos com as suposições relacionadas ao *modus operandi* do desmembramento. Havia algumas coisas que simplesmente não encaixavam para nós, e somos uma dupla desconfiada de senhorinhas. Nosso primeiro problema foi com os locais dos cortes do desmembramento. Sim, o padrão era quase clássico, mas a forma como tinha sido feito era incomum. Quem nunca desmembrou um corpo antes — e, sejamos sinceras, isso corresponde à maioria da população — provavelmente tentaria serrar os ossos longos dos membros, o úmero no braço e o fêmur na coxa. Pesquisas em nosso centro indicavam que, quando confrontadas com a necessidade de desmontar um corpo, boa parte das pessoas pegaria uma faca de cozinha afiada em primeiro lugar e somente iria para o galpão ou a garagem atrás de uma serra, em geral um serrote ou uma serra de arco, ao descobrir que, embora pudesse cortar o tecido macio da pele e músculos, não conseguia cortar osso. Aqueles acostumados a cozinhar talvez também considerassem o uso de um instrumento de corte, como um cutelo da cozinha ou um machado de uma área anexa da casa. Mas esse corpo parecia ter sido "desmontado" em vez de serrado em pedaços, e isso é muito raro. Na verdade, foi a primeira vez para nós. Precisávamos ver as superfícies dos ossos para determinar que tipo de ferramenta havia sido usada, porque sem dúvida havia algo estranho acontecendo.

Em segundo lugar, a cabeça tinha sido tratada de forma diferente do resto do corpo. Para começar, ela havia sido encontrada num condado diferente. Não havia sido embrulhada e era a única parte do corpo onde havia perda de tecido mole. Não estávamos convencidas pela teoria da patologia de que isso se devia à atividade animal, pois não havia nenhum sinal do padrão normal de marcas de dentes causadas por predações de animais domésticos ou selvagens.

A análise da marca de instrumento é, pelo menos em princípio, muito simples. Se dois objetos entrarem em contato, o mais duro dos dois pode deixar uma marca na superfície mais macia. Se, por exemplo, você cortar um pedaço de queijo com uma faca de pão serrilhada, então a faca, o objeto mais duro, deixará pequenas cristas no objeto mais macio, o queijo. A mesma coisa acontece com o osso. Se um osso entra em contato com um objeto afiado, como uma faca, uma serra ou o dente de um animal, marcas indicadoras são deixadas no osso e o padrão que elas formam pode ser suficiente para identificar o tipo de instrumento que as fez. Assim, se a perda de tecido na cabeça do homem falecido resultasse de atividades animais, do que duvidávamos seriamente, esperaríamos ver marcas características feitas por dentes.

A cabeça não tinha pele nem músculo ainda presos. Não havia olhos nem língua, assoalho da boca e orelhas. Seria uma façanha incrível para um animal conseguir fazer isso sem deixar marcas de dente. O que acreditávamos que iríamos encontrar seriam marcas de corte, feitas por uma lâmina afiada, nas áreas onde os diferentes músculos se juntavam ao osso. Se fosse esse o caso, a menos que um texugo comum ou de jardim tivesse vivido de repente um milagre evolucionário da noite para o dia e se tornado hábil como uma faca, o tecido tinha que ter sido removido de forma proposital por outro humano — e isso exigiria algumas explicações. A cabeça havia sido cortada de forma limpa do pescoço entre a terceira e a quarta vértebras cervicais, e havia algo muito incomum nesse ponto de desmembramento também.

Mantivemos esses pensamentos para nós mesmas até que pudéssemos examinar a cabeça. Na reunião, ouvimos com educação a explicação da suspeita de atividade animal. Nessas circunstâncias, Lucina e eu ficamos atentas a nossas sobrancelhas. Dizem que temos sobrancelhas muito expressivas e, quando não concordamos com algo que estamos ouvindo, parece que elas sobem e descem como faixas peludas descoordenadas. Certa vez, estávamos como especialistas de defesa num tribunal inglês e ficamos tão incrédulas com as provas que ouvíamos da Coroa, mas tão cientes de que estávamos o tempo todo à vista do júri, que nossas testas doíam com o esforço constante de tentar contrariar os movimentos involuntários de nossas sobrancelhas. Ambas seríamos péssimas jogadores de pôquer.

Não dissemos nada durante a reunião e fizemos o melhor para manter as sobrancelhas sob controle até que estivéssemos no necrotério, onde pudemos ver os restos mortais mais de perto. Era notável a habilidade com que todos os tecidos tinham sido removidos na cabeça. Encontramos marcas de faca exatamente onde tínhamos previsto, na parte de trás e na lateral da cabeça e sob a mandíbula. Não havia tecido mole. Em essência, o rosto tinha sido completamente arrancado.

As características notáveis não pararam por aí. Examinando as demais partes do corpo, vimos que o desmembramento dos punhos havia sido realizado por cortes únicos executados com perfeição nos espaços articulares entre os ossos do carpo e as extremidades inferiores dos ossos longos do antebraço, rádio e ulna. Os quadris foram desarticulados, o fêmur foi retirado do acetábulo (encaixe do quadril) e o nível de especialização demonstrado pela desarticulação ao redor da articulação úmero-ulnar do cotovelo esquerdo dizia em alto e bom som que quem havia realizado essa tarefa conhecia anatomia muito bem. Além do mais, conhecia a anatomia humana. E tinha feito isso antes.

É muito raro que um desmembramento seja realizado sem a ajuda de uma serra ou cutelo de algum tipo, mas cada parte desse corpo mostrava com clareza que nenhum instrumento pesado ou serrilhado havia sido usado em qualquer estágio, apenas uma faca afiada. E isso requer verdadeira habilidade. Não havia nenhuma evidência de um corte tosco ou de serragem mesmo na remoção da cabeça. Na verdade, isso tinha sido feito justo da mesma forma que anatomistas, técnicos mortuários ou cirurgiões fariam para garantir o mínimo de bagunça, complicação e esforço. Me perdoem por não compartilhar esse segredo.

Lucina e eu nos juntamos num pequeno grupo de conspiração que envolvia indicar com o dedo e com sobrancelhas entusiasmadas. A polícia sabia que algo estava acontecendo e, percebendo sua agitação, quando ambas estávamos totalmente convencidas, convocamos uma reunião e demos a notícia. Como sempre, no início eles protestaram ("Mas o patologista disse..."). No entanto, ao serem confrontados com evidências irrefutáveis, eles aceitaram e se foram, falando acelerados em seus telefones celulares.

Especulamos sobre possíveis ocupações para o desmembrador. Veterinário? Açougueiro? Cirurgião? Guarda de caça? Patologista forense? Anatomista? Será que não era outro antropólogo forense? Quem quer que fosse, a imensa habilidade em realizar desmembramento não estava presente na aptidão de se desfazer dos restos mortais: tudo, exceto as mãos (que nunca foram encontradas), tinha vindo à tona muito rápido.

A causa da morte era bem óbvia: a vítima havia sido apunhalada duas vezes nas costas com uma lâmina de dez centímetros. Uma das feridas perfurou o pulmão e a pessoa pode ter sobrevivido por algum tempo após o ataque. O patologista estimou que o desmembramento podia ter levado até doze horas para ser concluído, mas nós discordamos. O nível de habilidade nos sugeria que todo o processo podia ter sido executado em menos de uma hora com facilidade, talvez com mais uma hora em média para embalar as partes do corpo e limpar as instalações.

Uma vez terminada a análise, tiradas as fotografias e tendo escrito nosso relatório, talvez nunca saibamos o resultado de uma investigação, a menos que fiquemos de olho nos jornais. Como trabalhamos em todo o país, nem sempre temos a relação próxima com a polícia que as pessoas esperam ao assistirem aos dramas de crimes na TV e, às vezes, como aconteceu nesse caso, não se ouve nada até receber uma notificação com uma citação judicial vários meses depois. Não sabemos o que a polícia descobriu, não sabemos o resultado das investigações, e então chegamos ao tribunal apenas com nossas provas e muitas vezes sem um contexto no qual as colocar.

Odeio comparecer ao tribunal. Operar nessa arena desconhecida é uma parte estressante do trabalho dos cientistas. Não fazemos as regras lá e poucas vezes somos informados sobre estratégias. Em nosso sistema jurídico acusatório, um lado quer provar que você é o maior especialista do mundo e o outro lado quer provar que você é um idiota tagarela. Já fui descrita das duas formas e de muitas outras entre as duas.

No que ficou conhecido na imprensa como o "assassinato quebra-cabeça", a polícia havia conseguido achar uma correspondência entre a vítima e um homem desaparecido no norte de Londres, uma vez que todas as partes do corpo foram examinadas, e os registros odontológicos confirmaram a identificação. Sangue tinha sido encontrado no quarto e no banheiro do apartamento da vítima e no porta-malas do carro, mas havia apenas pequenas manchas. O assassino e sua cúmplice — um homem e uma mulher estavam sendo julgados — tinham feito um bom trabalho de limpeza.

O casal havia sido acusado de assassinato, roubo e fraude. O fato de serem dois réus significava haver três conjuntos de perguntas de advogados com os quais lidar, além de possíveis novos questionamentos da acusação. Portanto, quatro conjuntos de perguntas para as quais se preparar — que alegria! Testemunhar em um tribunal desconhecido numa cidade desconhecida, num caso em que você trabalhou quase um ano antes, não tem nada de bom e tem todos os motivos para deixar uma pessoa nervosa. Ao sermos chamados para prestar depoimento, presumimos que acreditem que tenhamos algo de valor a acrescentar ao processo, embora não façamos ideia do que seja e em que direção as perguntas elaboradas podem nos conduzir.

O questionamento sempre parte do lado que garantiu seus serviços; nesse caso, a Coroa. Esse costuma ser o interrogatório mais gentil, mas parece que sempre tropeço na parte em que perguntam minha idade. Não é que eu esteja em negação, mas minha idade é tão pouco importante para mim que muitas vezes tenho que parar e pensar para responder, o que nunca deixa de causar risadinhas na audiência. A hesitação dura apenas uma fração de segundo, mas é o suficiente para me desarmar. Toda vez que isso acontece, me repreendo por esquecer de me recordar de minha idade de antemão, mas nunca lembro de fazer isso. Em tais circunstâncias, é difícil que isso seja a coisa de maior importância em minha mente.

A Coroa me conduziu por minhas qualificações e, em seguida, minhas provas, o que foi bastante simples, mas durou a maior parte da manhã. Então o juiz parou para o almoço, o que significa que você tem que ir embora e não fazer nada por uma hora sabendo que, ao voltar, será interrogado por ambas as equipes de advogados de defesa. É aqui que o elemento acusatório entra em jogo e onde em geral surgem os desafios. É bem possível que minha passagem pelo banco das testemunhas chegue a um segundo dia, o que é ainda mais estressante, em especial porque não podemos falar com ninguém sobre o caso nesse ínterim.

O primeiro advogado de defesa foi encantador, o que é sempre um começo preocupante. Tendo aceitado minhas qualificações, ele quis falar sobre nossa afirmação de que o desmembrador tinha um conhecimento detalhado de anatomia. Ele me informou que seu cliente era um *personal trainer* e ex-segurança de boate, que não tinha formação em anatomia e nunca havia trabalhado num açougue, nunca havia vivido ou exercido atividades no campo. Sem dúvida não era cirurgião ou veterinário, ou mesmo anatomista ou antropólogo forense. Como, então, poderia saber como fazer as incisões que eu disse que ele havia feito ou ter as habilidades que eu alegava que devia ter?

Em momentos assim, um suor frio começa em algum ponto da nuca e desce pela espinha. Será que realmente entendi tudo tão errado? Você se questiona repetidas vezes, mas não consegue chegar a nenhuma outra conclusão razoável. O advogado passou então à questão dos instrumentos. Com certeza, raciocinou ele, o desmembramento exigiria ferramentas especializadas, ao qual respondi que uma simples faca de cozinha afiada seria suficiente para o método usado nesse caso, desde que o perpetrador soubesse o que estava fazendo.

"Mas com certeza esse tipo de amolação necessário não se encontraria numa faca de cozinha doméstica, não é mesmo?"

Assim que as palavras saíram de minha boca, eu sabia que era provável que minha resposta me deixasse encrencada: "Com todo respeito, senhor, as facas de minha cozinha são afiadas o suficiente para fazer isso".

Sem pestanejar, ele contra-atacou: "Me lembre de não aparecer lá para jantar". Risadas tomaram o tribunal, e eu fiquei atordoada. Nunca havia vivido a experiência de humor num tribunal após um julgamento estar em andamento, quanto mais durante um julgamento que lidava com a profanação de um corpo, bem como com um assassinato. Talvez eu não devesse ter ficado tão surpresa. Afinal de contas, a morte e o humor sempre foram companheiros próximos e, talvez tendo aguentado dias tão cansativos, o tribunal tenha ficado grato por um pouco de leveza para dissipar parte da tensão. Eu queria tanto rebater com uma resposta rápida e engraçada, mas não ousei. Tentar ser esperta é a maneira mais rápida de falar uma besteira porque caiu na lábia do advogado. Então, acredito que com muita sabedoria, fechei a boca.

De repente, tudo acabou. Nenhuma pergunta da segunda equipe legal e nenhum redirecionamento da Coroa. O que eu esperava que seria a pior parte do processo havia acabado num piscar de olhos. Isso apenas mostra que nunca é possível prever o que acontecerá no tribunal, em particular quando você não faz parte das táticas legais que estão sendo seguidas.

Antes do julgamento e ao longo de toda sua duração, acusado e cúmplice haviam mantido a posição de que eram inocentes, e então, sem aviso prévio, no final mudaram de forma drástica a declaração para culpados. O homem admitiu o assassinato e a namorada admitiu ter ajudado, ser cúmplice e atrapalhar o curso da justiça. A pena perpétua dada ao assassino foi aumentada devido ao agravamento do desmembramento, com pouca redução pela mudança na declaração, porque isso só ocorreu quando o caso já estava quase concluído e porque o crime foi muito grave. Ele recebeu um mínimo de 36 anos.

Pouco antes de ser sentenciado, o acusado confessou, por meio de seu advogado um tanto chocado, ser responsável pelo esquartejamento de pelo menos quatro outros homens. Isso foi uma surpresa total para a polícia, mas ele se recusou a fornecer detalhes sobre a identidade das vítimas ou a localização dos corpos.

O homem condenado tinha de fato sido empregado legalmente como porteiro numa boate, mas também era um "cortador" treinado que trabalhava para uma famosa gangue londrina. Se matassem um informante ou alguém que lhes causasse algum problema, levavam o corpo até a porta dos fundos da boate no meio da noite. Então o cortador desmembrava o corpo e passava os pedaços para o "descartador", cuja responsabilidade era se livrar deles, muitas vezes enterrando-os na floresta de Epping, que foi onde nosso assassino disse que havia descartado as mãos do falecido.

Ele havia sido aprendiz de um cortador experiente que lhe ensinara na prática como desmembrar um ser humano da maneira mais eficiente possível. O fato de que quem cuidava da eliminação das partes do corpo eram colegas dessa especialização singular e terrível explica por que, embora ele fosse um "cortador" de fato habilidoso, era um péssimo "descartador". Quem teria pensado que tais atividades poderiam ser o verdadeiro trabalho de alguém? Imagine ter isso em seu currículo.

Nunca me senti tão aliviada por descobrir que Lucina e eu estávamos certas. A razão para a remoção dos tecidos moles faciais da vítima era para ocultar evidências forenses. No início, os dois corréus haviam alegado que o assassinato fora cometido pelo outro e por meios diferentes. Somente o exame do rosto e dos tecidos moles da cabeça e do pescoço poderia ter confirmado qual deles estava dizendo a verdade, então a remoção disso era uma espécie de seguro no caso de serem pegos. Eles acreditavam que, se não conseguíssemos provar quem estava mentindo, o tribunal seria incapaz de chegar a uma decisão. Portanto, por que ambos decidiram mudar suas declarações de culpa, nunca saberemos.

O motivo do delito parece ter sido nada mais do que ganho financeiro. Eles roubaram a identidade da vítima para vender seus bens e limpar sua conta bancária. Ele era um homem inocente que deu a duas pessoas um teto quando elas precisaram, e elas retribuíram tirando sua vida e profanando seu corpo.

No tribunal, nunca me permito ser distraída pelos atores na sala. As únicas pessoas com quem faço contato visual são os advogados e o juiz. Nunca, nunca olho para a pessoa acusada. Se por acaso a encontrar na rua, não a quero reconhecer. Além disso, raras vezes olho diretamente para o rosto dos jurados, a menos que seja solicitada de forma específica a lhes explicar algo, porque não quero que suas expressões me dispersem da pergunta que foi feita. Portanto, tendo a me concentrar no ombro de um jurado sentado no meio da área do júri. Não deixo meus olhos desviarem para a plateia, onde a angústia das famílias sem dúvida abalaria minha concentração. No entanto, fico maravilhada com o estoicismo delas, em particular em casos de assassinatos perturbadores. O que elas têm que ouvir às vezes é tão pessoal e tão brutal que não posso deixar de me perguntar como conseguem suportar isso sendo discutido em tribunal aberto, com jornalistas escrevendo cada detalhe angustiante para publicação on-line imediata e em jornais do dia seguinte. As famílias também são vítimas e sua agonia é com frequência palpável.

A mídia tem o dever de relatar a morte, mas o gosto com que o faz e as manchetes muitas vezes desrespeitosas podem ser desagradáveis. Quanto mais transgressora for a morte, mais jornais a história venderá. Estou certa de que essa mentalidade predatória e exploradora não cairia tão bem se fosse a família de um deles que estivesse sendo exposta a isso, mas, enquanto houver pessoas que queiram ler sobre mortes horríveis, sempre haverá o jornalismo insensível.

Não tenho certeza se eu seria forte o suficiente para lidar com isso se eu fosse afetada num nível pessoal — sem dúvida não seria se fosse minha filha que tivesse sido assassinada e meu próprio filho que fosse o criminoso. Isso aconteceu num caso em 2012 no qual o brilho dos holofotes foi ainda mais forte porque a vítima era uma atriz que tinha aparecido numa novela de televisão.

Gemma McCluskie foi dada como desaparecida por seu irmão Tony um dia depois de ter sido vista com vida pela última vez. Ele fez um apelo para que ela voltasse em segurança e juntou-se ao grupo de busca à procura dela. O tempo todo era ele a pessoa que sabia exatamente onde ela estava.

A imagem de Gemma havia sido capturada por câmeras de segurança enquanto voltava para a casa que dividia com o irmão na parte leste de Londres, de onde também havia sido feita a última ligação de seu telefone celular. Cinco dias depois, uma mala foi encontrada no Regent's Canal, a menos de 1,5 km de distância. Ela continha o tronco desmembrado de uma jovem mulher. A identificação de uma tatuagem e posterior análise de DNA confirmou que se tratava de Gemma. Uma semana depois, pernas e braços foram encontrados, envoltos em sacos plásticos, no mesmo trecho de água. Seis meses se passariam antes que sua cabeça fosse descoberta, mais acima no canal, também num saco plástico preto. Foi somente então que a causa da morte pôde ser atribuída.

O irmão de Gemma, que era viciado em uma droga chamada *skunk*, foi rapidamente preso pelo assassinato. Tony era conhecido por ser imprevisível, às vezes violento, e houve relatos de que Gemma estava ficando sem paciência diante da irresponsabilidade do irmão e do aumento do uso de drogas. O homem confessou que os dois discutiram após ele ter deixado uma torneira aberta e inundado o banheiro. O irmão de Gemma admitiu ter perdido a cabeça, mas disse não se lembrar de ter batido nela, a matado ou esquartejado.

A causa da morte foi traumatismo craniano causado por instrumento contundente. Todos os elementos do assassinato e sua sequência desumanizante foram exemplos clássicos do desmembramento defensivo: uma discussão furiosa alimentada por drogas; agressor e vítima conhecidos um do outro; morte ocorrida na casa da vítima; desmembramento realizado pelo agressor, não pesquisado nem planejado; o corpo sendo separado nos típicos seis pedaços, envoltos em plástico, transportados em sacolas e malas, descartados na água em um local de fácil acesso. As primeiras tentativas de desmembramento falharam e ele enfim foi bem-sucedido com um instrumento alternativo; ambos eram objetos que podiam ser encontrados em qualquer cozinha doméstica, uma faca e um cutelo. Como essas características apontavam para um infrator sem experiência anterior em cometer tais crimes, a suspeita mais forte recaiu sobre Tony McCluskie.

Considerando que ele continuou a afirmar que não se lembrava do que havia acontecido, parte do que se segue é fato, e parte conjecturas. O certo é que Gemma recebeu pelo menos um golpe fatal na cabeça de um objeto pesado que não foi identificado nem recuperado. É provável que tenha morrido onde caiu. Quando McCluskie, possivelmente drogado e enfurecido, percebeu que a havia matado, entrou em pânico e, em vez de se entregar e assumir a responsabilidade por seus atos, optou por tentar escondê-los e alegar ignorância.

Era uma casa pequena e não havia nenhum lugar onde o corpo pudesse ser escondido uma vez que a polícia fosse à procura de Gemma. Então ele decidiu que precisava se livrar da irmã. Tony sabia que a única maneira de tirá-la de casa sem que fosse detectada seria em partes. Onde ele a colocou enquanto pensava no que fazer? Não sabemos. Nenhuma evidência de sangue foi encontrada na banheira, o local mais provável. Na verdade, uma camada de poeira foi notada ali. Talvez ele a tenha colocado num plástico no chão, usando toalhas para sugar o sangue. O que quer que tenha feito, a superfície sobre a qual o fez estava protegida.

Em algum momento, ele a despiu até as roupas íntimas. Por onde diabos é possível começar a cortar uma pessoa em pedaços e como fazer isso? E não uma pessoa qualquer, mas a própria irmã? Seria algo terrível para qualquer indivíduo em perfeito juízo e deve ter sido motivado por um intenso desespero. Talvez ele tenha olhado ao redor na cozinha, visto o bloco de facas e decidido começar com uma delas — havia de fato uma faltando.

Ele começou com a parte frontal da perna direita, usando uma lâmina serrilhada para cortar o membro a cerca de um terço do caminho entre o quadril e o joelho. Não é preciso dizer que essa tentativa falhou, mas ele fez cerca de 56 cortes antes de admitir a derrota. Então encontrou algo muito mais pesado, talvez um cutelo de carne, e, tendo descoberto que era bem mais eficaz, continuou com isso pelo resto do processo. O fato de ter usado a lâmina malsucedida em apenas uma parte do corpo da irmã indicava que ele estava aprendendo a fazer isso à medida que avançava. No total, houve pelo menos 95 cortes, 39 causados pelo instrumento mais pesado, além dos 56 feitos com a faca de lâmina fina.

O tronco de Gemma foi então socado numa mala com rodinhas. As câmeras de segurança mostraram McCluskie levantando uma mala muito pesada para colocar na parte de trás de um táxi. Quando o motorista foi rastreado, este confirmou que havia sido direcionado para o canal próximo e identificou o acusado como sendo seu passageiro. É provável que McCluskie tenha voltado depois com os membros e a cabeça e os jogado na água mais ou menos no mesmo ponto, embora não haja imagens de câmeras de segurança para verificar o fato. Presume-se que ele não tenha utilizado um táxi para essas viagens, pois as partes do corpo que tinha que carregar eram menos volumosas.

Recebi uma intimação para prestar depoimento no julgamento. Não tenho certeza do que de fato isso acrescentou ao caso ouvido, mas minha suspeita é que a Coroa considerou um relato científico completo do desmembramento e do número de cortes feitos para remover cada uma das partes do corpo como tendo valor para mostrar o quanto a eliminação havia sido prolongada e insensível. É preciso escolher as palavras com muito cuidado nessas circunstâncias, estando bastante ciente de que parentes estão no local. A última coisa que queremos fazer é aumentar a dor e a tristeza monstruosas já vivenciadas pela família. Tentamos não instigar com nossa linguagem, mas existem poucas palavras leves que podem ser usadas para descrever uma ofensa hedionda como desmembramento criminoso.

Tive que testemunhar com precisão a respeito do que foi feito ao corpo de Gemma, confirmando a ordem na qual seus membros e cabeça foram removidos e se ela estava de bruços ou de costas para cada corte. Foi desafiador ter que articular tudo isso na frente de seus familiares e entre soluços e gritos de dor que eles evocavam. Fiquei aliviada que minhas provas foram aceitas pela defesa e que, portanto, não houve exame cruzado, o que poupou os parentes de terem que ouvir ainda mais detalhes do que havia acontecido com ela.

Entrei e saí do banco das testemunhas em uma hora e estava prestes a deixar o tribunal quando o oficial de ligação da família (FLO, *Family Liaison Officer*) me parou e perguntou se eu estaria preparada para conhecer o pai de Gemma. Ele havia conversado e agradecido pessoalmente a todos os envolvidos no caso de sua filha e queria me conhecer.

Em nosso mundo, nos esforçamos para manter um desapego clínico ao nos empenharmos no trabalho e estamos em grande parte afastados do imediatismo da dor e da angústia da família e dos amigos das vítimas. Embora eu tivesse conhecido parentes de vítimas em trabalhos no exterior, nunca o tinha feito no Reino Unido, e com certeza não com alguém que tivesse acabado de assistir a meu testemunho num julgamento por assassinato e desmembramento criminoso, listando os insultos que um de seus filhos recebeu de outro. Eu estava muito nervosa e desconfortável. O que diabos você diz? O que era possível dizer? Eu não podia, nem desejava, experimentar sua dor e não tinha palavras que pudessem de alguma forma aliviar a agonia de sua família. Mas ele não esperava nada de mim. Queria somente completar uma tarefa que ele sentia que era sua responsabilidade cumprir.

Conforme esperava o oficial trazer o sr. McCluskie à sala das testemunhas, eu estava muito nervosa e preocupada. A porta se abriu de forma silenciosa e uma figura baixa e corpulenta entrou confiante. Ele era o tipo de homem que você esperaria ver num pub do East End; alguém que em outras circunstâncias poderia ser a alma de uma festa. Ele me cumprimentou com um aperto de mão e sentou-se sem dizer uma palavra. Dava para ver que estava destruído: havia um ar de derrota nele e uma tristeza profunda por trás de seus olhos. Ele estava fazendo a última coisa que podia por sua querida filha: agradecendo às pessoas que haviam permitido que a verdade fosse contada ao desempenharem seus papéis na condenação de seu próprio filho. Com espantosa firmeza, ele agradeceu a todos, desde os mergulhadores que tiraram as partes do corpo dela do canal até os policiais da cena do crime (SOCOs) e os de investigação, e agora estava agradecendo à antropóloga forense. Diante da surpreendente dignidade, do respeito e do senso de dever que ele demonstrava, minhas palavras eram pobres e redundantes.

Enquanto eu viver, a profundidade do amor daquele homem por sua filha — e de fato por seu filho — permanecerá comigo como um sinal de como a humanidade e a compaixão podem triunfar mesmo em meio à mais terrível adversidade.

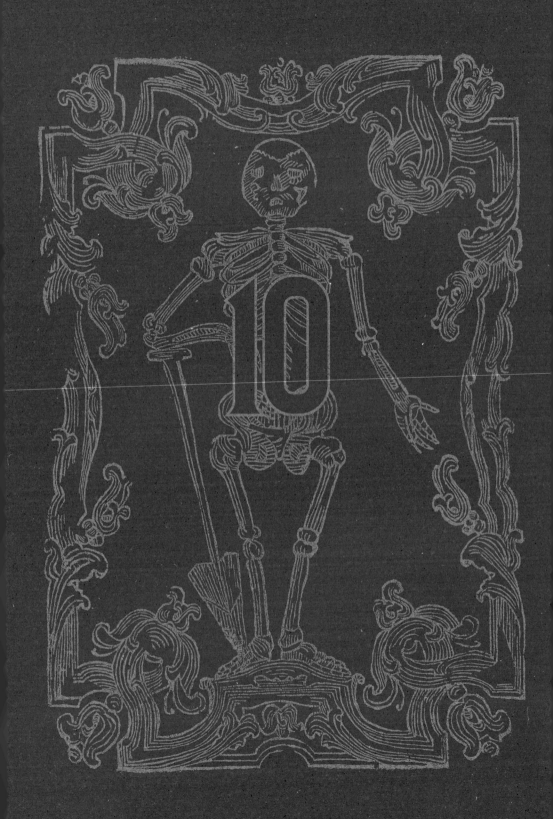

SUE BLACK
TODAS AS FACES DA MORTE

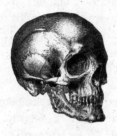

KOSOVO

CAPÍTULO 10

"Mais desumanidade foi cometida pelo próprio homem
do que por qualquer força da natureza."
— Barão Samuel von Pufendorf, *filósofo político (1632-1694)* —

Nosso mundo parece ficar menor a cada dia que passa. O desejo constante por informações instantâneas sobre eventos que ocorrem em todo o mundo tem sido alimentado pelo rápido avanço tecnológico que pode fornecê-lo. Os dias em que as notícias eram transmitidas por jornais impressos todas as manhãs e em noticiários no rádio ou na televisão em horários programados já se foram, e o que antes era global agora parece quase local.

Foi a televisão a cabo que começou a nos viciar no hábito de receber notícias 24 horas por dia. A facilidade com que uma equipe de TV podia transmitir cenas por todo o planeta a partir do local de um ataque ou desastre em questão de minutos após um acontecimento alimentou nossa demanda por informações rápidas. Em 2014, imagens dos destroços fumegantes do avião da Malaysia Airlines abatido sobre a Ucrânia foram transmitidas ao redor do mundo antes mesmo que as famílias dos passageiros e da tripulação soubessem que um desastre havia acontecido com seus entes queridos. Eu me lembro de uma época em que notícias como essa eram trazidas por uma batida na porta, em geral à noite, de um policial, com o rosto sério e o chapéu enfiado debaixo do braço.

No século XXI, mesmo os canais de notícias 24 horas não são mais suficientes para nós. Os ciclos repetidos de maneira infinita fornecem pouco material novo a cada narrativa, embora tentemos extrair cada gota de informação do que é ofertado. Hoje as mídias sociais e os telefones celulares nos mantêm atualizados em qualquer lugar, então não precisamos estar em nossas salas de estar monitorando a caixa no canto para nos mantermos atualizados sobre os acontecimentos.

É óbvio que as mudanças são constantes e, em sua maioria, positivas, e novas tecnologias revolucionaram nossas vidas para melhor, mas, de vez em quando, não consigo deixar de pensar com melancolia numa grande matriarca das Terras Altas que, em dias passados, ficava horrorizada ao saber que melhorias no sistema de correio significariam que ela receberia correspondências todos os dias da semana. "Não é ruim o suficiente que eu tenha que sofrer más notícias uma vez por semana?", lamentou ela. "Agora querem que eu as receba todos os dias."

Às vezes esquecemos que uma vida mais simples tem seus benefícios. Tantas notícias que acompanhamos são, na verdade, de interesse limitado e não têm impacto direto em nossas vidas diárias, mas, ainda assim, queremos saber todos os detalhes. Absorvemos a maior parte delas de forma passiva, até mesmo desapaixonada, e temo que o cansaço da informação possa nos deixar com a sensação de que o mundo guarda poucas coisas capazes de nos surpreender.

A morte invariavelmente tem um papel de destaque nas principais manchetes, desde suas depredações em grande escala, embora muitas vezes impessoais, em guerras, situações de fome e desastres naturais ou humanitários, até sua seleção que parece ser aleatória de figuras individuais amadas e respeitadas. Ela recebeu má fama em 2016, quando houve um sentimento coletivo de que uma parcela grande demais de pessoas bem conhecidas por todos nós estava sendo levada, embora na verdade não tenha havido aumento na taxa de mortalidade naquele ano em comparação com qualquer outro. Uma vez que tal ideia se enraíza em nossa mente, tendemos a ver eventos similares subsequentes como um apoio a essa teoria mal concebida — um exemplo de um problema forense bem conhecido chamado de viés de confirmação, em outras palavras, uma tendência a buscar evidências que se encaixam numa hipótese preexistente.

Em 2017, a morte parecia estar perseguindo o Reino Unido na forma de ataques terroristas aleatórios conforme a tendência mundial de usar métodos grosseiros e mal planejados e executados para ferir e matar membros inocentes do público ganhava terreno. Passar por cima de pedestres com um veículo e depois atacá-los com facas domésticas comuns ou de jardim, como aconteceu em Londres, tanto em Westminster quanto na London Bridge, foi visto pela primeira vez no Reino Unido no assassinato chocante de Fusilier Lee Rigby em 2013 e é uma forma de ataque difícil de ser prevista e, portanto, impedida por agências de inteligência. A própria natureza do terrorismo é sobre gerar medo. Nossas respostas por impulso, como colocar barreiras de segurança nas pontes de Londres, com certeza servirão a algum propósito, mas os responsáveis irão apenas ajustar seus métodos e adotar outros. Tudo o que podemos fazer é permanecer intransigentes perante essa tirania e nos esforçar para ficar um passo à frente da barbárie.

De modo geral, a menos que tenhamos sido diretamente afetados pelos eventos noticiados, a cobertura que a morte recebe em nossa mídia fracassa em de fato causar uma impressão profunda e duradoura em nossa vida cotidiana. É inevitável que a guerra num território distante ou a atividade do despótico regime militar que chamou nossa atenção na semana passada desapareça das manchetes dos noticiários em nossas telas conforme nós, os consumidores de notícias, passamos à última revelação das celebridades, ao escândalo de um *reality show* ou a um fiasco político. Até que algo, em algum lugar, aconteça e mude nossa perspectiva. De repente, uma história se torna muito real e muito pessoal e, antes que você se dê conta, passa a dominar a direção de sua vida.

Para mim, esse momento veio quando recebi um telefonema numa tarde de junho de 1999 do professor Peter Vanezis, na época um patologista do Ministério do Interior na Universidade de Glasgow, onde eu fazia consultoria como antropóloga forense. Eu conhecia Peter havia muitos anos, então receber notícias dele não era algo incomum. Quando me perguntou quais eram meus planos para o fim de semana, respondi com inocência, supondo que ele ia sugerir um jantar, que eu não tinha nada planejado. "Bom", disse ele. "Você vai para o Kosovo."

A partir daquele momento, fiquei grudada na cobertura da crise no Kosovo, me prendendo em cada palavra dos repórteres para tentar absorver todas as informações possíveis sobre uma parte do mundo que, tenho vergonha de admitir, tive que ir procurar no mapa.

Durante a década de 1990, eu estava ciente, como todo mundo, das atrocidades que se desenrolavam na Bósnia e fiquei chocada que, em dias atuais, tais coisas pudessem estar acontecendo num país às portas da Europa. Eu também estava ciente de que as notícias que chegavam até nós eram mais higienizadas, pois, em tais situações, algumas histórias podem ser consideradas muito duras para serem transmitidas. Se o que vemos e ouvimos é perturbador, você pode apostar até seu último centavo que coisas muito piores estão acontecendo no local. Mas ainda era "em outro lugar", algum lugar estrangeiro, e outra pessoa estava cuidando disso.

Pelos padrões atuais, as informações detalhadas e confiáveis eram lentas, e só quando surgiram imagens mais terríveis é que todos nós começamos a nos dar conta da verdadeira extensão dos horrores que estavam sendo perpetrados contra pessoas inocentes. Nada nessa escala de privação e expropriação havia sido relatado na Europa desde a Segunda Guerra Mundial.

Antropólogos forenses não costumam ter muito aviso prévio de quando sua assistência pode ser necessária numa crise internacional, se será necessária e, caso seja, por quanto tempo eles podem ficar longe. Num aceno de reconhecimento para o slogan publicitário do Martini dos anos 1970 — "Em qualquer hora, em qualquer lugar" —, minha equipe foi apelidada de "as meninas Martini" (é provável que você tenha que ter idade suficiente para se lembrar desses anúncios de televisão um tanto cafonas para que isso signifique alguma coisa).

À medida que crises se agravam, tentamos construir um reservatório de informações de fundo, buscando um jornalismo confiável e lançando extensas buscas na internet, por via das dúvidas. Porque sabemos que a única coisa previsível sobre uma fatalidade em massa é que ela não pode ser prevista.

Em 1998, a partir de informações vindas do Kosovo, ficou cada vez mais óbvio que a situação humanitária estava chegando a níveis intoleráveis. A Organização das Nações Unidas (ONU) debatia com o presidente sérvio, Slobodan Milosevic, e seu governo, e trabalhava para garantir a retirada de tropas e gangues de milícias do Kosovo. A Organização para a Segurança e Cooperação na Europa (OSCE, *Organisation for Security and Communication in Europe*) relatava crimes humanitários numa escala sem precedentes, e ataques armados contra civis — idosos, mulheres e crianças — eram constantes. Embora as negociações diplomáticas e políticas possam parecer um tanto enfadonhas e lentas para o mundo exterior, o processo é fascinante quando você começa a ver onde, quando, por que e como os eventos acontecem e a identificar seu pequeno lugar, ainda que também emergente, na história.

As tropas de manutenção da paz estavam à espera do outro lado da fronteira do Kosovo, cientes dos assassinatos, estupros e torturas que ocorriam e desesperadas para receber o sinal para entrar. Mas nada podia ser feito até que houvesse um consenso da ONU de que todas as tentativas pacíficas tinham falhado de modo irremediável. Os protocolos internacionais adequados tinham que ser cumpridos e, embora houvesse razões claras para isso, parece não fazer sentido quando se sabe que cada dia de inação resultará em pessoas inocentes sendo massacradas ou expulsas de suas casas. Não é de surpreender, então, quando grupos de paramilitares se tornam populares e resistem, ou quando a tática de guerrilha ganha força, enquanto uma população luta apenas para se manter viva. Era uma situação terrível e complexa que não podia ser resolvida com rapidez.

A região dos Bálcãs não desconhece conflitos. Tem sido foco de tensão política e religiosa desde 1389, quando a infame Batalha do Kosovo, a derrota cruel e sangrenta do Estado sérvio medieval pelo Império Otomano, colocou muçulmanos contra cristãos por gerações por vir. Isso forjou um ódio mútuo e um sentimento de injustiça tão profundo que ao longo dos séculos irrompeu de forma regular em combates brutais.

Encorajados pelo sucesso, os otomanos vitoriosos começaram a assimilar mūitos dos principados cristãos sérvios, incluindo Kosovo, que permanece um território disputado desde então. A partir de meados do século XX, uma paz instável prevaleceu na região como resultado da repressão ativa do nacionalismo sob o longo governo austero de Josip Tito, presidente da República Socialista Federativa da Iugoslávia.

Mas o fervor nacionalista permaneceu inalterado de ambos os lados. Que tal intensidade de emoção pudesse persistir tão perto da superfície nas duas comunidades tantos séculos depois é um indício da impressão quase genética da hostilidade com que cada grupo via o outro. A força do nacionalismo sérvio e a crença de que Kosovo pertencia aos sérvios por direito é demonstrada pela inscrição no monumento comemorativo da Batalha de Kosovo que, embora as palavras possam ser atribuídas ao líder sérvio medieval príncipe Lazar, foram escolhidas para um memorial erguido já em 1953:

Quem é sérvio e de nascimento sérvio
E de sangue e herança sérvios
E não vem para a Batalha de Kosovo,
Que ele nunca tenha a progênie que seu coração deseja!

Nem filho nem filha
Que nada cresça que sua mão semeie!
Nem vinho escuro nem trigo branco
E que ele seja amaldiçoado de todas as idades para todas as idades!

A constituição iugoslava de 1974 deu ao Kosovo ampla autonomia e permitiu que fosse administrado em grande parte pela população albanesa de maioria muçulmana, os descendentes dos otomanos. Os sérvios, em grande parte cristãos, ressentiram-se amargamente desse controle sobre o que consideravam seu coração espiritual, vendo a presença e o poder muçulmanos como um insulto intolerável.

Após a morte de Tito, em 1980, outros líderes com diferentes pautas logo perturbaram e desafiaram a frágil paz. Em 1989, Slobodan Milosevic aprovou uma legislação que deu início à erosão da autonomia do Kosovo. A repressão violenta de uma manifestação em março daquele ano foi o primeiro presságio óbvio do que estava por vir e, no 600º aniversário da Batalha de Kosovo, Milosevic fez referência à possibilidade de "batalhas armadas" no futuro desenvolvimento nacional da Sérvia. Não demoraria muito para que a República da Iugoslávia começasse a desmoronar.

Cada lado tinha assassinatos em mente desde o início ou a barbárie aumentou à medida que a luta se intensificou? Seja qual for o caso, a missão sérvia parecia ser livrar sua pátria espiritual dos "vermes" (cito uma palavra que foi usada comigo) que haviam se firmado lá. Em suma, genocídio. Nenhuma misericórdia foi demonstrada conforme a amargura latente, nutrida por mais de seiscentos anos, acabou se transformando de uma brasa fraca num incêndio furioso.

O primeiro problema significativo no Kosovo começou em 1995, e a região entrou em conflito armado em 1998, em parte por consequência das revoltas de 1997 na Albânia, que havia colocado mais de 700 mil armas de combate em ampla circulação. Muitas delas chegaram às mãos de jovens albaneses, semeando o autodenominado Exército de Libertação de Kosovo (ELK), que lançou uma grande ofensiva de guerrilha contra as autoridades iugoslavas no território. Reforços das forças regulares foram enviados para manter a ordem, e os paramilitares sérvios iniciaram uma campanha de retaliação contra o ELK e simpatizantes políticos, resultando na morte de até 2 mil kosovares.

Em março do mesmo ano, ocorreu um tiroteio no complexo de um líder do ELK, no qual sessenta albaneses, dezoito deles mulheres e dez crianças, foram massacrados pela Unidade Especial Antiterrorismo da Sérvia (SAJ). Isso levou a uma condenação internacional generalizada e, no outono, o Conselho de Segurança da ONU expressou grande preocupação com o fato de as pessoas serem tiradas de suas casas por meio de uso excessivo de força. À medida que os esforços diplomáticos para aliviar a crise continuavam, junto com o temor das adversidades que o inverno traria para um grande número de pessoas desabrigadas, foi recebida uma ordem de ativação da OTAN (Organização do Tratado do Atlântico Norte) para um ataque aéreo limitado e uma campanha aérea coordenada sobre o Kosovo para garantir um acordo de cessar-fogo. Acordou-se que a retirada militar sérvia começaria no final de outubro, mas a operação foi ineficaz desde o início e a trégua durou pouco mais de um mês.

Nos primeiros três meses de 1999 ocorreram bombardeios, emboscadas e assassinatos, visando especificamente os refugiados que tentavam fugir pela fronteira para a Albânia. Em 15 de janeiro, após relatos de que 45 agricultores albaneses kosovares haviam sido baleados a sangue-frio na aldeia de Racak, na região central do Kosovo, foi negado aos observadores internacionais o acesso à área. O massacre de Racak foi um momento decisivo para a OTAN. Isso levou a uma campanha de ataques aéreos que parecia servir apenas para intensificar a brutalidade que estava sendo praticada contra os albaneses kosovares. O bombardeio aéreo continuou, praticamente inalterado, por quase dois meses antes de Milosevic enfim sucumbir à pressão mundial e aceitar os termos de um plano de paz internacional.

Poucos dias após a suspensão das operações aéreas, as tropas de manutenção da paz da KFOR (Força do Kosovo) da ONU mudaram-se para a região, e Louise Arbour, promotora-chefe do Tribunal Penal Internacional para a antiga Iugoslávia, solicitou que todos os países membros da OTAN estivessem preparados para ajudar com o fornecimento de equipes forenses gratuitas. De repente, em vez de assistir de forma passiva a essas cenas devastadoras no noticiário televisivo, eu ia ser catapultada direto para o meio delas.

Quando atendi aquele telefonema de Peter Vanezis em junho, não podia imaginar o impacto que isso teria em minha vida. Naquela época, eu nunca havia trabalhado como antropóloga forense fora do Reino Unido e era ignorante em como esse tipo de operação funcionaria no campo. Eu sabia que haveria muitos corpos a serem examinados e identificados, mas não estava claro qual seria meu papel, como iria chegar lá, quanto tempo ficaria longe e o que tudo isso significava de fato. Mas, com base no que sei agora, faria tudo de novo num piscar de olhos.

Nunca me ocorreu dizer "não". Meu marido insistiu que eu tinha que fazer isso, eu tinha que ir. Ele é um homem incrível e sou abençoada por conhecê-lo desde que éramos amigos na escola. Tom foi incrível com relação à confusão na rotina familiar. Beth era adolescente, Grace tinha acabado de completar 4 anos e Anna tinha 2 anos e meio. Contratamos uma babá para o verão e me preparei para uma experiência de vida inteira sem muita ideia do que essa experiência envolveria. Com certeza eu não tinha noção das repercussões a longo prazo que isso teria para tantos de nós.

Peter e outros membros da equipe forense britânica foram os primeiros a entrar no Kosovo, em 19 de junho. Eu ia me juntar a eles seis dias depois. Tudo que sabia era que voaria de Londres para o aeroporto de Skopje, na Macedônia, onde alguém me pegaria para me levar a um hotel. No dia seguinte, seria recebida — em outro lugar — por funcionários da ONU e escoltada pela fronteira para o Kosovo, que ainda era, estritamente falando, uma zona sob controle militar. Eu ficaria então em algum lugar no Kosovo por cerca de seis semanas. Esses foram os detalhes combinados.

Quando saí do portão de desembarque no aeroporto de Skopje, estava completamente despreparada para o calor avassalador, o barulho e o mar de rostos, todos agitando-se para chamar atenção, procurando alguém que conheciam ou oferecendo serviços de táxi. Como eu não fazia ideia de quem deveria me encontrar ou para onde estaríamos indo, era mais do que ligeiramente angustiante. Fiquei ali, olhando para a floresta de cartazes brancos sendo balançados para os passageiros que chegavam, na esperança de talvez ver meu nome escrito num deles, ou de algo que parecesse dirigido a mim. Com algum alarme, me dei conta de que estava num país estrangeiro onde eu não falava a língua e meu telefone celular não funcionava. Eu não tinha ideia do que faria se ninguém aparecesse para me reivindicar como um pedaço patético de bagagem perdida. Se minha mãe soubesse disso, ela teria me matado. Então, não lhe dissemos para onde eu estava indo até que tivesse chegado, e aí já não havia nada que ela pudesse fazer a respeito, exceto chorar e se preocupar, o que pelo visto ela fez durante as seis semanas inteiras.

Por fim, localizei um cartaz branco com uma única palavra em inglês rabiscada com caneta hidrocor. Pelo menos era familiar: "Black". Se era para ir, que fosse com tudo, disse a mim mesma ao me aproximar do homem que segurava o cartaz e tentar me comunicar. Infelizmente, seu inglês era tão inexistente quanto meu macedônio, ou mesmo qualquer língua eslava do sul. O francês também não havia funcionado e, dado que a única outra opção era o gaélico escocês, eu sabia que era o fim. Incapazes de entender uma sílaba de qualquer coisa que o outro dizia, recorremos a gestos. Ele fez sinal para que eu o seguisse, e uma vida inteira de conselhos bem ouvidos sobre não entrar em carros com homens estranhos passou por minha mente. Se meus nervos estavam num estado de alerta aguçado antes, agora estavam aos farrapos e gritavam comigo que era provável que essa fosse a coisa mais tola que eu já havia feito em minha vida. Se eu fosse assassinada e roubada, ou algo pior, em algum lugar numa estrada pouco movimentada da Macedônia, a culpa seria apenas minha.

O homem me levou para um táxi lata-velha com um motor ruidoso que soprava fumaça nociva no interior fechado. Era provável que estivesse mantendo as janelas fechadas contra a poluição das ruas, mas o ar lá fora não podia ser pior, em especial depois que ele acendeu seu terceiro cigarro. Era como se estivessem me cozinhando e envenenando com gás ao mesmo tempo. Ele dirigiu em silêncio pelo que pareciam ser quilômetros, deixando os arredores da cidade para trás e subindo montanhas ao longo de estradinhas de terra que deixavam colunas de poeira em nosso rastro. Eu estava calculando quanto dano poderia causar a mim mesma se pulasse do carro em movimento (a presença de meu passaporte na bagagem de mão, que eu agarrava com força, era um pouquinho tranquilizadora — pelo menos seria capaz de levar isso comigo) quando entramos numa curva e surgiu à nossa frente uma réplica do Motel Bates uma década após seu auge.

As janelas estavam cobertas de poeira e sujeira, e faltavam telhas no telhado. Havia um vira-lata sarnento acorrentado a uma árvore do lado de fora da porta da frente, que batia ao vento. Sem dizer uma palavra, meu motorista, naquele momento enraizado a fundo em minha mente como meu possível assassino, saiu do carro, sinalizou para eu ficar lá dentro e desapareceu no prédio. Era agora ou nunca. Comecei a planejar minha fuga e como recuperar a bagagem da mala, observando o tempo todo para ver se o motorista estava voltando.

No momento em que coloquei a mão na maçaneta da porta para sair correndo, ouvi uma batida na janela e um grito alto de alguém, que deve ter sido meu, pois eu era a única pessoa no carro. Abaixei a janela e olhei para os rostos sorridentes de duas pessoas estranhas. Com sotaques lapidados do Ministério das Relações Exteriores Britânico (FCO, *Foreign and Commonwealth Office*), perguntaram se por acaso eu era Sue Black. Eles me disseram que eram da Embaixada Britânica e sugeriram que entrasse no carro deles, pois achavam que o hotel não era adequado para mim, e devo dizer que concordei.

Quando o homem saiu para lidar com meu motorista de táxi e fui pegar as malas, me ocorreu que a situação podia ficar ainda pior, exceto que eu havia me convencido de que estava estrelando um filme de James Bond em vez de um filme de terror do Estúdio Hammer. Eu tinha apenas a palavra deles de que eram quem diziam ser, além de ainda não saber para onde estava indo. Mas, pelo menos se fossem me matar, falariam em inglês comigo enquanto o faziam. Em minha cabeça, isso era uma melhora.

Felizmente, não eram assassinos sádicos, mas um casal bastante encantador que de fato me levou a um hotel muito bom em Skopje (bem ao lado do aeroporto onde eu havia começado minha viagem quase quatro horas antes). Depois de uma grande refeição em grande companhia, comecei a relaxar e dormi feito um bebê naquela noite, exausta demais para continuar com medo. A manhã seguinte foi gasta na inevitável papelada em preparação para a demorada jornada pelo caos que era a fronteira, com seus postos de controle, longas filas de caminhões seguindo em nossa direção e comboios de caminhões igualmente enormes tentando sair do Kosovo.

Nunca tendo participado de um deslocamento militar assim, admito que me senti bastante nervosa durante a longa viagem. Os postos de fronteira eram rigorosamente militarizados, a entrada e a saída eram apenas por permissão e sabíamos que ainda havia franco-atiradores na área, sem mencionar os dispositivos explosivos improvisados (IEDs) colocados para nos receber. Cruzamos da Macedônia para o Kosovo pela entrada de Elez Han e nos dirigimos para o sudoeste através dos mais majestosos desfiladeiros montanhosos em direção à cidade de Prizren.

O progresso em Kosovo era lento e perigoso devido às condições das estradas — os buracos eram maiores do que crateras na Lua. Os motoristas estavam armados e as comunicações por rádio eram tensas: os sérvios ainda não haviam recuado por completo e acreditava-se que houvesse pontos residuais de resistência. A certa altura, avançando rápido demais para as difíceis condições da estrada, fizemos uma curva em alta velocidade e o motorista teve que pisar no freio, pois quase entramos na traseira de um tanque. Acho que devo ter gritado — de novo. Nunca tinha percebido que eu era capaz de gritar como uma criancinha, mas parecia que o Kosovo estava expondo esse lado de mim. Pode parecer uma coisa idiota de se dizer, mas, meu Deus, os tanques são mesmo enormes e muito assustadores de perto. Meu coração estava na boca até que percebi as cores vermelha, branca e azul de uma pequena bandeira pintada em meio à camuflagem verde.

Uma onda de alívio me inundou. Era "um dos nossos". Escocesa orgulhosa que sou, nunca a bandeira do Reino Unido significou muito para mim como um símbolo de identidade, mas não esqueço como me senti ao vê-la naquele dia, estampada na parte larga de um tanque, naquela paisagem inóspita. Naquele momento, quando de fato importava, reconheci de bom grado e de boa vontade que foi a bandeira britânica que me trouxe uma sensação de proteção, segurança e pertencimento e acalmou meus medos crescentes.

Não havia tempo para me deixar em nossa residência: era direto para o primeiro "local de acusação", onde o resto da equipe estava esperando. No final da estrada empoeirada que marcava nosso perímetro de segurança exterior, a primeira coisa que vi foi outro tanque enorme, dessa vez alemão. Esses soldados eram eficientes, educados e estavam colocando a vida na linha de frente para que pudéssemos fazer nosso trabalho em paz. Na área isolada por fita e estacionada ao longo da pista, havia uma série de veículos: alguns jornalistas pacientes e insistentes andavam conosco como antigos seguidores. Uma entrada e saída da área havia sido marcada com fita de isolamento e nosso QG era uma barraca branca do tipo usada em cenas do crime montada mais adiante na pista, fora do alcance de câmeras intrometidas. Parecia com qualquer outra cena do crime, e a familiaridade do arranjo era estranhamente reconfortante.

Na barraca usamos nossos trajes brancos habituais, luvas duplas de látex e galochas pretas para atividades pesadas, sufocando com o calor de 38°C. Nosso apoio policial foi fornecido pela Polícia Metropolitana, e nossos assessores de segurança eram o comando antiterrorista — SO13, como eram conhecidos na época. É estranho pensar agora que eles estavam bastante calmos na época, no ínterim entre a Irlanda do Norte e a ascensão da Al-Qaeda e do chamado terrorismo do Estado Islâmico.

A história por trás dessa cena do crime era pesada. Em 25 de março, o dia seguinte ao início dos bombardeios da OTAN, uma unidade policial especial sérvia devastou a aldeia de Velika Krusa, perto de Prizren, que é a segunda maior cidade do Kosovo e a última grande expansão urbana antes da fronteira albanesa. Os residentes procuraram abrigo em florestas próximas, não podendo fazer nada além de assistir enquanto suas casas eram saqueadas e queimadas. Sem alternativa, tiveram que ir para a fronteira albanesa num comboio de refugiados, mesmo que soubessem que corriam o risco de serem roubados, torturados, estuprados e assassinados. Homens armados pararam o grupo, separaram homens e meninos de suas famílias e os reuniram numa propriedade abandonada de dois quartos. Um homem armado à porta de cada cômodo o fuzilou com um Kalashnikov automático. Seus cúmplices então jogaram palha embebida com combustível pelas janelas e atearam fogo no prédio. Estima-se que mais de quarenta homens e meninos perderam a vida naquela noite. Não sabemos ao certo o que aconteceu com as mulheres e as crianças do grupo, mas onde quer que tenham ido parar, suspeitamos que também não sobreviveram.

Por incrível que pareça, houve um sobrevivente, que se tornaria uma testemunha crucial no processo de crimes de guerra internacionais e, por essa razão, o lugar foi selecionado para a recuperação de provas forenses pelo Tribunal Penal Internacional para a antiga Iugoslávia. O principal critério para designar uma cena como local de acusação é a existência de fortes informações, talvez de uma testemunha ocular confiável, indicando a hora e o local do incidente, a quais grupos demográficos pertenciam os envolvidos e o que se supõe ter acontecido. A equipe forense seria instruída a reunir todas as provas relevantes, registrá-las, analisá-las e compilar um relatório. Se isso corroborasse o relato da testemunha ocular, o incidente seria priorizado em apoio às acusações de crimes de guerra contra Milosevic e seus apoiadores.

Àquela altura eu não sabia que tinha sido a chegada de Peter Vanezis em Velika Krusa que havia levado a seu telefonema para mim. Analisando a cena anteriormente, parece que ele havia dito, de forma bastante afável: "Não consigo fazer isso, mas conheço alguém que consegue". Não tinha pressão nenhuma, então.

Não há nada glamoroso em trabalhar num traje branco de cena do crime, com galochas policiais pretas de borracha três vezes seu tamanho, uma máscara facial e luvas duplas de látex num calor tórrido. Vestida assim, fiquei na porta da carcaça carbonizada da casa e olhei para uma cena de pesadelo lá dentro que nunca poderia ser descrita de maneira adequada. A porta principal do edifício levava a um corredor curto com um quarto para cada lado. Havia pelo menos trinta corpos num cômodo e outra dúzia ou mais no outro, todos empilhados uns em cima dos outros no canto oposto e diagonal às portas internas, todos gravemente queimados, todos em decomposição considerável e todos enterrados sob telhas caídas.

Eles estavam lá havia três meses conforme o verão do Kosovo ficava mais quente, de fácil acesso a insetos, roedores e matilhas de cães selvagens. Fervilhavam com larvas, estavam fragmentados e em parte espalhados e sendo consumidos por animais carniceiros. Havia apenas uma maneira de limpar a área: tínhamos que usar protetores de joelhos, ficar de quatro e trabalhar de modo sistemático da porta para o interior, levantando e separando cada pedaço de detrito até o nível do chão. Além de recuperar todas as partes dos corpos e objetos pessoais, como roupas, documentos de identidade, joias ou outros itens que podiam ser identificados por familiares e amigos, era vital que recolhêssemos todas as evidências relacionadas ao crime, que incluíam balas e cápsulas, pois poderia ser possível vinculá-los numa data posterior a uma arma específica e então à pessoa que disparou, os oficiais comandantes e assim por diante até chegar ao topo. Isso é uma "cadeia de custódia" — e, como todos sabemos, uma cadeia é tão forte quanto seu elo mais fraco. Não queríamos que isso acabasse sendo a evidência forense reunida por nossa equipe.

Não se pode usar luvas grossas de borracha para trabalhos como esse porque é preciso ser capaz de sentir o que não se consegue necessariamente ver. Osso se parece com osso, e de fato com nada mais, e era necessário começar a lidar com uma parte de corpo assim que nos deparássemos com ela. Nós limpávamos em torno da forma corporal aproximada de um indivíduo para tentar isolar uma pessoa de cada vez, embora isso fosse um desafio, dada a natureza confusa da cena. O calor era feroz, o cheiro quase insuportável e os pingos constantes de suor pelas costas, dentro das luvas e indo da testa até os olhos, o que os deixava ardendo sempre — era desagradável ao extremo.

Fomos advertidos a ficar em alerta para os IEDs, que foram encontrados em locais semelhantes no passado — de fato, um dispositivo já havia sido descoberto pouco antes de eu chegar, ligado a um fio rente à trilha e projetado para ferir em vez de matar. Eu nunca tinha visto uma bomba na vida e não a teria reconhecido se a achasse em meu mingau. Relatei essas preocupações a nosso especialista em explosivos do SO13, que era uma pessoa ótima. Ele disse que a melhor coisa que eu podia fazer se deparasse com qualquer coisa que me preocupasse era apenas me levantar, chamar alguém e deixar o local. Eles se vestiriam então de forma adequada e verificariam para nós. Ele também me aconselhou a não colocar as mãos nos bolsos das roupas, pois houvera relatos de lâminas de barbear e seringas sendo implantadas lá, mais uma vez com o objetivo de causar ferimentos em vez de matar. O especialista me olhou nos olhos e disse, com clareza e muito devagar: "O que quer que você faça, nunca, jamais corte um fio azul". Que ótima forma de me deixar confusa. Como se eu fosse cortar qualquer coisa: eu estava completamente aterrorizada.

Imagine a cena: eu, com suor escorrendo pelo rosto e braços e para dentro das luvas de látex, de joelhos enquanto peneirava e separava os escombros, cara a cara com montes de larvas fervilhando e tecido em decomposição, quando, de repente, vejo o brilho do metal. Quanta coragem vou demonstrar? Nem um pingo — todo meu corpo amarelou. Chamei alguém, recuamos e os caras dos explosivos se vestiram e entraram. Pareceram ficar ali por horas. Quando voltaram para a base, onde estávamos todos de pé chutando poeira, seus rostos estavam sérios. Eles tiraram os trajes especiais e o chefe veio até mim, chegou muito perto, e sua boca quase tocou minha orelha conforme ele falou, com muita clareza, sem uma pitada de compaixão paterna: "Você nunca vai entender a sorte que tem de ainda estar viva, mocinha". Quando ele levantou a mão na altura de meus olhos, pude ver que segurava uma colher de sopa reluzente.

Ora, como eu poderia saber? Nem preciso contar que fui zombada sem piedade por dias por meus companheiros de equipe. Se uma tigela de sopa era entregue nas refeições, a minha vinha com quatro colheres. Encontrei colheres em minha mochila e até em minha cama. Eu me tornei a Rainha dos Talheres do Kosovo. Aguentei as pegadinhas com bom humor porque eram um sinal de que fui aceita no grupo. Esses homens eram bons e gentis e, se se davam ao trabalho de provocar, isso demonstrava que gostavam de você.

Naquela época, eu era a única mulher da equipe, o que em certas circunstâncias poderia ter sido complicado para algumas, mas não era um problema para mim. Como mãe de três, era fácil e natural adotar um papel materno. Eu ouvia as tristezas de todos, mandava-os para a cama quando bebiam demais, oferecia conselhos e não era uma figura intimidadora. Todos receberam um apelido — John Bunn era "Pegajoso", Paul Sloper era "Escorregadio" — e eu teria ficado feliz com a Mãezona ou algo carinhoso assim. Contudo, infelizmente ganhei um apelido um pouco mais picante porque falei demais para variar. Ora, ora, que surpresa.

Depois de termos liberado o primeiro cômodo e estarmos prestes a começar no segundo, foi organizado um dia de imprensa. Um bando de ministros das relações exteriores, incluindo nosso secretário das Relações Exteriores, Robin Cook, viria para ver com os próprios olhos como eram as condições no terreno. O sr. Cook e a comitiva chegaram de helicóptero e vestiram trajes brancos para descer até o prédio incendiado. Eu havia decidido que não ia gostar dele, simplesmente por ser um político. Com certeza nunca esperei de fato passar a simpatizar com ele, muito menos o admirar. Ele fez o show necessário para as câmeras, mas, uma vez que foram desligadas e seu microfone foi removido, o secretário ficou à porta a meu lado, olhando para aquele segundo cômodo, visivelmente abalado pelo que viu, sem dúvida imaginando o horror sofrido por aqueles homens e meninos apenas alguns meses antes. Ele comentou: "Se eu fecho os olhos, consigo ouvir os gritos e sentir a dor deles. Como é possível isso ter acontecido?". O sr. Crook estava fazendo justo o que não podemos nos permitir fazer: estava vivendo a cena, e respeitei sua humanidade e honestidade.

Quando saímos da casa e subimos a estrada de terra em direção à estação de descontaminação, tudo o que conseguíamos ver atrás da faixa de isolamento e ao longo dela eram fileiras e fileiras de equipes de filmagem. Cada teleobjetiva no local estava focada em nosso grupo. Eu me virei para meu chefe, um dos oficiais mais sênior da Polícia Metropolitana, e soltei uma observação que o fez me dar um apelido que ele usa até hoje. Ao tirar meu traje de investigação da cena do crime, brinquei que, sendo a única mulher da equipe, eu devia parecer a piranha do acampamento* para as equipes de filmagem. Desde então, em todos os cartões de Natal e todos os telefonemas, ele me cumprimentaria como P.A. Isso horrorizava meu marido. Mas era esse tipo de besteira que nos fazia seguir, mesmo nos momentos mais sombrios. É comum quando estamos na presença da morte o humor ácido ajudar a dissipar a tensão. E poderia ter sido pior. Uma de nossas patologistas, que chegou numa equipe posterior, e que permanecerá sem nome, foi chamada em segredo de "Dagenham" porque ela estava a duas paradas de "enlouquecer".**

Limpamos ambos os cômodos da casa em Velika Krusa e atribuímos o máximo possível de identidade biológica para cada corpo, registrando quaisquer características individuais. Quando foi possível estabelecer uma causa da morte, isso corroborou o depoimento da testemunha ocular, visto que predominavam os ferimentos de balas. A vítima mais velha devia ter uns 80 anos e a mais jovem, cerca de 15 anos — o que não era um menino aos olhos de seus assassinos, e sim um homem a ser tirado da face da terra antes que pegasse em armas contra eles.

Cada saco de cadáver recebeu um número, todos os objetos pessoais foram coletados e as amostras de osso foram levadas para análise de DNA. A confirmação da identidade pessoal não seria rápida, não só por causa do nível de decomposição e do fogo, mas também porque as forças sérvias haviam despojado muitas das vítimas de seus documentos. Guardamos objetos e roupas pessoais e os limpamos para que pudessem ser vistos pelas famílias das pessoas desaparecidas como uma tentativa de identificação. Uma determinação preliminar da

---

*   No original, *camp whore* (CW).
** O apelido vem de um jogo com o nome de estações de metrô em Londres. A primeira chama-se Dagenham e fica a duas paradas da estação Barking, cujo sentido pode ser perder a cabeça ou estar louco.

identidade precisaria ser confirmada através do DNA, mas, nesse meio-tempo, seria atribuído um número de referência único (URN, *unique reference number*) ao corpo para que fosse liberado aos familiares para o enterro.

Tínhamos uma tenda-necrotério equipada com uma mesa de aço inoxidável para os exames *post mortem*, mas a triagem inicial dos restos mortais era feita no pátio da casa queimada, onde analisávamos as provas. Equilibramos duas longas tábuas de madeira entre a beirada de um poço e a parte de trás de um trator para servir de mesa. Não havia eletricidade, nem água corrente, nem luz, nem banheiros, nem áreas de descanso. Nosso trabalho no campo é tosco, mas também é eficaz e engenhoso. Se eu puder escolher, prefiro sem dúvida fazer meu trabalho num ambiente onde somos desafiados por dificuldades logísticas reais do que tentar fazê-lo em condições mais confortáveis, dificultadas por uma burocracia impenetrável. Nosso principal pensamento o tempo todo era que a qualidade das evidências coletadas era primordial. E tenho orgulho de dizer que as provas forenses da equipe britânica nunca foram questionadas no Tribunal Penal Internacional.

Embora a qualidade da evidência fosse nossa força motriz, era de igual importância manter a dignidade da pessoa falecida e respeitar a dor dos vivos. Esse princípio veio à tona quando ocupamos um depósito de grãos em desuso em Xerxe, no noroeste de Prizren, como um necrotério temporário. Nos estágios iniciais, havia poucos espectadores interessados em nossas atividades, mas, conforme os refugiados começavam a retornar da Albânia, a privacidade que nos tinha sido concedida para fazermos nosso trabalho já não podia ser mantida. Por isso, fez mais sentido para o grupo ser dividido em uma equipe de recuperação, que traria os corpos, e uma equipe mortuária, operando com segurança de uma propriedade fechada, em vez de ter ambas trabalhando juntas na cena do crime.

Tínhamos acabado de receber um fluoroscópio, que nos dava a capacidade de raio X, e tínhamos também o luxo de um teto sobre nossa cabeça, água corrente de uma mangueira de jardim e eletricidade de um gerador temperamental, a engenhoca mais ruidosa da face do planeta.

Os corpos ficavam enfileirados esperando o *post mortem,* e examiná-los era quase como trabalhar numa linha de produção de fábrica. Tínhamos um prazo também, pois um enterro comunitário em massa havia sido programado. Trabalhávamos dia e noite para conseguir terminar no sábado escolhido para o funeral. Essa era a primeira cerimônia do tipo a acontecer no Kosovo e, embora soubéssemos que se transformaria em outro circo midiático, não estávamos preparados para a invasão colossal das equipes de filmagem que apareceram em nosso pequeno necrotério e acamparam no estacionamento ao lado durante a noite. Estavam desesperados por fotos e comentários e, como não havia nada disponível, os ânimos do lado de fora começaram a subir naquele calor implacável. Como imaginamos que poderiam ser mais gentis com uma mulher, fui enviada como sacrifício para falar com eles e lhes dar o que eu esperava que seria suficiente para acabar com a frustração crescente.

Os corpos deveriam ser recolhidos do necrotério pelas famílias para o funeral. A maioria ia trazer pequenos reboques abertos levados por um trator ou algo menor parecido com um trator de cortar grama. A seguir, o cortejo subiria a colina até o cemitério em Bela Cervka. Com tantos corpos, seria um dia muito, muito longo. A segurança em Xerxe foi fornecida pelos militares holandeses, que estavam acampados numa adega desativada em Rahovec não muito longe dali. Estávamos tão preocupados com a presença da mídia que eles forneceram reforços para proteger o necrotério durante a noite, ajudados por voluntários locais. Antes da chegada da primeira família, dei algumas entrevistas e fui surpreendida, para não dizer que fiquei um pouco assustada, pela investida feroz de perguntas e pela agressão dirigida a mim e nossa equipe.

Num dado momento, um repórter gritou: "Há crianças lá?".

"Sim", respondi de forma educada. Então ele indagou se eu sabia onde estavam no necrotério. De novo, retruquei de modo afirmativo. Em seguida, o homem exigiu que lhe mostrássemos os corpos. De maneira cortês, mas firme, recusei. Nesse instante, ele trouxe muito publicamente meus pais para a conversa e me convidou para realizar um ato sexual em mim mesma. Dizer que perdi qualquer mínima simpatia que eu tinha por eles naquele momento seria um enorme eufemismo. Eu estava determinada a continuar protegendo a dignidade desses restos mortais, e qualquer um que pensasse de forma diferente teria uma longuíssima espera.

Ao me certificar de que tal ordem fosse cumprida, creio ter cruzado uma linha do profissional para o pessoal. Talvez tenha sido errado, mas eu o faria de novo. De jeito nenhum que iriam conseguir qualquer imagem dessas crianças saindo do necrotério se pudéssemos evitar. Por meio de nossa rede de moradores locais, mandamos uma mensagem para os parentes que deveriam pegar os restos das crianças para o funeral, explicamos a situação e perguntamos se estariam dispostos a adiar para mais tarde do mesmo dia. Eles concordaram de imediato. Isso significava que não liberaríamos os restos mortais das crianças até bem mais tarde, quando a multidão já estaria afastada no cemitério. Isso impôs um dilema para a mídia: se ficassem no necrotério na esperança de pegar um caixão pequeno sendo carregado por pais em sofrimento, arriscavam perder a maior parte do enterro em massa no cemitério. Qualquer um que resolveu apostar saiu sem levar nada. As crianças seguiram em caixões comuns para adultos, mas ninguém sabia disso exceto as famílias, e foram os últimos corpos a deixar o necrotério. Há muitas fotos por aí desse dia no cemitério, mas nenhuma que sugira que qualquer vítima individual era uma criança. Uma pequena vitória pírrica, mas que importava muito.

As famílias ficaram tão gratas que nos honraram pedindo que nos juntássemos ao cortejo fúnebre. Foi incrivelmente comovente seguir atrás do último trailer e ser envolvida pelo abraço daquela dor coletiva. Enquanto caminhávamos, as mulheres nos ofereciam chá e água fria. Podíamos tomar o chá porque a água tinha sido fervida, mas a água tínhamos que fingir que bebíamos.

Tantos poços na área haviam se misturado aos mortos que a contaminação era frequente. Éramos uma equipe pequena e não podíamos deixar que ninguém adoecesse, mas, ao mesmo tempo, estávamos desesperados para não ofender. Elas estavam nos oferecendo o único presente que tinham para dar.

Testemunhamos esses funerais em massa muitas vezes durante os dois anos seguintes ao trabalharmos nos locais de acusação no Kosovo, mas nenhum foi tão pessoal quanto o primeiro em Bela Cervka.

Participei de mais duas missões no Kosovo em 1999, cada uma com duração de seis a oito semanas, e outras quatro no ano seguinte. Tive a honra de fazer parte da primeira equipe internacional gratuita a entrar no Kosovo, e senti o mesmo orgulho ao ser um dos membros da última a sair. Trabalhávamos em turnos de doze a dezesseis horas, muitas vezes sete dias por semana. Ao final de um período de seis semanas, você estava pronto para ir para casa — se não estivesse, era um sinal claro de que precisava ir para casa.

Pode ser uma experiência estranha e quase atraente estar tão isolado do resto do mundo e, para alguns, aqueles que talvez não estejam felizes no trabalho ou na vida pessoal, é uma fuga. Tínhamos pouca ideia do que estava acontecendo em qualquer outro lugar, quem havia morrido, o último lançamento no cinema ou a novidade num escândalo picante. Ao final da missão, eu mal podia esperar para chegar em casa para ver minha família e ter um pouco de normalidade.

Tínhamos acesso intermitente a um telefone via satélite, o que nos mantinha sãos, permitindo que entrássemos em contato com frequência suficiente com as pessoas que eram importantes para nós. Eu me lembro de estar com muitas saudades de casa certa noite e de ligar para Tom para lamentar quanto me sentia distante dele e das meninas. Ele me perguntou como estava a noite e eu respondi que estava gloriosa, o céu estava sem nuvens e a lua muito brilhante. Tom me disse que estava sentado na parte externa de nossa casa em Stonehaven, no banco do jardim, olhando para o céu e para a mesma lua. Então não estávamos assim tão distantes no fim das contas, não é? Amo luas cheias e amo muito meu marido.

Cada situação que vivíamos era diferente. Embora houvesse protocolos gerais a serem seguidos, cada dia trazia algum novo desafio e algum acontecimento inesperado. Por mais que agora tivéssemos nosso necrotério com telhado, nem toda autópsia podia ser realizada lá. Com frequência, andávamos por áreas rurais para chegar a cenas do crime remotas que eram inacessíveis a nossos veículos. Quando não conseguíamos transportar os corpos para o necrotério, o necrotério tinha que ir até eles e ficávamos literalmente trabalhando no campo.

Um dia fomos levados a um local bastante isolado, cerca de uma hora de caminhada por terreno acidentado até chegar a uma área plana nas colinas. Segundo informações, ali, idosos, mulheres e crianças haviam sido separados no comboio de refugiados dos homens, que foram transferidos para outro lugar à própria sorte. As crianças foram levadas para o outro lado do prado e ordenadas a correr de volta para suas mães, o que fizeram com avidez porque estavam muito assustadas. Ao cruzarem o campo aberto, com as mães e os avós forçados a olhar horrorizados, os captores atiraram a esmo nas crianças. Uma vez que todas estavam mortas, eles voltaram as armas contra as mulheres e os idosos.

Não sei nem como começar a articular a crueldade, a desumanidade, a tortura de um assassinato tão frio e calculado de inocentes. Sabíamos que isso seria difícil para todos e, à medida que nos aproximávamos dos túmulos, nosso humor ficava cada vez mais sombrio. Às vezes apreciamos o estranho lampejo de humor para deixar o clima mais leve, mas não houve tentativas de leveza naquele dia. Esse era um lugar desprezível onde atos indescritíveis haviam sido cometidos para entreter homens bárbaros.

Espalhamos pedaços de plástico no chão e os corpos foram exumados um a um da vala comum. É provável que restos mortais enterrados sejam mais bem preservados por duas razões: a temperatura abaixo do solo é mais fria, reduzindo a atividade dos insetos e retardando a decomposição, e ficam protegidos de predadores. Mas às vezes a boa condição dos corpos os torna difíceis de lidar a partir de outra perspectiva. Eles são mais reconhecíveis, e isso pode fazer com que seja complicado para os membros da equipe alcançarem a posição de não envolvimento que suas mentes precisam para o trabalho.

A certa altura, uma menina de 2 anos foi colocada no plástico diante de mim, ainda vestida com pijama e galochas vermelhas. Meu trabalho era despi-la para deixar os policiais apreenderem as roupas como prova e então começar o levantamento anatômico de seu corpo, catalogando os ferimentos balísticos que tanto devastaram sua forma diminuta.

De repente, senti uma mudança no clima. Todos tínhamos ficado muito quietos naquele dia, mas uma nova e mais pesada camada de silêncio se colocou sobre nós. Olhei para cima e tudo o que podia ver à frente era uma longa fila de galochas pretas de policiais e trajes brancos para investigação da cena do crime. Por um momento, fiquei intrigada sobre por que todos estavam numa fila me bloqueando da vista. Foi somente quando me pus de pé que percebi o que estavam fazendo. Um dos membros de nossa equipe cometeu o erro básico de transpor mentalmente o rosto de criança da própria filha para o corpo mutilado da menininha e estava tendo dificuldades para lidar com isso. A única maneira que meus colegas homens sabiam que iria ajudá-lo era protegê-lo da visão da criança morta enquanto ele tentava se recompor.

A mãe de uma equipe não pode permitir que essa seja a maneira de lidar com tal situação. Então, sem dizer uma palavra, tirei minhas luvas, rolei o traje até a cintura, caminhei para além do cordão de homens e joguei meus braços em volta dele até que o sujeito terminasse de pôr todo o choro para fora. Acho que os homens da equipe perceberam naquele dia que nem sempre precisam ser tão fortes. Às vezes, em especial quando se trata da terrível morte de um inocente, é preciso derramar lágrimas, e não há razão para que não seja um de nós. Demonstrar vulnerabilidade nem sempre é um sinal de fraqueza. Muitas vezes é um sinal de humanidade.

Em 2000, no final de nossa última e muito longa missão, a polícia enviou uma equipe de psicólogos. Já estávamos no Kosovo havia oito semanas àquela altura. Quando se vive lado a lado com seus colegas por tanto tempo, vocês acabam se conhecendo muito bem e a equipe se torna uma segunda família. Ligados por nosso propósito e experiência comuns, nos apoiávamos de forma mútua quando surgia a necessidade, e a intervenção de pessoas de fora, embora bem-intencionada, não era bem-vinda.

Os psicólogos nos reuniram numa sala sem características marcantes e nos fizeram sentar em círculo. Eles nos pediram para usar crachás para que houvesse uma sensação de intimidade. Todos nós sabíamos o nome uns dos outros, então era apenas para o benefício deles, e isso nos ressentia. Eles que não sabiam quem éramos, e nunca poderiam um dia compreender nossa experiência compartilhada. Tínhamos vivido juntos, brigado e chorado juntos; tínhamos bebido juntos e nos exaurido no trabalho. Mesmo assim, tentamos cumprir o dever — ou, pelo menos, a maioria de nós tentou — e nos sentamos obedientes em círculo enquanto os crachás eram preparados e colados em nosso peito.

Os psicólogos nos perguntaram como "nos sentíamos". Como diabos achavam que nos sentíamos? Estávamos cansados e queríamos voltar para casa. Tínhamos acabado de passar dois meses atolados nos destroços de uma guerra que tinha matado sem discriminação homens, mulheres e crianças e não levávamos numa boa o fato de pessoas de fora estarem fuçando nossa mente e remexendo nos acontecimentos.

Nosso técnico do necrotério, Steve, um sujeito de Glasgow bastante direto, foi foco de certa atenção. Enquanto o resto de nós usava crachás com nossos primeiros nomes, o dele dizia "Alf", o que iniciou uma hilaridade mal contida. Steve era o brincalhão da missão, e a maioria de nós foi vítima de sua propensão para pegadinhas. Uma delas tinha envolvido esconder um despertador de plástico cor-de-rosa — tinha a forma de uma mesquita e, em vez do bipe ou toque de alarme comum, era um muezim chamando os fiéis para orar — sob a cama de um dos policiais, programado para tocar no volume máximo às 4h. Quando o muezim disparou, Mick saltou da cama, tropeçou nas botas e jurou vingança. Parecia ser isso o que estava acontecendo, porque era Mick quem estava encarregado da caneta preta e dos crachás. Por que Alf? Significava "Annoying Little F**ker", você sabe, chatinho do car**ho. O caos que se instaurava cada vez que o coitado do psicólogo perguntava "Então, Alf, isso faz você se sentir como?" era simplesmente demais e um troco muito merecido. Não é preciso dizer que os psicólogos perderam qualquer esperança de controlar essa equipe desgovernada.

Esses foram os momentos que compensaram os horrores diários, e são os que ficam com você. Momentos compartilhados na linguagem privada de uma camaradagem que somente as pessoas que estiveram lá com você conseguem entender. Foi um período de realidade brutal, mas precioso, e uma experiência que eu não trocaria por nada no mundo. Isso me testou ao me ensinar quão profundas são minhas habilidades, de modo que, quando preciso delas agora, sei até onde consigo ir. No processo, fiz amizades que têm durado mais de vinte anos. E, independente da passagem do tempo, aplica-se a regra não escrita da equipe: quando um colega do Kosovo precisa de ajuda, você responde.

É inevitável ser marcado de forma indelével por eventos que mudam o mundo, como as guerras dos Bálcãs, quando eles se tornam sua experiência pessoal. Talvez você passe a ficar mais agradecido por aquilo de bom que há na sua vida, talvez comece a se interessar pela causa e fique mais politizado, talvez mergulhe de cabeça numa nova cultura. Faça o que fizer, uma coisa é certa: nunca mais será a mesma pessoa que era antes. Há muitas coisas que eu gostaria de ter mudado naquela época, mas nada que eu trocaria. Aprendi muito sobre vida, morte, minha profissão e eu mesma como pessoa. E outra lição vital que sempre me será útil: nunca, jamais corte o fio azul.

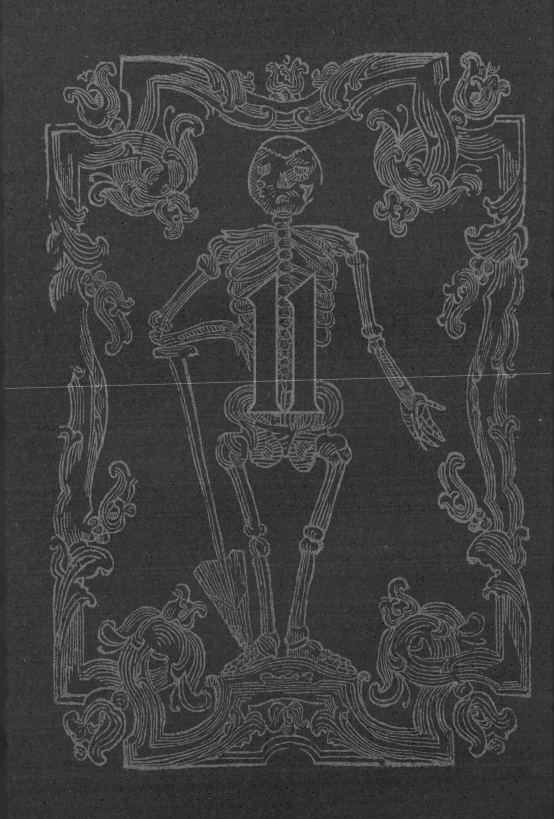

SUE BLACK
TODAS AS
FACES
DA MORTE

QUANDO UM DESASTRE OCORRE
CAPÍTULO 11

"Mostre-me a forma como uma nação cuida de seus mortos e medirei com exatidão matemática a ternura e a piedade de seu povo, seu respeito pelas leis da terra e sua lealdade aos altos ideais."
— Atribuída a William E. Gladstone, *primeiro-ministro do Reino Unido (1809-1898)* —

No Boxing Day* de 2004, pessoas em todo o mundo assistiram, horrorizadas, a um tsunami que devastou os litorais do Oceano Índico na Tailândia, Indonésia, Sri Lanka e Índia. A maioria de nós havia tido pouca oportunidade de usar a palavra "tsunami" antes daquele dia, mas isso estaria ocupando a conversa de todos por meses após a sequência devastadora de um dos piores desastres naturais registrados na história.

Nenhum país do mundo está imune a fatalidades em massa causadas por catástrofes, sejam essas provocadas por um cataclismo natural ou ocorridas por acidentes, como resultado de erro humano ou negligência corporativa, ou são de forma deliberada perpetradas por atos de terrorismo. Em nome da decência, saúde e justiça, é preciso lidar com a pessoa falecida, e isso é feito da

---

* *Boxing Day* é um feriado no dia 26 de dezembro celebrado no Reino Unido e em outros países anglófonos.

melhor maneira através do bem ensaiado processo de Identificação de Vítimas de Desastres (DVI, *Disaster Victim Identification*). Para funcionar com sucesso, o procedimento de DVI requer preparação, redes avançadas de comunicação, cooperação entre agências, capacidade de gerenciamento de crises, implementação eficiente de planos de emergência e uma resposta rápida de equipes treinadas. É complexo, desafiador, demorado e caro. O fato incontestável de que um evento de fatalidade em massa não pode ser tratado com rapidez, poucos gastos ou de forma fácil precisa ser aceito por todos os governos ao redor do mundo que por azar tenham um acontecimento desses em seu solo. A história nos mostrou que se não dermos atenção a nossos mortos de maneira adequada e digna, alguém será responsabilizado e isso pode resultar na queda de governos, como já ocorreu. Trata-se de um negócio muito sério.

Um evento de fatalidade em massa é definido com frequência como estado de emergência no qual lidar com o número de feridos e mortos, ou parte dos mortos, excede a capacidade de uma resposta local. Essa definição confortavelmente flexível, que não busca quantificar as vítimas, reflete o fato de que algumas regiões têm mais recursos à disposição do que outras e são capazes de lidar com a situação ao mesmo tempo que atendem às demandas cotidianas do local. O Reino Unido já viveu uma série de eventos de fatalidade em massa e, embora felizmente os números muitas vezes tenham sido baixos o suficiente para que a maioria das áreas consiga administrar, houve vários incidentes importantes na memória recente em que mais de cem pessoas perderam a vida. Entre eles estão o desastre de mineração de Gresford em 1934, em que uma explosão matou 266 homens e meninos no Nordeste do País de Gales; a ainda inexplicável explosão de combustível a bordo do *HMS Dasher* em 1943, que custou 379 vidas em Firth of Clyde, e o infame desastre da mina de Aberfan em 1966, quando uma parede de lama de carvão atingiu uma escola primária. Cento e dezesseis dos 144 que morreram eram crianças. Em 1988, a Escócia foi palco de dois grandes desastres: a explosão de petróleo e gás da plataforma Piper Alpha no Mar do Norte matou 167 homens e 270 vidas foram perdidas na explosão do voo 103 da Pan Am sobre Lockerbie devido a uma bomba terrorista escondida numa mala no compartimento de carga.

Dada a natureza multinacional de nosso mundo moderno, é inconcebível hoje em dia que qualquer evento grande o bastante para causar uma fatalidade em massa em qualquer lugar não envolva cidadãos de outros países. O horrível incêndio de 2017 na Torre Grenfell é um caso exemplar. Isso nos obriga a pensar de forma global e a trabalhar em parceria internacional. O país onde o evento ocorre assume em geral a liderança, e cabe às equipes de outras nações estarem cientes das práticas e leis relevantes. Os peritos forenses estão sempre desesperados para arregaçar as mangas e apenas começar a trabalhar — um trabalho que ninguém em sã consciência jamais iria querer fazer —, mas, enquanto a necessidade de cruzar fronteiras para recuperar e repatriar concidadãos que morreram em solo estrangeiro pode muito bem ser urgente, existem obstáculos diplomáticos, governamentais e legais que devem ser superados primeiro. Como descobri ao trabalhar no Kosovo, em alguns países talvez você não seja capaz de se deslocar tão rápido quanto gostaria, e isso pode ser bem frustrante.

O tsunami mais devastador da história foi desencadeado por um maremoto na costa de Sumatra — o segundo maior evento sísmico já registrado. As enormes ondas oceânicas geradas causaram morte e destruição em catorze países que fazem fronteira com o Oceano Índico. Dizer que eles foram pegos desprevenidos seria um eufemismo. Como esse tipo de desastre natural era bastante raro no Oceano Índico, não existiam sistemas de alerta precoce do tipo introduzido ao redor do Oceano Pacífico, onde a possibilidade de erupções vulcânicas e tsunamis era considerada mais provável. Mais de 250 mil pessoas morreram, outras 40 mil foram dadas como desaparecidas e milhões foram deslocadas. Mais da metade das mortes ocorreu na Indonésia, e a maior proporção de vítimas europeias ocorreu entre os que estavam passando as férias na Tailândia no auge da temporada turística de inverno.

Enquanto Tom e eu víamos as primeiras reportagens que chegavam da Tailândia na tela de nossa televisão naquele Boxing Day, ele olhou para mim e disse: "É melhor já ir fazendo as malas — você sabe que vai para lá". Mas, no final das contas, eu não sabia, não. Em todo o Reino Unido, profissionais forenses esperavam ansiosos a chamada que os levaria com suas habilidades para as áreas devastadas, todos loucos para pular num avião. O silêncio do governo era ensurdecedor. Enfim foi emitido um pequeno comunicado à imprensa, anunciando, sem alarde algum, que a Polícia Metropolitana ia enviar alguns oficiais de impressão digital. *O quê?*

Foi a gota d'água para mim. Eu me sentei e escrevi uma de minhas cartas de "mulher celta de meia-idade, ruiva e irascível" para o primeiro-ministro, Tony Blair, lembrando-o que cientistas forenses e policiais haviam sido bastante claros em muitas ocasiões sobre como era crucial preparar a capacidade de resposta para DVI — não com base no fato de que "poderia" ser necessária, mas de que seria necessária. Era vital que o Reino Unido estivesse pronto para reagir de imediato quando um desastre ocorresse. No entanto, lá estávamos nós enviando um mísero punhado de policiais quando o que a situação exigia era uma forte presença de DVI, como a fornecida quatro anos antes no Kosovo. Éramos nada menos que um constrangimento global, em minha humilde opinião.

Eu disse ao sr. Blair que considerava o preparo da capacidade nacional um assunto de tal urgência que, se não houvesse uma resposta rápida do governo, eu iria escrever e expressar minhas opiniões aos líderes dos outros dois principais partidos políticos. O silêncio só aumentou. Mantive minha palavra e enviei cópias de minha carta para Michael Howard e Paddy Ashdown, então à frente dos Conservadores e Liberais Democratas, respectivamente. Talvez de forma inevitável, alguém vazou a carta para a imprensa, causando um inferno na terra — bem quando eu estava saindo do país. Cansada de ficar à espera da chamada do governo, eu tinha aceitado o convite da Kenyon International, empresa privada de DVI, para voar até a Tailândia, deixando o pobre Tom para lidar com as ligações da imprensa e das emissoras.

Passei a madrugada do Ano-Novo em algum lugar acima da Suíça. Era uma situação assustadora e melancólica, pois quase todos os passageiros com destino a Bangkok iam por motivos relacionados ao desastre; muitos estavam a caminho para tentar encontrar parentes desaparecidos. Ao amanhecer de 2005, o piloto, que sabia muito bem por que o voo estava tão cheio, aproximou-se do alto-falante e disse que, embora em circunstâncias normais todos fôssemos festejar com espumante, nesse Ano-Novo ele nos pediria apenas para levantarmos nossas taças em silêncio para aqueles que perderam a vida, aqueles que perderam seus entes queridos e aqueles que estavam a caminho para ajudar. Foi um momento muito comovente para todos.

A Tailândia estava num caos total. A imprensa e famílias frenéticas deslocavam-se para as áreas afetadas, e os serviços locais lutavam para lidar com isso. As depredações do tsunami pareciam ter acontecido de forma aleatória. Vastas extensões de terra haviam sido devastadas enquanto outras foram deixadas inalteradas por algum milagre. Era possível ver um hotel de pé que parecia incólume em meio aos escombros de todos os edifícios que um dia o cercaram. Quando se trabalha numa zona de catástrofe, costuma-se esperar dormir em camas militares ou talvez até mesmo acampado. Por isso, era um tanto desconcertante passar nossos dias na privação e no desespero de necrotérios improvisados e depois voltar à noite para um hotel de luxo com seus restaurantes, bares e piscinas. Simplesmente não parecia certo. Quando fui convidada a usar o serviço de lavanderia do hotel e questionei o que parecia ser um luxo desnecessário, fui lembrada de que a economia continuava precisando muito gerar renda a partir de seu setor de turismo paralisado. Éramos a coisa mais próxima de turistas que a Tailândia iria ver por um bom tempo.

Eu tinha acabado de desempacotar a mala quando meu telefone tocou. Era meu velho amigo do Kosovo, sênior da Polícia Met. "P.A., você ainda está causando confusão?", perguntou. "Espero que sim." Dava para ouvir a diversão em sua voz quando ele me disse que tinha sido instruído a entrar em contato oficial comigo para descobrir se eu tinha uma preocupação genuína sobre a necessidade de uma força de resposta de DVI do Reino Unido ou se estava apenas gerando descontentamento. Estranhamente, ele não esperou que eu respondesse. Em vez disso, me avisou para aguardar um telefonema dentro de alguns minutos do secretário pessoal do primeiro-ministro.

Como esperado, o telefone tocou de novo, dessa vez com um convite para uma reunião fechada para discutir a capacidade de resposta para DVI do Reino Unido. O oficial do governo me garantiu, de forma educada, que isso poderia ser feito de modo a se adequar à minha agenda. Minha nossa. Nunca foi minha intenção dar ao governo uma dor de cabeça, menos ainda derrubá-lo, e eu estava bem ciente de que, se não tomasse cuidado, isso poderia se voltar contra mim. Apenas tinha falado de forma franca para expressar minha firme convicção de que é o dever de todos aqueles que têm as habilidades necessárias fornecer assistência nacional num evento de fatalidade em massa quando a necessidade surge. Num mundo onde acidentes, forças da natureza e intenções malignas podem tirar a vida num piscar de olhos daqueles com quem nos preocupamos, precisamos estar a postos, 100% treinados, para lidar com as consequências de forma rápida e profissional. As diferenças e os egos têm que ser postos de lado e todos devem se unir para o bem comum.

Meu Deus, mas o calor e a umidade na Tailândia eram insuportáveis. Um dia desses serei enviada para um país frio, com um clima mais adequado para uma ruiva. Graham Walker, que se tornaria o primeiro comandante de DVI do Reino Unido, certa vez comentou comigo sobre a loucura de um trabalho em que achamos normal um de nossos colegas desmaiar de calor e exaustão. E o que fazemos quando isso acontece? Apenas o apoiamos contra a parede, damos um pouco de água e, quando ele se sente melhor, consideramos que podemos voltar ao trabalho sem problemas. Pessoas incomuns, circunstâncias incomuns, compromisso extraordinário.

O maior inimigo da identificação de vítimas em países quentes e úmidos é a rápida decomposição. Portanto, uma resposta ágil e atenção à preservação dos restos mortais são prioridade. Um registro dos locais onde foram encontrados os corpos também é bastante útil para acelerar o processo de identificação, em particular quando pessoas morreram em algum lugar onde é de se esperar que estivessem no momento, como em suas casas ou nas instalações do hotel onde estão registradas. A Tailândia ia tornar nosso trabalho ainda mais difícil, confundindo-nos em ambos os aspectos.

Os corpos de cada cidade estavam sendo levados aos templos locais. Quando chegamos a nosso primeiro local de coleta, Khao Lak, a cena que encontramos do lado de fora do templo foi de fato sombria. Na tentativa de ajudar, pessoas que tinham acesso a veículos vinham recolhendo cadáveres por todo o país e entregando-os em massa nas entradas dos templos da cidade. Não havia indicação de quem tinha sido encontrado onde nem por quem — os cadáveres apenas chegavam empilhados nas caçambas de caminhões antigos e eram descarregados nos portões da frente para serem organizados e quem sabe enfim reivindicados. Ao serem retirados dos veículos, seus rostos eram fotografados e as imagens armazenadas em computadores no pátio do templo. Tendo em mente que isso ocorria uma semana após a catástrofe, o grau de inchaço, descoloração e decomposição era extenso.

Famílias à procura desesperada de entes queridos começavam a busca fixando fotografias próprias dos desaparecidos numa parede, acompanhadas de mensagens implorando a qualquer um que os pudesse ter visto para entrar em contato, na esperança de que talvez ainda estivessem vivos em algum hospital.

Então, parentes iam ao pátio do templo, se sentavam nos computadores e clicavam nas centenas de fotografias de corpos irreconhecíveis em decomposição, procurando o rosto de um filho, filha, mãe, pai, marido ou esposa. Era caótico, muito angustiante e bem ineficaz. De início, os corpos eram liberados para as pessoas apenas com base no fato de elas acharem que os reconheciam a partir de uma dessas fotos. Não é de surpreender que, quando um sistema mais científico entrou em ação, foi descoberto que muitos dos corpos foram identificados de modo incorreto e tiveram que ser devolvidos. É óbvio que isso deve ser evitado a todo custo.

Quando chegamos aos templos, fizemos de imediato três coisas. Primeiro, pedimos unidades de caminhão refrigerado para resfriar os corpos e interromper a decomposição. Em seguida, acabamos com a prática de famílias vendo galerias de rostos em decomposição. Então, suspendemos a liberação de quaisquer outros corpos em espera até que a identidade pudesse ser confirmada por meios científicos.

Antes da chegada das unidades refrigeradas, os corpos foram dispostos lado a lado na área do templo. As equipes locais tentaram protegê-los do calor direto do sol ao erguerem coberturas em forma de tenda. Numa dada etapa, gelo seco foi colocado ao redor deles para tentar manter a temperatura baixa. Isso nunca funcionou, porque os corpos mais próximos das bordas sofreram queimaduras por congelamento e, quando nossas equipes os tocaram, elas também foram queimadas. O fedor era indescritível. Com o passar dos dias, os corpos continuavam a inchar e a tumefação causada por gás e fluidos capturados resultava na visão lamentável de membros elevados. Quando se olhava para a longa fila de mortos abaixo, parecia que os braços ou as pernas levantados tentavam atrair sua atenção. Havia pouca água corrente, o calor era sufocante e a atividade das moscas e dos roedores era de proporções de uma praga. Se o inferno de Dante fosse ser vivido na Terra, aqueles primeiros dias chegavam muito, muito perto disso.

Ninguém foi culpado pela situação. Os primeiros dias após qualquer desastre são com frequência os mais cansativos e confusos, e, dada a escala desse, as dificuldades práticas estavam fadadas a ser severas. Foram os noruegueses que enfim vieram ao socorro, oferecendo-se para financiar um necrotério temporário centralizado. Contudo, sua construção demoraria um pouco e, nesse meio-tempo, era uma questão de lidar da melhor maneira possível com os recursos limitados disponíveis e uma enorme quantidade de pensamento lateral e improvisação. E, por mais difícil que seja, essa é a fase de uma investigação que eu mais amo: o hiato antes de a burocracia e a política entrarem, quando a experiência e a engenhosidade vêm à tona. Esse é o momento em que você sente que pode fazer a maior diferença. Adoro o desafio de colocar sistemas em funcionamento. Depois que tudo está funcionando bem, fico entediada com facilidade. Acredito que tenhamos feito diferença naqueles primeiros dias na Tailândia, embora a burocracia tenha começado a aparecer muito rápido.

Equipes do Reino Unido e de outros países permaneceram na região devastada por quase um ano, tentando identificar e nomear aqueles que haviam perdido a vida. Muitos corpos foram devolvidos com sucesso a seus parentes, mas algumas identidades resistentes continuaram desconhecidas. O número de mortos foi de 5400 só na Tailândia, e em alguns lugares famílias inteiras haviam sido dizimadas, não deixando ninguém para relatar seu desaparecimento e ninguém para fornecer as informações *ante mortem* que nos permitiriam fazer uma comparação. Em outros, comunidades inteiras foram arrasadas, junto aos registros de seus habitantes, cuja falta nunca foi sentida nem as mortes lamentadas. Um memorial em forma de muro foi construído para honrar todos os mortos da Tailândia, e para alguns esse continua a ser o único epitáfio. Para protocolos de DVI, foi uma operação revolucionária que mostrou o que pode ser alcançado quando equipes internacionais e governos trabalham em conjunto.

De volta ao Reino Unido, a reunião para a qual fui convidada para discutir a resposta para DVI do Reino Unido ocorreu no Admiralty Arch. Um pouco atrasada por causa do trânsito londrino, encontrei todos me esperando quando cheguei, o que não foi um começo auspicioso. Estavam presentes representantes do mais alto escalão do governo, da polícia e da ciência política. Alguns rostos eram familiares; outros pareciam um pouco menos acolhedores. Era tudo meio forçado e estranho, e me destaquei como um rinoceronte num zoológico. Ficou claro que o governo havia me colocado como uma encrenqueira, e que autoridades foram instruídas a serem conciliatórias. Mas meu velho amigo da Met estava lá, sorrindo de forma encorajadora para sua P.A., então eu sabia que tinha pelo menos um aliado genuíno na sala. E, na realidade, acabou sendo um encontro muito positivo. Todos pareciam concordar que precisávamos ser capazes de dar uma resposta nacional e que isso deveria incluir a polícia, o governo e apoio científico. Concordou-se que era uma questão de quando precisaríamos dessa mobilização, e não se precisaríamos. Finalmente!

Se alguma prova disso fosse necessária, não demoraria muito a chegar. De fato, nunca se teve uma discussão em momento mais oportuno. Essa reunião foi realizada em fevereiro de 2005, um ano que trouxe deslocamentos nacionais e globais que simplesmente não poderíamos ter previsto. O ataque terrorista de 7 de julho à rede de transporte de Londres de manhã na hora do *rush*, que deixou a cidade arrasada, foi logo seguido por mais atentados suicidas à bomba no resort egípcio em Sharm el-Sheikh. Tanto o furacão Katrina, que devastou a Costa do Golfo dos EUA em agosto, quanto o terremoto paquistanês em outubro aconteceram enquanto ainda tentávamos resolver os problemas na Tailândia. Portanto, foi um ano marcante para DVI, não apenas dentro do Reino Unido, mas em todo o mundo.

Finalmente, em 2006, uma equipe nacional de especialistas forenses, polícia, oficiais de inteligência, oficiais de ligação da família e outras equipes de DVI foi criada sob o comando do Detetive Superintendente Graham Walker para realizar e coordenar a tarefa de identificar as vítimas britânicas envolvidas em desastres em casa e no exterior. Ficou evidente que um programa de treinamento de DVI no Reino Unido era necessário para garantir que um policial de Devon, no Sul da Inglaterra, trabalhasse exatamente com os mesmos protocolos e procedimentos que um oficial de Caithness, no Norte da Escócia. Isso pode não parecer ser um problema intransponível, mas, como um policial comentou comigo: "Temos mais de quarenta forças policiais e eles não conseguem chegar a um acordo sobre o uniforme, muito menos a forma de trabalhar". A Universidade de Dundee fez, com sucesso, a proposta para o trabalho de fornecer treinamento de necrotério de DVI para a polícia em todo o Reino Unido e, entre 2007 e 2009, mais de 550 policiais de todas as forças no país passaram por nossas portas para aprender os fundamentos procedimentais e científicos de DVI.

A identificação de vítimas de desastres não é nada muitíssimo complexo. Em princípio, é um processo muito simples de correspondências. Uma família entra em contato com o número de telefone de emergência dado por seu governo e diz por que acredita, ou teme, que seu ente querido esteja num evento de fatalidade em massa. O indivíduo será então classificado de acordo com a probabilidade de que ele ou ela esteja de fato envolvido. Assim, na Tailândia, por exemplo, alguém conhecido por ter se hospedado num hotel destruído pelo tsunami teria sido classificado como uma vítima potencial com mais probabilidade do que alguém numa viagem ao redor do mundo que pode ou não ter estado no país e que apenas não tinha entrado em contato com amigos ou parentes por uns dois dias.

As categorias de priorização são importantes. Simplesmente não é possível para a polícia dar igual prioridade a todas as denúncias que recebe e é preciso haver algum sistema para colocar aqueles com maior probabilidade de envolvimento no topo da lista. Hoje em dia, quando todos têm um telefone celular, a polícia e outras autoridades recebem várias ligações na ocorrência de um grande incidente. Após os bombardeios de Londres em 2005, vários milhares de telefonemas foram feitos para o departamento de vítimas de acidentes. E, algum tempo depois do tsunami asiático, foi relatado que 22 mil cidadãos britânicos tinham estado nas áreas afetadas na época. O número final de mortos do Reino Unido foi de 149.

Um oficial de ligação da família com treinamento em DVI é enviado para entrevistar familiares e amigos, primeiro das pessoas de maior prioridade que podem estar desaparecidas, e para registrar o máximo de informações pessoais possíveis sobre elas — altura, peso, cor do cabelo, cor dos olhos, cicatrizes, tatuagens, piercings, detalhes de seu clínico geral e dentista e assim por diante. Eles procuram fontes de impressão digital na casa do indivíduo, providenciam a coleta de amostras de DNA da mãe, do pai, dos irmãos e outros parentes genéticos e podem até mesmo obter DNA de itens pertencentes à pessoa desaparecida. Isso com certeza é angustiante para uma família abalada, mas os oficiais têm como objetivo coletar tudo o que puderem e às vezes até mais do que precisam numa única visita para que não tenham que colocar a família em sofrimento adicional, voltando para coletar mais informações, pois isso pode acabar corroendo a confiança e enfraquecendo o relacionamento entre as famílias e as autoridades.

Todos esses dados são transferidos para um formulário AM (*ante mortem*) DVI amarelo. Quando a catástrofe ocorre no exterior, isso é enviado com as amostras de DNA, impressões digitais e gráficos odontológicos, para o país onde a equipe de autópsia está operando. No necrotério de lá, eles coletam as mesmas informações das vítimas e as registram em formulários PM (*post mortem*) cor-de-rosa. Eu me lembro de uma pessoa engraçadinha me perguntando durante o treinamento se preenchíamos os formulários amarelos de manhã, porque tinham AM escrito neles, e os cor-de-rosa à tarde. Às vezes não é apenas o trabalho em si que é desafiador!

No centro de correspondência, as equipes reúnem todos os dados de ambos os formulários. O ideal é que a correspondência seja feita a partir dos identificadores primários, mas talvez seja necessário usar métodos secundários para corroborar uma identificação quando o DNA, as impressões digitais e as informações odontológicas não estiverem presentes ou forem inconclusivos. O processo é lento e o controle de qualidade é crítico. Se cometermos um erro, estaremos privando duas famílias de seus entes queridos. É melhor não nos apressarmos e não cometermos erros, mesmo sabendo que as críticas não tardarão a chegar quando as identificações não forem confirmadas com rapidez.

O programa de treinamento de Dundee era único em sua época. Com o contrato firmado em janeiro de 2007, sabíamos que, para realizar um curso, precisaríamos escrever um livro didático para complementar o aprendizado, e em muito pouco tempo. Tivemos um texto de 21 capítulos escrito e então publicado no período da Páscoa (graças a Anna Day e Dundee University Press), e uma cópia foi dada a cada policial. Nosso programa de ensino à distância online também estava de pé e funcionando por volta da Páscoa. Pareceria um pouco antiquado hoje em dia, na época dos MOOCs (cursos online abertos e massivos, projetados para participação ilimitada), mas naquele momento era a última geração. Policiais podiam ter acesso ao programa através de seus computadores em qualquer lugar e a qualquer momento conveniente para eles. Com base no livro didático, havia 21 seções, cada uma tinha que ser completada em sequência antes do acesso à próxima ser liberado. Depois de trabalhar em cada seção, os policiais tinham que fazer um teste de múltipla escolha online (ou de múltiplo chute, como nossos alunos diziam). Se respondiam mais de 70% das perguntas corretamente, a próxima seção era aberta a eles. Se não passavam, podiam refazer o teste (um diferente a cada vez) até passar. Quando chegavam ao final, havia mais uma prova sobre todo o curso. A essa altura, as informações essenciais haviam sido tão incorporadas que quase todo mundo passou de primeira. A aprendizagem reforçada é uma maravilha de se ver.

Somente quando os policiais tivessem completado o componente teórico do programa, eles poderiam participar de uma semana de treinamento prático, na qual simularíamos um evento de fatalidade em massa. Nosso cenário era que um navio de cruzeiro levando em grande parte pessoas aposentadas tinha encalhado por conta do tempo ruim nas rochas ao largo da costa leste das Hébridas Exteriores. Por causa da enfermidade de muitos dos passageiros, um número significativo não havia sobrevivido. Tivemos a permissão do inspetor de anatomia de Sua Majestade e daqueles que nos legaram seus corpos para usar nossos cadáveres de anatomia como parte do programa de treinamento. Essa foi a primeira vez no mundo que uma força policial de resposta de DVI foi treinada em cadáveres reais, e foi uma experiência muito importante para todos os policiais. Eles saíram de lá com uma nova admiração pelos doadores de Tayside, e alguns até perguntaram se poderiam vir e prestar respeito no serviço memorial de nosso departamento de anatomia, ao qual compareceram com o uniforme formal completo.

Os policiais aprenderam como registrar um corpo do local de armazenamento para um necrotério temporário; como fotografar, catalogar e inspecionar objetos pessoais e o próprio corpo, e como tirar impressões digitais e recuperar outras informações que podem ser usadas para confirmar uma identidade. Eles aprenderam as funções de patologista forense, antropólogo, odontologista e radiologista. Preencheram todas as seções complicadas dos formulários de DVI da Interpol *post mortem* cor-de-rosa no necrotério e vasculharam os vários formulários AM amarelos — preenchidos por nós — para tentar encontrar correspondências provisórias. Eles foram então solicitados a apresentar os casos a um legista ou investigador forense de verdade, como se prestassem provas em um inquérito real, e justificar seu nível de confiança na identificação.

O senso de camaradagem foi excelente, e nossas interações com tantos policiais de diferentes forças trouxeram vários momentos memoráveis — alguns comoventes, outros engraçados e todos inestimáveis. A semana prática incluiu uma avaliação em que cada equipe recebeu notas pelo desempenho em diversas tarefas. Alguns grupos estavam sujeitos a telefones celulares com toques de gaita-de-foles terríveis, altos e irritantes. Qualquer pessoa inglesa sem sangue frio fica tentada a desligar o telefone o mais rápido possível, mas a resposta correta é encontrá-lo depressa e tentar anotar o número de quem está ligando. Assim, você pode ligar de volta e pedir o nome da pessoa com quem tentavam contato, o que pode ajudar a estabelecer a identidade do falecido com mais agilidade.

Os policiais não tinham permissão para pegar o telefone até que um teste forense tivesse sido feito, então nós os provocávamos ao ligar para o número e desligar assim que eles o encontravam. Depois, esperávamos até que o aparelho fosse colocado num saco de evidências e ligávamos outra vez. Nós nos divertíamos conforme observávamos os policiais esforçando-se para anotar o número antes que desaparecesse. Pode ter sido frustrante, mas foi eficaz para melhorar a capacidade de resposta deles.

Também colocávamos em bolsos objetos pessoais falsos que eram bem improváveis de pertencer àquela pessoa falecida — itens relevantes para o sexo biológico ou para a idade errados, tais como um batom no bolso da calça de um homem, ou um pente quando o homem era visivelmente careca. Depois que os policiais ficaram espertos com alguns desses desafios, tendo ouvido falar deles por colegas que tinham completado o curso antes, e começaram a se sentir um pouco arrogantes, tivemos que nos tornar ainda mais criativos, colocando armadilhas tão estranhas que precisariam de binóculos para localizá-las. Não se pode treinar pessoas para o inesperado, mas pode-se introduzir o inesperado no treinamento.

Com um grupo, plantamos uma granada de mão falsa num saco de cadáver. Isso não era muito plausível no contexto de nosso cenário de cruzeiro de aposentados, mas não vinha ao caso: o objetivo do exercício era introduzir distrações e avaliar a resposta da equipe. Nós sentamos e assistimos. Quando encontraram a granada e nos alertaram, disparamos todas as buzinas e sinos que tínhamos e, em meio ao barulho, todos tiveram que evacuar o necrotério. No início, eles acharam essa jogada um tanto boba e permaneceram indiferentes conforme se reuniram do lado de fora em seus trajes brancos de cena do crime, esperando a chegada do esquadrão de "remoção de bombas". Deveriam ter nos dado mais crédito por nossa astúcia. O tempo passou e eles esperaram e esperaram e começaram a ficar impacientes. Estavam no limite do tempo e sabiam que não podiam escolher o caminho mais fácil na qualidade dos dados que coletavam porque iam ser avaliados. Em pouco tempo, estavam pulando de um pé para o outro, batendo nos relógios e suando.

Quando decidimos que tínhamos mantido os policiais sem fazer nada por tempo suficiente, demos a permissão para que voltassem ao prédio. Eles partiram em ritmo acelerado, reclamando e resmungando, com pressa para retornar e terminar o trabalho que lhes foi dado dentro do tempo designado. Não havia nada de preguiçoso na abordagem deles agora: estavam concentrados e estressados. Era hora de mais uma pequena lição. Mike, o gerente superior do necrotério, os deteve e perguntou para onde pensavam que iam. "De volta ao prédio", dispararam em uníssono.

"Não vão, não", respondeu Mike. "Vocês estão todos vestindo trajes contaminados. Precisam trocá-los antes de passarem para uma área limpa."

Houve gritos de protesto ("Mas estou só de cueca por baixo!"). Meu Deus. Demos um sorriso irônico enquanto quarenta agentes da polícia, que antes estavam satisfeitos consigo mesmos, se despiram do lado de fora do prédio e entraram pela porta da frente com roupas de baixo e camisetas (felizmente, ninguém estava sem nada por baixo, ou teríamos tido que repensar essa tática para poupar seu rubor e o nosso). Mas jamais nos subestimaram de novo. E isso reforçou a mensagem de que a única coisa previsível sobre um evento de fatalidade em massa é sua imprevisibilidade. Esses policiais seriam enviados para acidentes aéreos, acidentes de trem, incidentes terroristas, bem como desastres naturais, e teriam que trabalhar de forma eficiente e profissional enquanto testemunhavam eventos terríveis e traumáticos. No final, eles levaram tudo numa boa — depois que lhes compramos cerveja no bar mais tarde.

Para a terceira parte do curso, que lhes daria uma pós-graduação universitária, pedimos que pesquisassem qualquer evento de fatalidade em massa da escolha deles na história e depois escrevessem um ensaio comentando sobre quais aspectos componentes de DVI funcionaram bem, quais não funcionaram e o que teriam feito ou poderia ser feito na época para melhorá-los. Você tinha que ter ouvido o alvoroço. Por que diabos tinham que escrever um texto? Não estavam mais na escola. Mas depois houve uma apreciação geral de que o exercício tinha valido muito a pena, pois havia consolidado aprendizagem por meio da leitura e do exercício prático, e essa avaliação crítica lhes trouxe uma qualificação acadêmica valiosa num assunto ao qual já se dedicavam. Eles foram muito gente boa, e muitos ainda falam do curso com carinho.

Alguns dos ensaios dos policiais foram tão bem pesquisados que decidimos usá-los num segundo livro — *Identificação de Vítimas de Desastre: Experiência e Prática* — doando todos os ganhos para a caridade policial COPS.* Mark Lynch, da Polícia de Gales do Sul, e eu escrevemos um capítulo sobre o desastre de Aberfan em 1966. Essa tragédia, junto a Piper Alpha e a colisão do barco *Marchioness* no rio Tâmisa, foi uma escolha popular entre os policiais para os ensaios (tivemos um sobre o Vesúvio — não há muita possibilidade para analisar DVI lá!).

Aberfan surgiu não apenas como um exemplo particularmente bom de excelentes práticas de trabalho para seu tempo, mas também como perfeita ilustração de quanto um trabalho pode ser bem-feito sem a necessidade do uso de sofisticadas tecnologias modernas. Estabeleceu padrões que ainda hoje passariam em novos exames e tocou o coração de todos os policiais que escolheram escrever sobre o assunto, em especial os de comunidades mineiras. Isso serve para lembrar que a DVI não é um processo novo; que estamos seguindo os passos daqueles que nos precederam, pessoas que lidaram com terríveis tarefas e as enfrentaram com praticidade, eficiência e compaixão.

O desastre foi causado devido ao colapso de um dos flancos de dejeto da mina numa montanha acima da pequena comunidade de mineração de Aberfan, no Sul do País de Gales. O flanco número 7, que consistia em grande parte de "rejeitos" — as partículas mínimas que permanecem após a filtração —,

---

* COPS é a abreviação de Care of Police Survivors (Cuidado de Policiais Sobreviventes), mas também é um termo informal para policial.

tinha sido posicionado inadvertidamente em cima de uma fonte subterrânea. Na manhã de 21 de outubro de 1966, com a nascente inchada por vários dias de chuva forte, mais de 150 mil metros cúbicos de resíduos saturados se desprendeu do monte de dejeto e deslizou montanha abaixo a velocidades que chegaram a 80 km por hora. Às 9h15, enquanto os alunos e professores da Escola Primária Pantglas acomodavam-se para as aulas no último dia antes das férias, uma enorme onda de lama de carvão atingiu o prédio, enterrando-o sob nove metros de resíduos.

A polícia e os serviços de emergência chegaram à escola às 10h, e todos os mineiros da área, alertados pelas sirenes, pegaram suas ferramentas e partiram para ajudar. Quando alcançaram o local, depararam-se com os moradores, muitos deles pais, já cavando a lama com as próprias mãos para tentar encontrar as crianças. Esse foi o primeiro evento de fatalidade em massa a ser filmado em tempo real: às 10h30, a BBC transmitia ao vivo do local e a imprensa reunia-se no entorno da área. Um socorrista lembrou: "Eu estava ajudando a desenterrar as crianças quando ouvi um fotógrafo dizer a uma criança para chorar por seus amigos mortos, para que ele pudesse tirar uma boa foto — isso me ensinou o silêncio". Revisitar esse testemunho me fez pensar em meu tempo no Kosovo.

A polícia de Merthyr Tydfil compareceu de imediato ao local e se encarregou da operação de busca e resgate. Essa é a fase de um desastre em que os vivos devem ter prioridade sobre os mortos e pode levar minutos, horas ou dias, dependendo da natureza do evento. Nos tempos modernos, é no início da segunda fase, a recuperação do corpo, que a antropologia forense se envolve pela primeira vez.

Em Aberfan, foi montada uma recepção médica na capela de Bethania, a 230 metros da escola. Mas, sem que ninguém fosse encontrado vivo depois das 11h daquele dia, a capela rapidamente se tornou um necrotério temporário. A sacristia foi usada como base para o exército de trabalhadores voluntários, para o Departamento de Pessoas Desaparecidas e para armazenar duzentos caixões. Não eram necessárias autópsias, pois todos conheciam a causa da morte, mas havia, é óbvio, uma necessidade desesperada de que os corpos fossem identificados. O legista e seu agente trabalharam com dois médicos locais para certificar as mortes e estabeleceram contato com os professores sobreviventes da escola para fazer uma lista dos alunos com maior probabilidade de estar no desastre.

Cada corpo retirado da lama foi transferido por maca para a capela de Bethania, registrado no necrotério temporário e atribuído um número de referência exclusivo, que foi preso à roupa como uma etiqueta e permaneceu preso ao corpo o tempo todo. O número de referência único foi registrado num sistema de cartão, junto a detalhes como se o corpo era masculino ou feminino, adulto ou criança. As 116 crianças mortas foram colocadas em bancos e cobertas com cobertores — meninos de um lado, meninas do outro. Três professores ajudaram nas identificações preliminares, e um assistente do necrotério lavou os rostos dos falecidos para permitir a identificação visual. Os parentes ficaram na fila fora da capela por horas, esperando pacientes seu momento de entrar, uma família de cada vez, para resgatar seus entes queridos. Uma vez que uma identificação era confirmada, o corpo era levado para a Capela Metodista Calvinista menor para ser armazenado até ser liberado para sepultamento. O processo se mostrou difícil em apenas quinze casos, devido a extensos ferimentos. Essas vítimas foram por fim identificadas por registros odontológicos.

A ação no rescaldo imediato de um desastre está de forma correta focada nos sobreviventes, na recuperação de corpos, na identificação e prevenção de outras fatalidades, mas, a longo prazo, seu legado vai perdurar enquanto houver vítimas para recordá-lo, ou uma sociedade que se preocupe com isso. Mais de cinquenta anos depois de Aberfan, muitos dos afetados ainda vivem com sintomas de estresse pós-traumático. Na época, na cultura estoica típica das comunidades da classe trabalhadora, esperava-se que os sobreviventes "apenas seguissem em frente". Hoje, numa era que reconhece o valor da terapia, entendemos que tal supressão do trauma pode ter efeitos duradouros sobre a saúde e o bem-estar. Os profissionais de DVI também estão mais conscientes do que nunca de que é preciso tentar evitar causar mais dor aos sobreviventes e parentes enlutados do que é realmente necessário.

Esse imperativo foi reconhecido após o desastre do *Marchioness* de 1989 pelo juiz Kenneth Clarke, que presidiu uma investigação sobre os procedimentos de identificação autorizados pelo legista. Seu relatório, publicado em 2001, fez 36 recomendações e sugestões para melhorias e levou a uma revisão do secular sistema de medicina legal. A maior mudança foi a introdução de uma nova função policial, o SIM (*Senior Identification Manager*), isto é, um gerente de identificação superior, que teria responsabilidade geral pelos processos de identificação.

As vítimas dessa tragédia tinham estado numa festa de aniversário a bordo do *Marchioness*, um barco de passeio, no rio Tâmisa, quando ele foi atingido duas vezes por um rebocador, o *Bowbelle*. Na segunda colisão, o *Marchioness* foi empurrado para debaixo d'água. Aqueles presos na parte de dentro tiveram poucas chances de sobrevivência.

Demorou dois dias para os corpos serem recuperados da água e do barco. Eles foram transferidos primeiro para uma delegacia de polícia, onde 25 foram liberados para as famílias após a identificação visual feita por parentes ou amigos próximos. O legista instruiu que as famílias não deveriam ter permissão para ver os cadáveres que ficaram na água por mais tempo, pois a putrefação havia progredido. Em vez disso, esses indivíduos seriam identificados por meio de comparações de impressões digitais (perfis de DNA, é claro, ainda estavam bem no começo), correspondência odontológica, roupas, joias e características físicas. Todos deveriam ser submetidos a uma autópsia completa. Hoje questionaríamos a necessidade disso, pois, como foi o caso das vítimas de Aberfan, não havia dúvida sobre a causa da morte.

Para ajudar na identificação das impressões digitais, o legista de Westminster deu permissão para que as mãos das vítimas fossem removidas nos pulsos quando necessário. Essa decisão foi bastante criticada pelo juiz Clarke e infelizmente se tornou o foco de todo o processo de DVI. A permissão teve que vir do legista, pois, segundo a lei comum, só ele ou ela tem o direito de posse do corpo. As mãos foram então retiradas de 25 das 51 pessoas falecidas. Somente quando todos esses corpos foram identificados, o que levou quase três semanas, os restos mortais foram liberados para as famílias. Muitos expressaram angústia por não terem autorização para ver seus entes queridos. Além de aumentar o sofrimento, isso os levou a questionar a certeza da identificação em alguns casos e a uma desconfiança geral em relação às autoridades. As famílias pressionaram com força para um inquérito público e, enfim, em 2000 — onze anos após o desastre — a campanha foi bem-sucedida.

Das muitas recomendações importantes que surgiram do inquérito, várias vieram da remoção desnecessária das mãos e da relutância das autoridades em permitir que os parentes decidissem por si se queriam ver os restos mortais de seus familiares. Em três casos, as mãos não foram devolvidas com o restante dos restos mortais. Um par foi encontrado no congelador de um necrotério em 1993, quatro anos após o desastre, e foi eliminado a seguir sem o conhecimento ou a permissão dos parentes mais próximos. Como as famílias enlutadas não puderam ver seus entes queridos, muitas não sabiam que haviam sido feitos exames *post mortem* invasivos. Receber essa notícia doze anos depois foi um golpe chocante.

Outra recomendação do juiz Clarke defendia fortemente que as famílias apenas deveriam receber informações honestas e precisas e que essas deveriam ser dadas com regularidade e o mais cedo possível. Charles Haddon-Cave QC, que representou o Grupo de Ação Marchioness, disse: "Muito acontece por razões compreensíveis por trás de portas fechadas. Por isso, há uma responsabilidade especial dada àqueles encarregados desse trabalho e às autoridades que o supervisionam para garantir que os corpos dos mortos sejam tratados com máximo cuidado e respeito. É isso que enlutados e entes queridos têm o direito de esperar e o que a sociedade em geral exige".

Nosso curso de treinamento em DVI nos deu uma grande oportunidade de discutir com policiais o que podíamos aprender com o passado, práticas boas (e questionáveis) em circunstâncias difíceis e o que poderia ser feito melhor hoje. Se Aberfan foi um exemplo de boa prática, foi o desastre do *Marchioness*, em particular a decisão de remover as mãos das vítimas, que teve o maior impacto em termos de absorção de lições de eventos anteriores de fatalidade em massa. De todas as declarações do juiz Clarke, as palavras atualmente marcadas de forma indelével em cada agente de DVI são: "Deveria ficar claro que os métodos usados para estabelecer a identidade da pessoa falecida deveriam, sempre que possível, evitar procedimentos invasivos desnecessários, desfiguração ou mutilação, e que partes do corpo não devem ser removidas para fins de identificação, exceto quando for necessário como último recurso".

Profissionais forenses sempre tentam fazer o que achamos ser o melhor, às vezes num esforço para proteger as famílias de visões assustadoras. Se um corpo começou a se decompor, ou foi arrasado e fragmentado por fogo ou explosão, no passado talvez as tivéssemos aconselhado a não o ver. Mas não temos o direito de tomar essa decisão por familiares, muito menos de impor restrições ao que eles podem e não podem ver. Nós não somos donos dos corpos. De qualquer forma, é impossível prever como famílias e amigos responderão ao corpo vazio de alguém que amam, independente de sua condição. Portanto, se uma mãe quer ver o filho morto e segurar sua mão, se um marido quer beijar os restos mortais da esposa ou um irmão quer passar um último momento em silêncio tranquilo com seu irmão, tudo o que podemos fazer é prepará-los para o que enfrentarão e estar à disposição para ajudar.

Enquanto Aberfan foi o que chamaríamos hoje de um incidente "fechado", no qual os nomes dos mortos eram conhecidos e ninguém ficou desaparecido, o desastre do *Marchioness* foi classificado como um incidente "aberto", no qual o protocolo de DVI se torna mais complexo e, portanto, mais difícil de gerenciar. Essas são situações em que não se sabe de início quem pode ser a pessoa falecida ou quantas podem ter morrido ou sido feridas, visto que muitas das vítimas sobreviventes podem estar em condições muito graves para poderem confirmar sua identidade. O *Marchioness* não tinha uma lista de passageiros definitiva e o número de pessoas desaparecidas não estava claro a princípio.

Quando um incidente "aberto" é resultado de um ataque terrorista, as prioridades podem se alterar. Embora o procedimento de DVI permaneça exatamente o mesmo, o processo de recuperação de corpos e provas pode ser muito diferente. No ataque à rede de transporte de Londres em julho de 2005, homens-bomba detonaram três explosivos em rápida sucessão, em diferentes trens de metrô em diversas partes da cidade, e um quarto a bordo de um ônibus de dois andares. Cinquenta e seis pessoas perderam a vida, incluindo os quatro homens-bomba, e 784 ficaram feridas. Embora a identificação das vítimas mortas fosse sem dúvida urgente, a prioridade era ajudar os sobreviventes e em seguida identificar os perpetradores.

Isso pode parecer estranho, mas, ao lidar com o que se chama de atentado suicida islâmico pela primeira vez no Reino Unido, as autoridades estavam seguindo um protocolo aceito para eventos de fatalidade em massa causados por atos de terrorismo. É vital determinar se os perpetradores foram mortos no incidente e poder rastrear suas redes caso isso faça parte de um evento coordenado, de modo que tudo possa ser feito para prevenir novas fatalidades. Os atentados de 2005 em Londres provaram ser um ataque coordenado de fato, embora infelizmente nesse caso as explosões tenham ocorrido muito próximas umas das outras para que qualquer uma pudesse ser impedida.

Em 2005, o Reino Unido não estava em nenhum lugar na hierarquia internacional de DVI, mas em 2009 estávamos liderando o mundo. Eu nunca poderia imaginar que minha missiva descontrolada ao governo após o tsunami asiático teria o efeito que teve, ou que continuaria a desempenhar seu papel no estabelecimento de nossa força de resposta para DVI. E estou muito orgulhosa do fantástico trabalho de DVI que o Reino Unido realizou e ainda hoje realiza com o mais alto padrão internacional.

Não posso deixar de afirmar isto com frequência, porque é, de verdade, algo em que acredito profundamente: nunca devemos esquecer que, com desastres, não é uma questão de "se", mas de "quando". Portanto, é vital que, quando o próximo ataque ocorrer, estejamos prontos para responder com nossas melhores habilidades, por maior ou menor que seja o incidente. Em nosso mundo de atos de violência cada vez mais sem sentido, o primeiro comandante de DVI do Reino Unido, Graham Walker, lembrou a todos que, enquanto terroristas só precisam ter sorte uma vez para cumprir sua missão, nossas forças investigativas não podem confiar na sorte — elas têm que vencer todas as vezes para nos manter seguros. Mesmo com todo o desejo do mundo, isso é irreal. Por essa razão, devemos treinar e nos preparar para todas as eventualidades, rezando sempre para que nunca as precisemos colocar em ação. Mas, quando o fizermos, nossa resposta deve demonstrar que nossa humanidade transcende a pior malevolência de que nossa espécie e natureza são capazes.

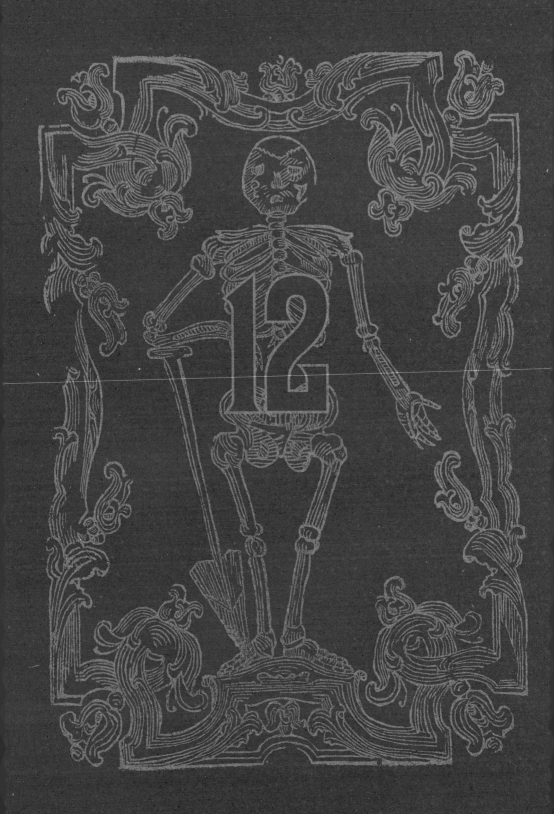

SUE BLACK
TODAS AS FACES DA MORTE

DESTINO, MEDO E FOBIAS

CAPÍTULO 12

"Os homens temem a morte como as crianças temem o escuro."
— Francis Bacon, *filósofo e cientista (1561-1626)* —

Compartilho a paixão pela identificação de humanos com minha querida amiga e mentora Louise Scheuer, que foi a responsável por eu conseguir meu primeiro emprego formal no St. Thomas' Hospital em Londres. Enquanto eu ainda estava escrevendo minha pesquisa de doutorado, Louise me telefonou um dia para dizer que havia uma vaga para professor de anatomia no St. Thomas' e que ela achava que eu devia me candidatar.

Ninguém ficou mais surpresa do que eu quando consegui o emprego. O presidente do painel, um respeitável professor de neurociência, claramente queria alguém com um diploma de bioquímica e tinha desprezado essa "antropóloga não qualificada". Sei que foi a última pergunta, feita pelo professor Michael Day, o chefe do departamento, que selou o negócio. Ele me perguntou se eu seria capaz de entrar em sua sala de dissecação naquela tarde e ensinar o plexo braquial. Respondi que sim, claro — e o emprego era meu. Desde então, usei esse estratagema muitas vezes em entrevistas, mas, tendo aprendido por experiência própria, fui um pouco mais longe. Faço a mesma pergunta às pessoas que se candidatam a um emprego em anatomia em Dundee e, quando dizem que é claro que podem ensinar o plexo braquial, convido-as a desenhá-lo. Caso esteja se perguntando, o plexo braquial é um monte de nervos que corre entre o pescoço e a axila e se parece um pouco com um prato de espaguete. Cruel, não é? Estou feliz por Michael não ter feito isso comigo, ou ele teria me descoberto. Eu poderia desenhá-lo hoje, mas não naquela época.

O homem que considerou que eu não tinha as qualificações necessárias acabou se tornando meu chefe quando nossos departamentos nos hospitais Guy's e St. Thomas' se juntaram alguns anos mais tarde. Tive o prazer de ensinar anatomia em seu departamento por alguns anos, mas acho que nunca me perdoou, porque, em 1992, quando me agradeceu em minha despedida por tudo que eu tinha feito, ele me chamou de Sarah. Ficou óbvio que não causei qualquer impressão memorável. Mas em St. Thomas' tive a sorte de ter um grupo de colegas maravilhoso de verdade, que são meus amigos até hoje. E, mais importante ainda, foi o início de uma longa e produtiva parceria com uma mulher que sabe mais anatomia de olhos fechados do que eu jamais saberei e que tem sido uma amiga, uma inspiração e uma professora por mais de trinta anos.

Quando Louise e eu criamos o primeiro programa de ensino de antropologia forense do Reino Unido, em 1986, havia uma reclamação persistente e irritante de sua parte. Cada vez que tínhamos que analisar os restos esqueléticos de uma criança, Louise dizia: "Por que não existe um livro didático para nos ajudar?". Eu respondia sugerindo que ela mesma escrevesse um, e ela mandava eu me comportar. Louise tem a maravilhosa habilidade de soar como uma governanta se dirigindo a uma criança errante ("Ora, vamos lá, pelo amor de Deus!"). Após cerca de quatro anos dessa troca, decidi me rebelar e mudei de tática: "Por que não escrevemos um juntas?", propus.

E assim começou nosso maior projeto de escrita de todos os tempos. Queríamos produzir um livro didático sobre o desenvolvimento do esqueleto humano que examinasse cada osso do corpo, desde o ponto em que ele se forma até atingir seu estado adulto completo. Isso nunca nos tornaria ricas nem nos colocaria na lista de mais vendidos do *Sunday Times*, mas sentíamos que era essencial para preencher uma lacuna evidente no arsenal acadêmico da antropologia forense. Como não existia outro livro que considerasse os detalhes esqueléticos da criança no nível que precisávamos, estávamos começando quase com uma tela em branco.

Isso levaria quase dez anos. Primeiro, tivemos que reunir tudo o que havia sido escrito e publicado em outro lugar sobre o assunto nos últimos trezentos anos ou mais. Em seguida, tivemos que identificar espécimes que exemplificassem o que queríamos ilustrar e, onde houvesse lacunas no conhecimento, conduzir uma pesquisa própria. Rapidamente ficou claro para nós duas por que isso não havia sido tentado antes: seria um trabalho feito por amor e bastante lento. Na verdade, viria a dominar nossas vidas por muito tempo.

Enfim vimos nosso trabalho publicado em 2000. *Developmental Juvenile Osteology* é um livro muito, muito longo e não é exatamente do tipo que você não consegue parar de ler, dado que há mais de duzentos ossos que tivemos que considerar, mas foi bastante fascinante e gratificante de escrever e se tornou um marcador muito significativo em nossas vidas profissionais. Eu amava aqueles momentos em que recebia um telefonema entusiasmado de Louise dizendo: "Você sabia que...?" ou "Finalmente entendi por que...". Houve muitas dessas descobertas encantadoras, algumas das quais acabaram com nossas teorias particulares conforme aprendemos juntas e, muito devagar, começamos a amarrar tudo isso numa obra da qual ambas nos orgulhamos imensamente.

Em 1999, quando eu fazia minhas primeiras missões no Kosovo, estávamos perto de terminar, mas havia uma ilustração nos irritando demais. Não foi possível encontrar nenhum espécime que mostrasse o centro de crescimento no ângulo inferior da escápula (ombro).

Devo admitir que numa ocasião foi Louise, em vez de Tom ou das meninas, quem recebeu meu raro e precioso telefonema via satélite do Kosovo. No necrotério improvisado de Velika Krusa, eu tinha acabado de ver um espécime que exemplificava justo o que procurávamos. Ambas ficamos ridiculamente entusiasmadas. Recebi permissão para fotografar para uso no livro, porém infelizmente eu não tinha percebido que, enquanto todas as outras fotos que tínhamos eram de ossos bem limpos e secos, nessa ainda havia algum tecido. Fico feliz hoje em dia de as ilustrações não estarem em cores, pois essa teria se destacado por ser um pouco macabra. Mas a imagem era impagável do ponto de vista educacional.

Quando o livro foi concluído, eu já estava de volta à Escócia havia vários anos, Louise tinha se aposentado e minha segunda temporada no Kosovo se aproximava. A essa altura, era provável que Louise e eu fôssemos mais versadas em mudanças relacionadas à idade no esqueleto da criança do que qualquer outra pessoa no planeta. Minha avó, que passou para mim sua crença no destino, costumava dizer que às vezes há uma razão para nos encontrarmos num determinado lugar num determinado momento e com frequência não tem nada a ver com nossos planos, escolhas ou desejos. Estamos lá porque o destino nos colocou lá, quem sabe para ajudar outra pessoa. O fato de eu estar no Kosovo naquele exato momento de minha vida em que tinha todo esse conhecimento a meu alcance foi, estou convencida, predestinado.

Um local de acusação que nos foi atribuído em 2000 envolveu o assassinato de quase uma família inteira. Durante a guerra com os sérvios, os albaneses kosovares que podiam ficar fora das cidades e vilarejos tentavam fazê-lo, para se manter afastado das forças sérvias, que tendiam a ser mais ativas nas áreas mais populosas. Numa manhã de março de 1999, essa família estava fazendo uma viagem do campo para a aldeia mais próxima para pegar suprimentos, com o pai dirigindo o trator e todos os outros empoleirados no frágil trailer de madeira atrás dele. Sem aviso prévio, o trailer foi atingido por uma granada lançada por foguete (RPG) vinda da encosta e que explodiu em pedaços. Havia onze pessoas da família do homem a bordo: a esposa, a irmã, a mãe idosa e os oito filhos. O mais novo era apenas um bebê de colo e os mais velhos eram meninos gêmeos de 14 anos. Nenhum deles sobreviveu.

Quando o homem desceu do trator, agora separado do trailer pela explosão, um atirador acertou sua perna. Ferido e sangrando, ele foi capaz de se arrastar para a vegetação rasteira para se proteger. Ele amarrou o cinto em volta do ferimento para estancar o fluxo de sangue e, sabendo que toda sua família estava morta, esperou que a iluminação diminuísse e o silêncio voltasse, torcendo em desespero para que, mesmo que não tivessem ido embora, os atiradores não fossem capazes de vê-lo com tanta clareza no crepúsculo. O homem sabia que se não recuperasse o que restava de seus entes queridos, seriam atacados por matilhas de cães selvagens e ele não podia permitir que isso acontecesse.

Ao sentir que era seguro sair de debaixo dos arbustos, o sujeito começou a procurar os restos de sua família. O RPG havia fragmentado todos eles, com exceção do bebê, que ainda estava perfeitamente intacto. É uma prova da selvageria do golpe e da enormidade de seu empreendimento sombrio o fato de ele não ter conseguido recuperar todas as partes dos corpos: ele nos disse que só tinha sido capaz de encontrar o lado direito de sua esposa e a metade inferior da filha de 12 anos. Como meu marido se perguntou: de que modo alguém consegue encontrar força para fazer o que ele fez? Onde você encontra tamanha coragem, ímpeto e compromisso com aqueles que lhe são mais queridos? Tom, de forma muito compreensível, refletiu que aquilo teria sido doloroso demais para ele querer continuar vivendo, e era provável que desse um fim à própria vida bem ali. Mas esse homem não fez isso. Sua determinação em procurar os restos ensanguentados da família no campo, cada vez mais fraco por causa de sua própria perda de sangue, é de fato notável.

Depois de reunir tudo o que pôde, ele enterrou os restos mortais, usando uma pá recuperada dos destroços. O homem escolheu uma árvore particular como um marcador para o local de descanso deles, para que soubesse onde estavam localizados e pudesse encontrá-los de novo quando conseguisse retornar. Tendo labutado por horas, o último ato desse homem atormentado foi colocar o corpo de seu filho bebê em cima dos fragmentos acumulados do resto da família, cobri-los com terra e rezar por suas almas.

Mais de um ano depois, os investigadores do ICTY identificaram isso como um local de acusação para o caso que estava sendo formulado contra Slobodan Milosevic e seus agentes superiores. Eles acreditavam que o ataque era um ato claro de genocídio, pois tomar deliberadamente como alvo um homem e toda sua família não poderia ser justificado como um ato legítimo de guerra. O homem, que de alguma forma havia sobrevivido, levou os investigadores até a árvore onde havia enterrado os entes queridos e lhes deu permissão para exumar os corpos. Ele não só queria justiça para sua família, e para as famílias de outros albaneses kosovares, mas também temia que, pelas partes dos corpos estarem todas misturadas, seu Deus não fosse ser capaz de distinguir entre cada um para encontrar suas almas. Ele não conseguiria encontrar paz até que soubesse que estavam a salvo com Deus e estava desesperado para que cada um tivesse uma sepultura própria, para que as almas fossem reconhecidas e resgatadas das crueldades do mundo.

Eu não estava presente na exumação, mas tinha consciência da tarefa monumental que aguardava nossa equipe. Tínhamos que tentar identificar e separar os restos mortais misturados de onze indivíduos desmembrados e decompostos, oito dos quais eram crianças, de acordo com um padrão que atendesse à admissibilidade de evidências internacionais, ao mesmo tempo em que precisávamos estar atentos às necessidades e aos desejos de um homem corajoso que havia perdido tudo.

No necrotério, esperávamos uma entrega de onze sacos de cadáver, mas só havia pedaços de corpo suficientes para encher um e meio. Essa era a soma total do que esse homem havia conseguido encontrar e enterrar naquele dia terrível. Os restos estavam muito decompostos e, embora alguns tecidos moles tivessem sobrevivido, a maioria era pouco mais do que uma massa liquefeita intercalada por ossos. Examiná-los foi uma tarefa bastante difícil e meticulosa, para não dizer desagradável. Não valia a pena toda a equipe ficar de pé e assistir, então decidimos lhes dar um dia de folga, e eu fiquei com o técnico do necrotério, o fotógrafo e o radiologista para ver o que conseguíamos.

Colocamos doze lençóis brancos no chão — um para cada possível pessoa morta, rotulados apenas com as idades relatadas, e um para o resíduo que inevitavelmente não seríamos capazes de atribuir com qualquer confiança a um indivíduo específico. Mesmo o DNA nessa situação não teria nos ajudado, pois os mortos eram todos membros da mesma família e não tínhamos DNA de referência para fins de comparação. Mesmo se tivéssemos essas amostras, a provável contaminação cruzada de partes do corpo que foram enterradas juntas tornaria as chances de extrair um perfil confiável de DNA muito pequenas. Portanto, esse tinha que ser um processo de identificação anatômica à moda antiga — e, com tantas crianças envolvidas, naquele momento, Louise e eu éramos provavelmente as antropólogas forenses mais experientes disponíveis no mundo para realizar a tarefa. Na época, eu estava no Kosovo e Louise, em Londres, mas ela estaria do outro lado da linha de telefone se eu precisasse dela, e isso reforçava minha confiança de forma infinita.

Começamos com uma radiografia dos dois sacos de cadáver para ter certeza de que não continham nenhuma munição inesperada. As imagens eram de fato um choque de realidade — sombras de pedaços emaranhados que se tornariam um quebra-cabeças humano sombrio e árduo. O primeiro saco foi aberto e, deitado ali em cima, ainda em seu pijama azul, estava o bebê. Embora mostrasse uma decomposição bastante extensa, ainda estava mais ou menos intacto e podia ser colocado direto sobre o próprio lençol mortuário na certeza de que era a criança de seis meses.

Com o restante tivemos que retirar os restos osso por osso, limpar o resíduo do tecido em decomposição, identificar o osso, avaliar a idade e depois colocá-lo no lençol mortuário destinado ao indivíduo correspondente. Conseguimos separar as mulheres. A avó das crianças era identificável por sua falta de dentes e sua osteoartrite e osteoporose avançadas. As duas mulheres mais jovens eram mais difíceis, mas, para uma delas, provavelmente a mais velha das duas, tínhamos apenas o lado direito, o que corroborava a história do sobrevivente. Então era bem possível que ela fosse sua esposa.

No que dizia respeito às crianças, se fizéssemos bem nossa análise, não haveria duplicação em termos de idade até chegarmos aos meninos gêmeos de 14 anos, pois nenhum dos outros tinha a mesma idade. A metade inferior da menina de 12 anos foi recuperada e ela foi identificada com relativa facilidade. Os restos das crianças menores, com idade de 3, 5, 6 e 8 anos, eram escassos, mas havia o suficiente para que eu pudesse ter certeza de que partes distintas podiam ser separadas da massa de tecidos geral.

Tínhamos algo agora em cada lençol, exceto os ossos que nos permitiriam diferenciar entre os gêmeos. Tudo o que restou de cada um deles foram dois torsos superiores parciais e membros superiores até os cotovelos. Sabíamos que essas partes do corpo pertenciam aos gêmeos, pois eram os únicos filhos da idade certa — mas como diferenciá-los? Um conjunto de membros estava associado a uma roupa do Mickey Mouse, então pedimos a um policial e intérprete que determinasse com o pai se algum de seus filhos poderia ter usado tal item. Não especificamos se o filho era um dos gêmeos, nem mesmo que era um menino. A resposta veio com a afirmação de que um dos gêmeos era fanático por Mickey Mouse, o que nos permitiu fazer uma distinção provisória entre eles.

Foi um dia longo, quase doze horas mal fazendo uma pausa, mas no fim tínhamos identificado e atribuído o máximo de material possível, e todos os onze lençóis mortuários dispostos para os restos mortais de vítimas específicas continham alguma representação definitiva delas. Obtivemos com o pai uma lista de seus nomes baseada nas idades e começamos a empacotar os tristes restos mortais em sacos de cadáveres separados. Quando as autoridades se recusaram a nos permitir liberar os corpos dos gêmeos como indivíduos nomeados, meu superior, Steve Watts, revidou. Explicamos por que não havia como separá-los com mais certeza do que tínhamos conseguido, mostramos passo a passo nossa lógica e os cansamos até que se rendessem.

Isso significava que, conforme entregávamos cada saco de cadáver ao sobrevivente, o intérprete era capaz de lhe dizer o nome da pessoa contida ali. Os intérpretes desempenharam um papel crucial para que pudéssemos ser aceitos pela comunidade e fizeram um trabalho de fato notável. Foram eles que tiveram que falar com as famílias, pegar suas declarações e traduzir de volta para elas o que havíamos encontrado, o tempo todo tentando se isolar dos horrores sobre os quais tinham que ouvir e comunicar todos os dias do tempo de serviço no Kosovo.

Embora eu tenha como regra nunca me envolver pessoalmente — caso contrário, não poderia fazer meu trabalho direito —, nesse caso acho que podemos ter ultrapassado os limites um pouquinho ao forçar a questão dos gêmeos. Mas sentimos uma conexão e responsabilidade especiais por essas identificações, talvez em parte porque a maioria das vítimas era criança e em parte porque o pai havia sofrido muito e suportado tudo com dignidade estoica e coragem. Era o mínimo de conforto que podíamos oferecer e sabíamos que nenhum teste científico mais sofisticado seria capaz de melhorar nossa opinião profissional.

Mesmo assim, ainda tínhamos que tentar explicar por meio do intérprete, com gentileza mas também sinceridade, por que as bolsas não estavam cheias, e por que havia uma 12ª bolsa que continha uma mistura de restos mortais. Com uma graça incrível e uma tranquilidade que era quase de outro mundo, o homem aceitou aquilo. Foi um dia bastante comovente, e ficamos física e emocionalmente exaustos. Quando ele apertou nossas mãos e disse obrigado, tivemos dificuldade em compreender como podia nos agradecer pelo trabalho que tínhamos acabado de fazer. Mas, como costumava comentar minha avó, o destino não está aí para nossa conveniência.

Pesava muito para nós não termos sido capazes de devolver um conjunto ordenado de onze restos mortais separados, o que teria assegurado a esse pai que havíamos sido 100% bem-sucedidos em nossa reorganização. Mas isso não era uma missão humanitária, era uma investigação forense de crimes de guerra, e, se algum dia ficássemos tentados a atribuir partes de corpos apenas para fins de organização ou consolo, seríamos culpados de má conduta profissional. Tínhamos que ter certeza de que, caso essa evidência humana fosse examinada outra vez no futuro, a pessoa que dizíamos estar em cada saco era de fato a pessoa que acreditávamos que fosse.

Nunca teríamos conseguido chegar aonde chegamos sem o conhecimento e a compreensão do esqueleto juvenil que ganhei ao trabalhar em nosso livro didático. Naquele dia, coloquei em prática tudo o que Louise e eu havíamos aprendido durante os dez anos de escrita, e isso me fez entender com precisão o porquê de ter sido um projeto tão importante de ser realizado por nós duas. Posso ter sido quem estava no Kosovo naquele dia, mas Louise estava sempre em meu pensamento, me lembrando de detalhes enquanto eu verificava uma vez e então outra, anotava, compilava listas e me convencia de que eu estava tão certa quanto era possível antes de me comprometer com qualquer coisa e assinar embaixo.

A tarefa que empreendemos no Kosovo foi uma responsabilidade enorme, mas foi muito gratificante. Quais eram as chances de eu estar disponível para esse caso específico? Talvez a forma de minha avó de lidar com as coisas fosse a certa: nunca foi por acaso; tudo isso — minha mudança para St. Thomas', minha parceria com Louise, o trabalho no livro — estava me levando a esse momento. E além, pois nosso livro pode no futuro também permitir que outra pessoa traga um pequeno conforto em mais uma situação terrível. Sem dúvida sinto que, mesmo que nunca mais precisemos recorrer a todas essas informações, valeu a pena apenas por aquela importante identificação num necrotério em Pristina em 2000, ano em que o texto foi publicado. Cada vez que o folheio e vejo aquela foto da escápula, penso no pai daquelas crianças e nosso livro permanece em minha mente como uma homenagem adequada a esse caso em particular.

Uma das perguntas feitas com mais frequência aos antropólogos forenses é como lidar com o que temos que ver e fazer. Em resposta, costumo brincar que isso envolve grandes quantidades de álcool e substâncias ilegais, mas a verdade é que eu acho que nunca tomei uma substância ilegal na vida, e, além de uma ou duas doses, até mesmo beber não me ajuda hoje em dia. Acordo à noite suando? Tenho dificuldade para dormir? As cenas de meu trabalho se repetem vezes sem conta em minha mente? A resposta a tudo isso é um "não" bastante entediante e mundano. Se pressionada, tenho algumas explicações sobre a necessidade de permanecer profissional e imparcial, a necessidade de me concentrar nas evidências, e não no que elas representam de uma perspectiva pessoal ou emocional, e assim por diante, mas, para ser bem sincera, nunca me assustei com os mortos. São os vivos que me aterrorizam. Os mortos são muito mais previsíveis e cooperativos.

Em tempos recentes, um colega de uma área muito diferente comentou, com incredulidade na voz: "Você fala dessas coisas como se fossem tão normais quanto preparar uma xícara de chá. Para o resto de nós, são extraordinárias". Mas não é apenas parte da vida o fato de que o que uns amam outros odeiam? Talvez os antropólogos forenses sejam os devoradores de pecado de nossos dias, tratando do desagradável e inimaginável para que outros não precisem fazer isso, o que não significa, é claro, que não tenhamos fraquezas próprias.

Nenhum de nós é desprovido de medo —afinal, esse é um de nossos sentimentos mais antigos e fortes — e todos tememos alguma coisa. Durante minha carreira, houve momentos em que tive de encarar minha maior e mais genuína fobia. É algo com que vivo desde a infância e, embora eu tenha feito meu melhor para lidar com isso, nunca a venci. Mas o verdadeiro autoconhecimento muitas vezes está em aceitar ansiedades e falhas e enfrentar os medos. O meu é um medo mórbido e completamente absurdo de roedores. Qualquer tipo de roedor: rato, ratazana, hamster, gerbo, capivara — todos eles.

Muito recentemente, uma instituição de caridade local que apoia nosso departamento de anatomia teve a gentileza de nos dar um presente de Natal: patrocinou um rato para nós. Chewa (sim, ele tem um nome) é um rato gigante africano de 1,3 kg que ganha a vida farejando tuberculose. Ele é um HeroRat, isto é, rato herói, e salvou mais de quarenta vidas. Sim, estou impressionada, estou mesmo, mas por mais que ele mereça minha admiração e afeição, sinto muito — é um *rato*!

Pode parecer estranho para uma antropóloga forense, que lida todos os dias com mortos, partes do corpo e matéria em decomposição que revirariam muitos estômagos, sofrer de uma fobia tão irracional. Concordo, mas a compreensão não é um consolo e não torna a comunidade roedora menos aterrorizante. Tem sido uma questão recorrente para mim ao longo de toda minha vida e, em muitos aspectos, acredito que até tenha ajudado a moldar minhas escolhas profissionais.

Tudo começou nas praias idílicas de Loch Carron, na costa oeste da Escócia, onde meus pais administraram o Hotel Stromeferry até meus 11 anos, quando nos mudamos de volta para Inverness. Num verão, os lixeiros (*"scaffies"*, como são conhecidos na Escócia) entraram em greve e os sacos pretos de lixo começaram a acumular nos fundos do hotel. Não demorou muito para que o ar num estabelecimento de trinta quartos no auge da temporada de verão azedasse e nossos amigos roedores peludos identificassem uma fonte de comida rançosa de graça. Eu tinha 9 anos, e me lembro muito bem de estar com meu pai nos fundos do hotel numa tarde ensolarada quando ele me pediu com tranquilidade que lhe entregasse uma vassoura que estava encostada na parede. Obedeci sem pensar duas vezes.

Meu pai sempre jurou que o que veio a seguir nunca aconteceu, mas, acredite, aconteceu — sei que aconteceu, porque isso me assombrou todos os dias de minha vida desde então e ressurge sempre que tenho que interagir com qualquer bicho roedor peludo. Ele tinha visto um rato e o encurralou numa parede. Fiquei horrorizada: para mim, parecia enorme, e estava assustado e se preparando para uma briga. Se eu fechar os olhos, ainda consigo ver aqueles olhos vermelhos brilhantes, os dentes amarelos lustrosos e a cauda chicoteando. Juro que o ouvi de fato rosnar. Observei, paralisada pelo terror, conforme ele saltou, tentando escapar enquanto meu pai, aterrorizado de que ele ia pular em cima de mim e me morder, espancava o bicho até a morte. Ele o golpeou até que o concreto ficou vermelho com sangue e enfim o rato parou de se contorcer. Não tenho lembrança de meu pai pegá-lo e jogá-lo no lixo. Talvez eu tenha ficado muito traumatizada. Mas nunca mais andei sozinha pelos fundos do hotel e, a partir daquele momento, desenvolvi um medo doentio e profundo e uma aversão a todo e qualquer roedor.

Essa fobia continuou a ser um problema quando voltamos a morar no campo perto de Inverness. Nossa casa antiga de paredes grossas estava espremida entre um riacho de um lado e um campo do outro. Isso significava que, no inverno, todos os roedores chatinhos e nojentos costumavam vir do frio para viver de nosso calor e atacar nossa despensa. Eu pulava na cama à noite com medo de que um rato surgisse abaixo e me agarrasse pelo tornozelo. Deitada na cama, conseguia ouvi-los correndo pelas vigas acima de minha cabeça. De repente, um deles julgava mal o salto e eu o ouvia cair e disparar pelo espaço na parede. Convencida de que ele ia surgir em meu quarto, eu puxava os cobertores sobre as orelhas e os enfiava embaixo de mim para que não houvesse espaço para esses brutos entrarem.

Eu sempre andava de meu quarto para o banheiro à noite no escuro e com os pés descalços. Imagine meu susto quando uma noite, seguindo devagar no patamar, pisei em algo peludo e em movimento que guinchou para mim. Eu me assustei e, por meses, nunca saí do quarto à noite, por mais urgente que fosse o chamado da natureza.

Como estudante, fui confrontada com ratos em minha aula de zoologia: um balde de ratos mortos dessa vez, que deveríamos dissecar. Eu teria dissecado basicamente qualquer outra coisa, mas nada iria me persuadir a tocar de forma voluntária num rato morto, muito menos pegar um de um balde. Pedi a meu parceiro de dissecação, Graham, que escolhesse um para mim e o pregasse no quadro. Eu o fiz cobrir a cabeça do bicho e os dentinhos pontiagudos nojentos com papel-toalha e, em seguida, coloquei um segundo papel-toalha sobre seu rabo, porque não suportava olhar para aquilo também. Só então consegui abrir seu tórax e abdômen com meu bisturi, revirar suas entranhas e tirar um fígado, um estômago ou um rim.

Quando se tratou de desfazer-se do cadáver, Graham teve que retirá-lo para mim e jogá-lo no balde (ele era um bom amigo). Não é preciso dizer que eu nunca seria uma zoóloga ou, na verdade, qualquer tipo de pesquisadora com a carreira voltada para o laboratório. Como contei antes, ao chegar a hora de meu projeto de pesquisa, a razão de eu ter entrado no campo da identificação humana foi para evitar a perspectiva de lidar com roedores mortos.

Era inevitável que isso se tornasse um problema no St. Thomas' Hospital, dada sua localização ao longo da margem sul do rio Tâmisa. Quando entrei no escritório em meu primeiro dia lá e vi as ratoeiras e pequenas tigelas de veneno ao longo das paredes de todos os escritórios, soube que as coisas não iam acabar bem para mim ali. Um próximo encontro do tipo peludo seria inevitável em algum momento. Aconteceu numa manhã quando cheguei ao escritório, caminhei até a minha mesa contra a janela, me virei e deparei com um monstruoso roedor morto caído no chão. Na verdade, tinha apenas uns dez centímetros de comprimento, mas, para mim, podia muito bem ser do tamanho do Chewa.

Liguei para nosso técnico, John, e gritei com ele pelo telefone para subir imediatamente até meu escritório e me ajudar. Ele voou lá para cima, que Deus o abençoe, com certeza pensando que eu tinha sido atacada, e me encontrou sentada à minha mesa, tremendo, com lágrimas escorrendo por meu rosto. Apontei para o rato morto e expliquei que não havia como eu passar por cima dele para sair da sala. O bicho havia me encurralado como uma prisioneira. John poderia ter rido de mim e me ridicularizado, mas era um homem tão adorável que apenas levou o rato para longe e nunca mais o mencionou para mim ou, até onde sei, para qualquer pessoa viva. Na realidade, acho que ele verificava meu escritório com regularidade, porque nunca mais encontrei um rato lá. Eu me senti tão idiota, mas a fobia já estava enraizada por completo àquela altura.

E então houve o Kosovo. Nosso necrotério em Xerxe, por ser um antigo armazém de grãos, era um ímã para roedores — hordas deles. Todas as manhãs, eu implorava educadamente a nossa segurança militar holandesa que abrisse o local para mim e então entrasse no prédio fazendo muito barulho para afugentar todos os roedores. Eu não conseguiria cruzar a soleira sabendo que eles estavam lá. Conseguia ouvir as criaturas correndo ao longo dos canos e guinchando, reclamando por serem perturbadas. Os soldados foram muito gentis comigo e nunca reclamaram disso. Talvez, vendo com o que eu estava preparada para lidar no decorrer de meu trabalho, eles tenham entendido que eu não era em geral uma completa maluca ou covarde e que meu pavor era real, embora totalmente ilógico.

Contudo, a pior experiência foi em Podujevo, ao nordeste de Pristina, onde se alegou que no início de 1999 uma organização paramilitar chamada Scorpions matou catorze albaneses kosovares, a maioria mulheres e crianças. Diziam que os corpos estavam enterrados sob o mercado local de carne. Enterrar corpos com vacas ou cavalos mortos em cima deles era uma manobra conhecida, de modo que, quando escavássemos e descobríssemos restos não humanos, presumiríamos que era apenas a vala de um animal e não nos daríamos ao trabalho de cavar mais.

O dia em que começamos a escavar sob o mercado de carnes estava muitíssimo quente. Tínhamos uma escavadeira mecânica para nos ajudar que aos poucos limpou a camada superficial do solo, centímetro a centímetro, até que algo foi localizado pela pessoa designada para a supervisão. Eu estava longe da beira do buraco recém-cavado, esperando à sombra da mala aberta do carro, quando ouvi certa comoção. Conforme caminhei em direção ao buraco para ver o que estava acontecendo, um dos soldados chamou meu nome com uma urgência que me fez parar. Após chamar minha atenção, ele manteve o olhar no meu, apontou um dedo para mim e gritou: "Fique aí! Não olhe!". Fiz o que mandaram.

O que aconteceu foi que o escavador havia atingido a carcaça do cavalo e no processo havia perturbado um ninho de ratos que estava usando os restos como fonte de alimento. Quando a escavadeira atingiu o ninho, os habitantes começaram a saltar numa tentativa frenética de encontrar seus "caminhos de rato" e se livrar do perigo. Somente quando todos se foram, o soldado me liberou com um sorriso e disse: "Vá em frente, entre no buraco, garota". Sim, cheirava mal. Sim, eu estava até os cotovelos em restos de cavalo em decomposição. Mas não havia ratos, então eu estava perfeitamente feliz.

Os soldados cuidaram de mim e de minhas sensibilidades — não tenho problema em ser frágil quando preciso —, mas não me mimaram e os respeitei por isso. Na verdade, mimos estavam em falta em nossa equipe: *eau* de cavalo líquido nunca será um best-seller nos estandes cosméticos, mas o fedor naquele buraco é pior do que qualquer coisa que já tive contato, isso é fato. Quando chegou a hora do almoço, de forma muito educada, mas enfática, fui convidada a sentar sozinha e na direção do vento. Ah, a indignidade de tudo.

Dada a natureza extrema de nosso trabalho e as condições de vida no Kosovo, era inevitável que os medos ou as vulnerabilidades de todos ficassem expostos em um momento ou outro. Todos nós tínhamos o direito a instantes nos quais estava tudo bem não conseguir lidar com as coisas. O essencial era que, quando era importante, cuidávamos uns dos outros.

Qualquer experiência que coloque você em contato com fatalidades em massa ou com a desumanidade da raça humana vai, sem dúvida, deixar uma marca indelével em sua vida. Participei de vários eventos públicos com a escritora policial Val McDermid e nos tornamos boas amigas. Val é uma mulher muito inteligente e sensível e ela comentou comigo que, nessas ocasiões, posso ser ultrajante e fazer uma plateia rir, ou mesmo gargalhar horrores, mas no minuto em que começamos a falar sobre o Kosovo, ela sente que um véu parece descer conforme recuo para um lugar distante. Ela contou que meu tom fica contemplativo e a atmosfera é tomada por tristeza. Nunca estou ciente disso, mas não me surpreende.

É uma resposta subconsciente, originada, suspeito eu, da necessidade de não perder a perspectiva. A compartimentalização, por outro lado, é uma escolha cognitiva, algo que você se treina para fazer. Não acredito que eu seja desinteressada e fria, mas me considero sensata. Sou dura na queda quando tenho que ser, em particular no trabalho, onde faço todo esforço para manter ao mínimo as reações viscerais e o investimento emocional, abrindo uma porta imaginária numa caixa clínica e indiferente dentro de minha cabeça. Se os peritos forenses se permitissem se deter na imensidão da dor humana ou nas situações horríveis que encontramos, seríamos cientistas ineficazes. Não podemos assumir o sofrimento dos mortos. Esse não é nosso trabalho, e se não fizermos nosso trabalho, não ajudaremos ninguém.

Alan Alda, ator e defensor da comunicação pública da ciência, diz que às vezes as maiores coisas acontecem nos limiares, e é ao transpor de forma consciente um limite imaginado na mente que passamos de um mundo para outro. É provável que haja vários compartimentos autossuficientes escondidos ali — penso neles como quartos —, e os conheço tão bem que escolho de modo automático aquele que melhor se adapta ao trabalho em questão naquele dia.

Se estou trabalhando com restos humanos em decomposição, encontro uma sala onde o cheiro não é marcado. Se estou lidando com assassinatos, desmembramento ou eventos traumáticos, passo o dia num espaço tranquilo onde há uma sensação de calma e segurança. Se tiver material para analisar relacionado a abuso infantil, vou para um canto distante da sala onde há pouca conectividade sensorial, para que eu não transfira para meu espaço pessoal o que estou vendo e ouvindo naquela paisagem alienígena de violência incompreensível. Ao ocupar cada caixa, estou ciente de que estou me esforçando para ser uma observadora inerte, porém também uma que aplica de forma proativa seu treinamento científico ao que é observado, e não necessariamente uma participante psicologicamente sensível. É quase uma forma de automatização analítica. O verdadeiro eu permanece fora daquela caixa em algum lugar, distante e protegido do bombardeio sensorial do trabalho que acontece no interior.

Depois de examinar, registrar, formar uma opinião e concluir minha tarefa, tudo o que preciso fazer é abrir a porta da sala, cruzar a soleira, trancá-la atrás de mim e estou de volta à vida normal. Posso então ir para casa e ser eu — uma mãe, uma avó, uma esposa, uma pessoa normal. Posso sentar e assistir a um filme, fazer compras, arrancar ervas daninhas no jardim ou assar um bolo. É imperativo que a porta seja mantida trancada e que eu não deixe ninguém entrar na caixa para bisbilhotar ou permitir de qualquer outra forma que uma vida vaze para a outra. Elas precisam ficar separadas por completo e ambas devem ser protegidas.

Apenas eu conheço o código de acesso à porta; apenas eu conheço todas as experiências que residem dentro da caixa, e todos os demônios que podem estar à espreita lá, tentando olhar por sobre meu ombro enquanto trabalho. Posso viver ao lado dessas experiências de maneira confortável quando habito o mundo forense delas, mas, quando saio, elas devem permanecer trancadas no interior. Não tenho a intenção de jamais as libertar. Não sinto a necessidade de "dirigir-me" a elas ou falar sobre elas em terapia. Nunca irei me comprometer com a maioria delas em papel ou gravá-las de alguma forma, fora em minhas anotações forenses. Em alguns casos, sou obrigada pela confidencialidade, mas, mesmo quando não estou, me considero responsável por salvaguardar a vulnerabilidade de outros, vivos ou mortos, e não trair seus segredos. Há coisas também que vi e fiz das quais minha família e amigos simplesmente não precisam saber, e não deveriam saber. Todos os casos que discuti neste livro já são de domínio público. Aqueles que não são estão encarcerados em suas caixas privadas.

É também uma questão de me proteger. Sendo realista, em meu trabalho, é normal temer a possibilidade de uma crise do tipo caixa de Pandora um dia. Se essa porta não for fechada direito e alguém sair bisbilhotando onde não foi convidado, existe o risco de que alguns ou todos os demônios escapem. Felizmente, até agora consegui manter meus dois mundos separados com razoável sucesso. Se colidirem e eu for vítima das garras do estresse pós-traumático, vou parar de fazer o trabalho que faço, porque sei que não vou ser mais uma observadora imparcial eficaz.

Devemos respeitar os efeitos potenciais de nosso trabalho sobre nós mesmos e nunca subestimar a natureza paralisante dessa condição clínica, que pode se manifestar sem aviso e à qual nunca devemos nos considerar imunes. Isso pode se desencadear em qualquer um de nós por algum incidente, grande ou pequeno, que ninguém jamais conseguiria prever. Já vi o impacto devastador do estresse pós-traumático em colegas que se tornaram tão assombrados pelo que viveram que não puderam trabalhar, e como isso destruiu vidas, relacionamentos e carreiras. A boa saúde mental requer atenção regular, portanto devemos permanecer vigilantes e manter nossa guarda com relação àqueles demônios encarcerados. Mas sempre que um ou dois deles conseguem escapar, o caos que causam não pode ser atribuído a qualquer fraqueza por parte de seu proprietário.

Como acredito que não há nada a temer sobre a morte em si, no meu caso esses demônios à espreita têm maior probabilidade de estarem associados aos crimes daqueles que ainda vivem e respiram. Só uma vez tive conhecimento de que meu trabalho ameaçava invadir minha vida privada, e é provável que o gatilho tenha sido o efeito subconsciente em minha psique das coisas terríveis que humanos são capazes de fazer a outros humanos, e não algum fantasma dos mortos.

Isso aconteceu quando nossa filha mais nova, Anna, foi convidada por um menino para um baile escolar. Ela estava linda em seu vestido longo, com o cabelo arrumado num penteado adulto. Tom e eu estávamos presentes no grande evento como parte do grupo de pais acompanhantes, observando para garantir que todos se comportavam, que nenhum álcool era consumido de forma clandestina e que o único fogo aceso era o do churrasco. A certa altura, procurando Anna na pista de dança, eu a vi dançando com um homem de meia-idade que não reconheci. Era uma escola pequena e eu achava que conhecia todo mundo. Ninguém foi capaz de me dizer quem ele era.

Senti o pulso começar a acelerar, meus níveis de estresse aumentarem e um rubor envolver meu rosto. Precisei de toda a força de vontade que pude reunir para não correr para a pista de dança e exigir saber quem ele era e por que estava dançando com minha filha. Obrigando-me a permanecer de fora, monitorei cada passo daquela dança. Observei onde ele colocava as mãos enquanto os dois giravam e valsavam, medindo quão perto estavam dançando e examinando sua interação física com Anna conforme conversavam e riam. O pobre homem nunca colocou um pé (ou mão) errado, mas isso não impediu que um alarme soasse em minha cabeça.

Reconhecendo que foi uma reação bem exagerada, para não dizer fora de padrão, eu mesma, aos poucos, me convenci e racionalizei a situação, trazendo-a de volta à normalidade, mesmo que meus batimentos cardíacos continuassem

sem me escutar. Disse a mim mesma que estávamos num evento escolar bem organizado, com pais e professores em todos os cantos, eu estava a poucos metros de distância de minha filha e não havia nenhum sinal de que houvesse perigo. Isso não me impediu de atravessar a pista de dança depois e perguntar, da forma mais casual possível, se ela estava se divertindo e, a propósito, quem era o homem com quem estivera dançando. No fim das contas, era o pai do rapaz que a havia convidado. Eu me senti muito boba, mas era certo que ainda estava agitada.

O estresse pós-traumático é isso? Não sei, mas foi uma sensação de ameaça e pânico que eu nunca tinha experimentado antes nem desde então, felizmente. Era possível atribuir isso aos medos comuns de uma mãe superprotetora, mas eu sabia que estava com certeza fora de controle e isso não era normal para mim. Foi um momento louco, mas o fato de tê-lo percebido e compreendido de imediato o que era, me assegurou que, se eu fosse atingida por estresse pós--traumático, talvez houvesse uma boa chance de reconhecê-lo.

Tínhamos tido quatro casos de identificação de pedófilos naquela semana, o que talvez possa explicar minha resposta atípica. Embora a maior parte de nosso trabalho seja, naturalmente, com os mortos, o alcance da antropologia forense agora se estende à identificação dos vivos. Uma importante e inovadora vertente é a assistência que minha equipe em Dundee tem capacidade de oferecer, tanto em situações nacionais quanto internacionais, aos casos de abuso sexual infantil. Isso surgiu como resultado de nossos esforços para responder a uma questão colocada por uma investigação em particular.

Com frequência a pesquisa de identificação é conduzida por tais questões, o que nos apresenta uma oportunidade emocionante, porque, muito de vez em quando, um campo inteiramente novo pode ser desvendado. Com grande parte do trabalho inicial sobre identificação em uso há mais de um século, é um evento raro e maravilhoso quando algo novo surge. O principal exemplo disso é o perfil de DNA, em que o sistema inventado e desenvolvido por sir Alec Jeffreys na Universidade de Leicester acabou se tornando o padrão forense em todo o mundo e mudou nosso domínio para sempre. Tanto é assim que amiúde esquecemos que não tínhamos análise de DNA em nossa caixa de ferramentas forense até a década de 1980.

Para mim, esse caminho se abriu quando a polícia entrou em contato para obter ajuda num caso complicado. Embora nem a metodologia nem os princípios subjacentes aos quais recorremos fossem novos, a maneira que encontramos de aplicá-los eram. Às vezes, é necessária uma mudança nas circunstâncias sociais para reacender uma arte perdida ou para que uma abordagem específica se torne "de seu tempo", e foi isso que aconteceu nesse campo.

Em 2006, fui contatada por Nick Marsh, chefe do serviço fotográfico da Polícia Metropolitana, com quem eu havia servido no Kosovo. Ele tinha um caso complexo e não sabia bem por onde seguir, então resolveu ver se eu podia ajudar.

A Met estava investigando um pai acusado por sua filha adolescente de abuso sexual. Eles tinham algumas imagens que achavam que podiam ser úteis, mas não sabiam como extrair provas delas — e, para ser franca, nós também não sabíamos.

A menina alegou que o pai entrava em seu quarto no meio da noite e a tocava de forma inadequada enquanto ela dormia. Ela contou para a mãe, que não estava preparada para acreditar nela e considerou que era uma reclamação para chamar a atenção. Mas essa jovem inteligente e corajosa, determinada a demonstrar que estava falando a verdade, configurou a câmera do computador para gravar durante a noite. Às 4h30 da manhã, foram capturadas imagens da mão direita e do antebraço de um homem adulto que havia entrado no quarto e começado a molestá-la na cama — exatamente como a menina havia dito.

No escuro, a câmera havia mudado para o modo infravermelho (IR), então a imagem estava em preto e branco. Quando a imagem de uma parte viva do corpo é gravada dessa forma, a luz próxima à infravermelha é absorvida pelo sangue desoxigenado nas veias superficiais. Como resultado, as veias do intruso ficaram perfeitamente delineadas, parecendo um pouco como um mapa de linhas pretas de bonde. A pergunta que nos foi feita foi: poderíamos identificar alguém a partir do padrão de veias na parte de trás da mão e do antebraço? "Não fazemos ideia" foi a resposta, mas informamos que íamos pensar sobre isso e fazer alguma pesquisa bibliográfica para ver o que já havia a respeito do assunto.

O número de publicações relacionado à variação anatômica humana é extenso. Além de ter grande importância para os mundos médico, cirúrgico e odontológico, tem valor traduzível no domínio forense da identificação humana. Andreas Vesalius sabia em 1543 que as veias nas extremidades do corpo variavam muito em sua localização e padrão, então nada entre a fossa cubital (a fossa do cotovelo) e as pontas dos dedos eram confiáveis em termos de encontrar uma veia no membro superior onde se esperava que ela estivesse. Cerca de 350 anos depois, no começo do século XX, outro professor de medicina legal na Universidade de Pádua, Arrigo Tamassia, era da opinião que nenhum padrão de duas veias visto no dorso da mão era idêntico em dois indivíduos.

Tamassia criticava o sistema de antropometria Bertillon que começava a ganhar força como forma de registrar as medidas físicas e as aparências de criminosos. O bertillonage, em conjunto com as impressões digitais, predominava no mundo da criminalística científica naquela época. Considerando que os padrões venosos não podiam ser disfarçados, não mudavam com a idade e não podiam ser destruídos, Tamassia acreditava que havia espaço para a correspondência de padrões venosos na identificação de infratores. Com base no fato que, enquanto a análise das impressões digitais exigia um longo treinamento, os seis padrões básicos de análise das veias, e suas muitas variações de subclasse, podiam ser observados a partir de uma fotografia ou desenhados em papel, ele argumentou que a análise das veias seria um teste mais fácil de ser realizado por agentes da lei.

A nova técnica de Tamassia foi adotada com rapidez nos Estados Unidos. Artigos de jornais no *Victoria Colonist* em 1909, e no *New York Times* e na *Scientific American* no ano seguinte, consideraram-no revolucionário.

Tamassia descreveu de forma bastante categórica os padrões venosos como "infalíveis, indestrutíveis e inapagáveis". Talvez isso tenha sido um pouco precipitado, pois seu pronunciamento foi imortalizado bem rápido na ficção criminal por Arthur B. Reeve, autor de uma série de histórias de detetives com o professor Craig Kennedy, que foi apelidado por alguns de Sherlock Holmes norte-americano. Em *The Poisoned Pen,* de 1911, Kennedy confronta o criminoso com estas palavras: "Talvez você não esteja familiarizado com o fato, mas as marcas das veias na parte de trás da mão são particulares de cada indivíduo — tão infalíveis, indestrutíveis e inapagáveis quanto as impressões digitais ou o formato da orelha".

De alguma forma, a ciência perdeu o interesse por padrões de veias e seu brilho esmaeceu. No entanto, como todas as boas ideias, não morreu, apenas ficou adormecido, esperando a oportunidade e o acaso para tirá-lo da hibernação. No início dos anos 1980, Joe Rice, um engenheiro de controles e automação da Kodak na Inglaterra, acreditava ter inventado o reconhecimento de padrões de veias. Ele não tinha, é claro, porque Vesalius e Tamassia haviam aberto esse caminho. O que Rice inventou, usando a tecnologia infravermelha, foi um leitor de código de barras vascular biométrico que podia armazenar o padrão próprio da veia e, por extensão, o de outras pessoas. Ele teve a ideia depois que seus cartões bancários e identidade foram roubados, desenvolvendo um método de identificação que alegou ser mais seguro do que um código PIN.

Rice patenteou seu sistema Veincheck, mas o mundo ainda estava preso às impressões digitais, então sua inovação, bem como a anterior de Tamassia, caiu em relativo desuso. Na chegada do novo milênio, entretanto, a biometria e a segurança eram indústrias em expansão. Quando a patente do trabalho de Rice expirou, tanto Hitachi quanto Fujitsu lançaram produtos de segurança usando a biometria das veias, aclamando o padrão das veias como o mais consistente, discriminatório e preciso dos traços biométricos. Hoje em dia os especialistas em segurança veem o reconhecimento do padrão vascular (VPR) como uma biometria valiosa porque, segundo dizem, não pode ser destruído, não pode ser imitado e não é alterado com a idade. Não é maravilhoso como a História cantarola uma melodia familiar?

Para que o padrão de veia seja usado como meio de identificação, é necessário primeiro registrá-lo e armazená-lo num banco de dados pesquisável. Então, quando o indivíduo coloca a mão num visualizador infravermelho, a imagem é comparada de modo automático com todos os padrões mantidos no banco de dados e a correspondência com seu proprietário é encontrada. Não há risco para a saúde e, como as mãos estão sempre à mostra, não há estigma ou inconveniência em apresentar essa parte do corpo para análise.

Para ver a variabilidade dos padrões das veias no corpo humano, basta dar uma olhada nas veias na parte de trás da mão esquerda, comparar o padrão com o da mão direita e, em seguida, compará-lo com o de outra pessoa. Se suas mãos forem um pouco peludas ou mais carnudas, você poderá ver o padrão na parte de dentro dos pulsos com mais clareza. Todos serão diferentes, mesmo em gêmeos idênticos, porque nossas veias são formadas antes do nascimento de uma forma que as torna únicas. No feto, os vasos sanguíneos se desenvolvem a partir de pequenas "poças" isoladas de células sanguíneas. Quando o coração começa a bombear e depois relaxar, as artérias e veias começam a se formar à medida que as poças se aglutinam. Artérias são bastante consistentes na localização e no padrão; as veias variam muito mais e, quanto mais distantes do coração, mais inconstantes são. Por isso, como observou Vesalius, as veias dos pés e das mãos apresentam mais variação de padrão do que as das pernas ou dos braços.

Em 2006, tínhamos o benefício do trabalho acumulado de Vesalius (de espécimes anatômicos), Tamassia (de pesquisa forense) e os avanços feitos por Rice, Hitachi e Fujitsu em biometria. Seria possível traduzir tudo isso numa técnica que respondesse à pergunta feita pela polícia que investigava essa acusação de abuso sexual em particular?

O que não tínhamos era a oportunidade de comparar um padrão de veia extraído de uma imagem por meio de um algoritmo matemático com sua contraparte armazenada num banco de dados. Tivemos que comparar a imagem da câmera do computador da jovem com uma fotografia do antebraço e da mão do pai dela sob custódia. Então, nesse sentido, nosso método era mais parecido com o de Tamassia do que com os de seus sucessores. Se o padrão das veias não fosse o mesmo, íamos ter certeza de que o braço e a mão não pertenciam ao mesmo indivíduo em ambas as imagens e, portanto, poderíamos excluir o pai. Contudo, se o padrão fosse o mesmo, não poderíamos dizer com igual certeza que era o mesmo homem em ambas as imagens, porque não tínhamos informações que nos permitissem fazer as inferências estatísticas necessárias sobre quão variável um padrão de veia era e se duas pessoas podiam compartilhar o mesmo padrão. Não tínhamos nem como perguntar a Vesalius, que já estava morto havia quinhentos anos, ou a Tamassia, que tinha morrido havia quase cem, então estávamos basicamente procurando excluir o pai. Eu me pergunto se Vesalius ou Tamassia poderia ter nos dado uma resposta. Às vezes, sinto que de forma coletiva sabemos menos de anatomia do que imaginávamos.

Na ciência forense, é importante que não exageremos as capacidades de nenhuma técnica. Não é nosso trabalho dizer que alguém é inocente ou culpado, é nosso dever e responsabilidade examinar as provas de forma imparcial para dar uma opinião profissional válida, honesta e transparente sobre a confiabilidade, precisão e repetibilidade de nossos métodos e nossas descobertas.

Depois de comparar as veias da mão e do antebraço direitos do agressor com as do pai biológico da menina, fomos ao tribunal com nossos resultados e opiniões, tais como eram. Como foi a primeira vez que ouviram essa evidência num tribunal do Reino Unido, houve muita discussão entre o juiz e as equipes jurídicas sobre sua admissibilidade. O júri foi convidado a se retirar do tribunal para permitir o *voir dire* — um exame preliminar de uma testemunha pelo juiz ou advogado para avaliar a admissibilidade das provas. O juiz enfim decidiu que, como a análise do padrão das veias era baseada em sólidos conhecimentos anatômicos e um histórico de pesquisa anterior na indústria de biometria, ainda que limitado, seria admitida no tribunal e, portanto, o julgamento prosseguiu e apresentamos nossas evidências. Houve um interrogatório robusto da equipe de defesa, o que era compreensível, mas foi possível sobreviver.

Quando o júri devolveu um veredicto de inocência, ficamos mais do que ligeiramente surpresos. Quais eram as chances de outra pessoa — e alguém com um padrão de veia superficial muito semelhante na mão e no antebraço — estar no quarto da adolescente às 4h30 da manhã? Mas não cabe a nós como testemunhas especializadas convencer um júri ou questionar suas conclusões: eles são os julgadores dos fatos e a decisão final é inteiramente deles, sob a orientação do juiz.

O que podíamos fazer, e fizemos, foi perguntar à advogada se ela achava que havia tido algum problema com a ciência ou com minha comunicação da ciência. Talvez eu não tivesse sido capaz de transmitir a informação com clareza ao júri? Contudo, o que a advogada sentiu foi que, de forma um tanto bizarra, minha evidência provavelmente não havia sido um fator crítico na decisão final deles. A impressão dela era que o júri apenas não tinha acreditado na menina. Era possível que achassem que ela não estava chateada o suficiente e que talvez seu comportamento semeasse dúvidas a respeito de estar falando a verdade. E assim o réu estava livre para continuar vivendo, como um homem inocente, na mesma casa onde a própria filha o havia acusado de abuso.

O que aconteceu com a garota nunca vou saber, mas até hoje me preocupa o fato de que quem sabe eu pudesse ter feito mais. Só há uma maneira de melhorar a qualidade das provas que fornecemos e o destaque delas num caso, que é aumentando a validade e a robustez da ciência, e foi isso o que nos propusemos a fazer então. Havia sem dúvida algum mérito na pesquisa original de Tamassia e queríamos trazê-la ao mundo moderno da análise de imagens indecentes de crianças.

Além de ser uma traição bárbara à confiança que nossos filhos depositam nos adultos, produzir e compartilhar imagens indecentes de crianças é um dos crimes que mais crescem nesse milênio. Decidimos seguir os passos de Vesalius e Tamassia, estudando de início a variação na anatomia venosa do dorso da mão humana. Essa é a parte do corpo do perpetrador que é capturada com mais frequência em tais imagens. Foi um golpe de sorte que, entre 2007 e 2009, os cursos de treinamento em DVI que a Universidade de Dundee ofereceu para as forças policiais do Reino Unido trouxessem mais de 550 policiais para nosso campus. Perguntamos se eles estariam dispostos a nos auxiliar na criação de um banco de dados para que pudéssemos investigar variações anatômicas e quase todos concordaram.

Não estávamos de olho apenas nas veias: também começamos a considerar as cicatrizes e os padrões de pintas, sardas e sulcos de pele nos nós dos dedos — tudo considerado como características biométricas leves. Descobrimos que, quando analisadas em conjunto, essas variáveis independentes são muito úteis para nos auxiliar a distinguir de forma confiável entre indivíduos. Fotografamos cada policial em luz infravermelha e luz visível, registrando suas mãos, antebraços, braços, pés, pernas e coxas. O resultado é um banco de dados único com informações verdadeiras que prova ser de grande valor na validação de nossa pesquisa.

Conseguimos as bolsas, fizemos a pesquisa, escrevemos os artigos e a essa altura ajudamos a polícia em mais de uma centena de casos de suposto abuso sexual infantil, em que auxiliamos na exclusão de acusados de forma injusta e a fornecer provas para a acusação do culpado. Trabalhamos com grande parte da força policial do Reino Unido, com muitos pela Europa e alguns em lugares distantes como a Austrália e os Estados Unidos. Quando um caso chega até nós, em geral a polícia tem uma ideia bastante clara de quem pode ser o perpetrador e é normal que haja uma quantidade significativa de evidências para apoiar o caso da Coroa. No entanto, em muitas situações, o acusado se declara inocente ou, a conselho de seu advogado, responde "sem comentários" ao ser questionado. Nos casos que aceitamos, mais de 82% dos réus posteriormente mudaram a confissão de culpa como resultado das informações adicionais que nossa análise ofereceu.

Isso é muito importante porque significa que não é mais necessário um julgamento judicial completo. Além da economia de dinheiro público, o mais importante é que significa que a vítima não tem que testemunhar em tribunal contra seu agressor, que pode ser o próprio pai, o namorado da mãe ou alguém conhecido. É gratificante desempenhar um pequeno papel em casos em que os tribunais proferem sentenças de várias centenas de anos de prisão, incluindo muitas de prisão perpétua, para aqueles que cometem o que considero ser um dos crimes mais desprezíveis e hediondos contra os mais vulneráveis de nossa sociedade. Nenhum adulto tem o direito de roubar a inocência da infância.

Esse sucesso foi alcançado em grande parte graças à anatomia, onde os mortos de fato continuam a ensinar os vivos — não apenas emprestando seus corpos, mas, no caso das lições de Vesalius e Tamassia, por meio do legado de seu trabalho.

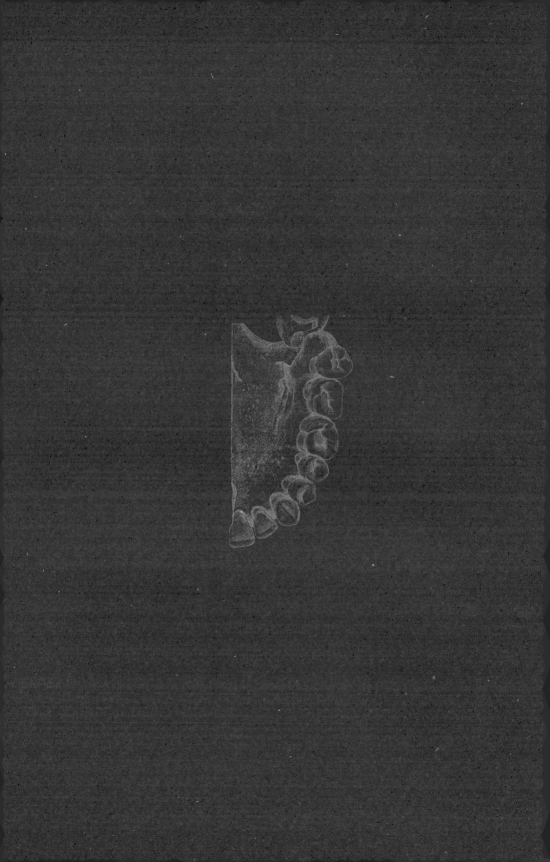

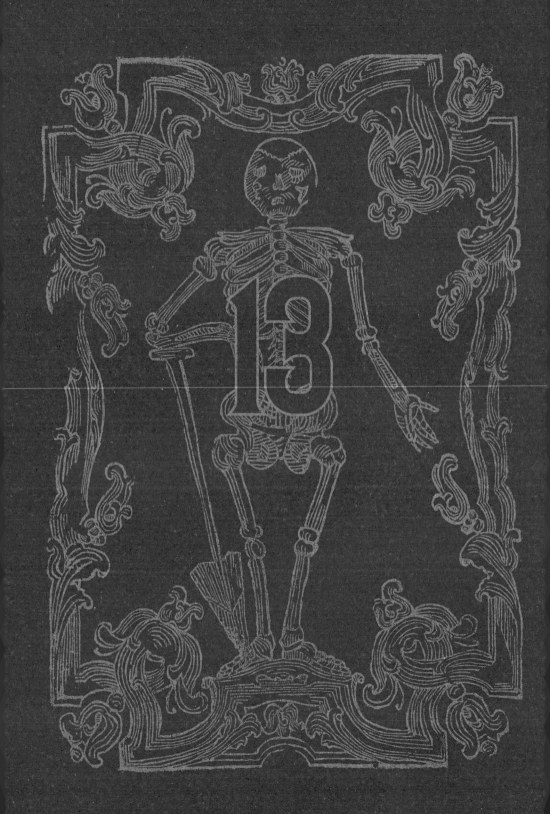

SUE BLACK
TODAS AS FACES DA MORTE

SOLUÇÃO IDEAL

CAPÍTULO 13

"Declaro aprender e ensinar anatomia não de livros, mas de dissecações, não dos princípios de Filósofos, mas do tecido da Natureza."
— William Harvey, *médico*, De Motu Cordis (1628) —

Os mortos devem ter onde residir até que sigam para o lugar de descanso final, e aqueles que legam seus restos mortais a nosso departamento de anatomia escolhem uma sala de espera tranquila e cheia de pessoas que se importam. Para demonstrar o quanto acreditam em nosso trabalho, muitos funcionários dos departamentos de anatomia assinam formulários de doação para que, quando chegar a hora — esperamos que após uma aposentadoria longa e feliz —, eles retornem a seus locais de trabalho para reassumir suas funções como professores. De alguma forma, faz parte da disciplina que o trabalho de sua vida também se torne o trabalho de sua morte.

Nosso trabalho nesse lugar de morte pode parecer macabro para alguns, mas, na realidade, é tudo menos isso. Os doadores muitas vezes têm o mais maravilhoso senso de humor. O cavalheiro idoso que acha graça de "uma jovenzinha como você ainda querer meu corpinho velho" não é atípico. E muitos acham que seus restos mortais devem ser usados de forma proveitosa. Permita-me compartilhar as palavras de Tessa Dunlop, que nos escreveu sobre seu pai, um fazendeiro de Perthshire que ia direto ao ponto:

> Meu pai, Donald, está com uma doença terminal, com câncer de medula óssea, há mais de quatro anos — seu corpo antes enorme agora está devastado. Eu não conseguia imaginar que a ciência teria muita utilidade para ele. Na verdade, eu não tinha certeza de que a ciência ainda precisava de corpos. Ninguém parecia falar sobre escassez. Os computadores não substituíram o papel do cadáver? Mas papai foi inflexível. "Um cadáver é algo muito pouco atraente. Você não vai querer o meu por aí, e eu não suporto funerais. Sem dúvida uma faculdade de medicina me aceitará." Depois de alguns formulários, a assinatura de uma testemunha e o decorrer de uma semana, ele obteve a resposta que esperava. A Universidade de Dundee... aceitou sua "generosa oferta". Ele estava sorrindo de orelha a orelha.

O sr. Dunlop tinha trabalhado duro a vida inteira e para ele parecia adequado que continuasse a trabalhar após a morte. Contudo, embora nossos doadores possam estar bastante à vontade com a própria decisão, algumas vezes não é tão fácil para aqueles que ficam. Certa vez uma viúva cujo marido havia legado o corpo a meu departamento me pediu para "cuidar" dele, pois não entendia por completo sua decisão ou seus desejos.

Entregar os restos mortais de uma pessoa que você amou por toda a vida a um estranho deve ser difícil, e levamos nosso dever de cuidado muito a sério. Na verdade, uma vez que a anatomia humana e o mundo do cadáver estão no centro de tudo o que fazemos, é nossa prioridade todos os dias guardar e proteger com zelo aqueles que escolhem continuar a ter valor para a sociedade após a morte, nos ajudando a todos a aprender mais sobre o corpo humano. Aquela viúva deve ter sido conquistada por sua experiência em nosso departamento, porque, quando chegou a época do funeral do marido, ela também havia assinado os formulários para doar o próprio corpo para a anatomia. Isso é algo encorajador que acontece com bastante frequência.

Quando fui para a Universidade de Dundee, foi com a garantia de que a dissecação de corpo inteiro seria mantida para todos os alunos. Aos olhos da maioria dos reitores de universidade, a anatomia é uma disciplina morta da qual não há mais retorno financeiro a ser obtido e é, portanto, um luxo. Como resultado, ela se tornou um foco de desinvestimento em muitas escolas médicas. Os administradores podem se sentir seduzidos pelas opções de realidade virtual ou aumentada que a tecnologia moderna consegue oferecer, o que eles acreditam ser adequado ao curto tempo de atenção associado à educação hoje em dia. Mas presumir não haver nada novo para aprender nem nenhum processo operacional a ser melhorado ou desenvolvido no estudo da anatomia é entender mal sua importância para tantas disciplinas. Num mundo preguiçoso, é muito menos trabalhoso declarar que uma disciplina está morta do que olhar para o que é necessário rejuvenescer e expandir.

Nenhum computador, livro, modelo ou simulação pode substituir o impacto multissensorial de aprender com o melhor. Seguir o caminho, como tantos departamentos de anatomia fizeram, de privar os alunos da oportunidade de explorar um corpo humano real é, em minha opinião, prejudicial para a experiência universitária e apenas cria problemas para os médicos, dentistas e cientistas do futuro que, para se tornarem especialistas em suas áreas, com certeza merecem poder estudar pelos melhores meios. O que todo aluno aprende numa sala de dissecação é que não existem dois corpos com anatomia idêntica. Existem inúmeras variações possíveis e, se essas não forem aprendidas e compreendidas, as pessoas que sofrerão são os pacientes desavisados desses futuros praticantes. Acredita-se que cerca de 10% de todos os casos legais envolvendo erro médico sejam devido à ignorância da variação anatômica.

A anatomia tem sido governada por uma Lei do Parlamento desde 1832. A primeira legislação foi introduzida pelo governo Whig sob Earl Grey sobretudo como resposta aos assassinatos cometidos por Burke e Hare no distrito de West Port em Edimburgo. Numa tentativa de deter o comércio ilegal de cadáveres e elevar os padrões éticos da profissão, a lei permitia que professores de anatomia dissecassem os corpos tanto de criminosos quanto de pessoas pobres que não fossem reivindicadas, e que aceitassem legados e doações.

Antes das recentes emendas à Lei de Anatomia — em 2004 na Inglaterra e em 2006 na Escócia —, persistia uma velha cláusula que, paradoxalmente, tornava ilegal a prática ou o teste de cirurgiões em cadáveres. Eles podiam entrar numa sala de dissecação, podiam cortar a pele de um cadáver, mover o músculo ou serrar o fêmur, mas não podiam substituir o osso por uma prótese porque isso era classificado como um "procedimento". Essa restrição era um lembrete contínuo e direto da relação histórica entre cirurgiões e anatomistas. Os bons e velhos Burke e Hare ainda têm muito a responder.

Muitos anatomistas, cirurgiões e clínicos deram provas aos comitês governamentais para tranquilizá-los de que a nefasta associação comercial por trás dessa proibição de 170 anos não era mais relevante — cirurgiões eram confiáveis e deveriam ser autorizados a aprimorar suas habilidades em um cadáver humano em vez de em um paciente infeliz. A antiga parceria entre cirurgia e anatomia começou a florescer mais uma vez, mas havia um pequeno obstáculo a ser superado primeiro. Os cirurgiões viraram as costas para a anatomia logo depois que a legislação foi alterada, porque descobriram que o formol usado para embalsamar os cadáveres deixava o corpo rígido e inflexível demais para seus propósitos. Eles queriam algo que parecesse mais com a sensação e a resposta do tecido de um paciente vivo e decidiram que preferiam seguir a opção de usar cadáveres "frescos/congelados".

Eu não tinha apenas uma objeção passageira à anatomia ser conduzida nessa direção. Deixe-me explicar. Para cumprir a abordagem preferida por cirurgiões, quando um corpo legado é recebido fresco do hospital, da casa de saúde ou de onde quer que o doador tenha morrido, ele precisa ser seccionado em pedaços relevantes (região do ombro, cabeça, membros e assim por diante) de uma forma mais ou menos parecida com o desmembramento, o que a lei criminal vê como um insulto agravado a um cadáver. Em seguida, as partes são congeladas e, quando necessárias para cursos de cirurgia, recuperadas do congelador, descongeladas e usadas pelos estudantes, cirurgiões em treinamento e outros grupos. Como esses pedaços uma vez descongelados estão, para todos os efeitos, "frescos", após dois dias não terão mais um cheiro tão fresco e, como qualquer matéria orgânica, não responderão bem ao congelamento e descongelamento repetidas vezes. Portanto, terão valor limitado, se houver algum, para a aprendizagem de outros grupos depois que o primeiro tiver terminado de usá-los. Além disso, sabe-se que muitos patógenos são capazes de sobreviver ao congelamento e podem apenas permanecer adormecidos antes de se regenerar quando os tecidos começam a aquecer de novo. Então a probabilidade de transferência e infecção aumenta, e aqueles que estão aprendendo seu ofício devem tomar grande cuidado para não se cortar, bem como garantir que todas as vacinas estão em dia.

A mudança na lei também tornou legal a importação de partes do corpo do exterior para o Reino Unido. Bem, isso me deixou bem incomodada. O fato de que você podia fazer um pedido de, digamos, oito pernas para uma empresa nos Estados Unidos, todas com um suposto atestado de serem saudáveis, já era ruim o suficiente; o fato de que, após o uso, essas partes do corpo seriam então incineradas como lixo clínico, pessoalmente considerei desrespeitoso e inaceitável. Para mim, parecia que esses restos mortais estavam sendo tratados mais como mercadorias descartáveis do que com a consideração devida às pessoas que haviam morrido.

Assim, em minha opinião, o sistema fresco/congelado como administrado em algumas instituições parecia não apenas um desperdício de recursos preciosos, mas questionável em termos morais. Eu também não estava disposta a assumir o risco inerente à saúde e à segurança. Dava para imaginar as possíveis consequências: se um cirurgião ou um estudante se cortasse e contraísse uma infecção, podíamos acabar diante de uma ação judicial alegando que a lesão havia acabado com sua carreira médica. Nossa universidade realizou um estudo de viabilidade, liderado por um membro da alta administração, e fiquei feliz e aliviada quando isso produziu a recomendação de que Dundee não deveria adotar o método fresco/congelado. Se tivesse, eu teria ido embora.

Entretanto, estava claro que continuar com o formol era um problema por várias razões. Para começar, havia o custo. Tínhamos visto pela experiência dos cirurgiões em treinamento que o tecido humano embalsamado em formol não era ideal para todos os procedimentos que eles precisavam praticar. E a questão crítica de saúde e segurança era fundamental para o resguardo médico e de sua reputação. É importante que o tecido seja estéril e, embora o formol satisfaça esse critério em maior ou menor grau, também sabemos que, em concentração, é um possível carcinógeno. Na verdade, o formol já estava sendo analisado em muitos países e seu uso começava a ser desencorajado na sequência de uma decisão da União Europeia de 2007, segundo a qual uma redução na concentração aprovada estava sendo considerada. Se a diluição adicional se tornasse uma exigência legal, o papel do formol no campo da anatomia poderia se tornar redundante. Teríamos que colocar a cabeça para funcionar e encontrar uma solução que atendesse às necessidades de todos.

Eu me lembrei de ter ouvido falar de uma técnica que estava sendo utilizada na Áustria, desenvolvida por um carismático e inspirador anatomista e professor chamado Walter Thiel, e comecei a me perguntar se talvez isso pudesse ser uma resposta. O professor Thiel, chefe do Instituto Anatômico de Graz, era um estudante de medicina em Praga quando foi chamado para o serviço ativo na Segunda Guerra Mundial. Depois de ser afastado do Exército por invalidez com um ferimento de bala no rosto, ele se curou e retomou os estudos médicos. Após a guerra, Thiel dedicou cinquenta anos de sua carreira profissional ao Instituto de Graz, onde, no início dos anos 1960, reconheceu justo o problema com o qual estávamos nos debatendo e fez da busca pela solução desse problema o trabalho de sua vida.

O objetivo de Thiel era encontrar uma forma mais efetiva de preservação dos corpos, que deixasse os tecidos flexíveis sem comprometer a longevidade do material e que, ao mesmo tempo, garantisse um ambiente de trabalho mais saudável para anatomistas e alunos. Ele havia notado que a qualidade da textura do presunto de "cura úmida" em seu açougue local era infinitamente superior ao produto final que ele era capaz de obter em suas salas de embalsamamento. O presunto mantinha tanto a cor quanto a flexibilidade depois de conservado em solução de sais. Ocorreu a ele que talvez a indústria alimentícia pudesse ter algo novo para ensinar à anatomia.

O açougueiro estava, é claro, restrito ao uso de produtos químicos adequados para a cadeia alimentar que não envenenariam seus clientes. Walter Thiel não tinha tais limitações. Seu experimento nunca seria vendido para consumo. Assim, ele embarcou num processo cuidadoso de tentativa e erro para aperfeiçoar uma solução de fixação suave — preservação em conserva, basicamente —, usando uma combinação de água, álcool, sais de nitrato de amônio e de potássio (para fixar os tecidos), ácido bórico (por suas propriedades antissépticas), etilenoglicol (para aumentar a plasticidade) e apenas formol suficiente para agir como fungicida.

Começando os testes com cortes de carne do mesmo açougue, ele continuou até chegar em animais inteiros. Percebeu que não era suficiente apenas banhar o corpo, também tinha que o imergir no fluido por um longo tempo para garantir que fosse preservado de dentro para fora e de fora para dentro. Desse modo, os tecidos permaneciam fixos, retinham cor e plasticidade e não precisavam ser refrigerados. É importante ressaltar que também não havia sinal de bactérias, fungos ou outros patógenos. Demorou trinta anos e mais de mil corpos para Thiel chegar a uma fórmula que enfim o deixou satisfeito e que ele achava que seria eficaz por um período ideal para a dissecação de todos os tecidos. A última e melhor solução que fabricou era quase estéril, quase incolor e quase inodora. Fazia tudo que era exigido, além de ser de produção relativamente barata.

O lema pelo qual Walter Thiel viveu — "Só o melhor é bom o suficiente" —, o otimismo contagiante e o espírito incansável foram todos refletidos em sua determinação para fazer a diferença na disciplina de sua escolha. Para provável desgosto de sua universidade hoje, ele não patenteou o método. O fato de, em vez disso, ter publicado o trabalho para o mundo, acreditando que tais desenvolvimentos científicos deveriam estar abertos a todos e não servir como propriedade para obter lucro ou para a vantagem de uma universidade em relação a outra, é prova da generosidade de espírito e do firme compromisso de Thiel com a pesquisa e o aprendizado colaborativo. Seu *éthos* ressoou alto conosco.

Tudo parecia bom demais para ser verdade. Mas às vezes não é necessário voltar para o rascunho sozinho. Alguém pode ter chegado lá antes de você, e tudo que é preciso fazer é adaptar o trabalho a seus requisitos e desenvolvê-lo ainda mais — assim como fizemos com a hipótese de identificação das veias de Tamassia. Nem todos precisamos ser gênios; alguns de nós só precisam ser aplicadores e adaptadores práticos. É importante que sejamos honestos e não recebamos crédito por ideias que não se originaram conosco.

Enviei dois membros de minha equipe, Roger e Roos, para Graz numa missão de reconhecimento para verificar a técnica de Thiel. Eles voltaram muito entusiasmados com as possibilidades que ela oferecia. Falaram sobre a incrível flexibilidade dos cadáveres, a duração de sua preservação, a bem-vinda ausência do fedor de formol que permeava todos os departamentos de anatomia do Reino Unido e a aparente resistência do fluido de embalsamamento a qualquer propensão para cultura de bactérias, mofo ou fungo. Eles não tinham encontrado nenhum lado negativo óbvio. Tudo isso e, disseram eles, não era mais caro do que formol... exceto numa área muito, muito pequenina. Isso exigiria uma estrutura de necrotério totalmente diferente, o que significava custo de investimento: justo o tipo de financiamento que as universidades não querem alocar para o que entendem como departamentos de anatomia mortos e morrendo.

Pensaríamos nisso quando chegasse a hora. Em primeiro lugar, persuadimos sir Alan Langlands, o diretor de nossa universidade, a nos dar uma pequena quantia, cerca de 3 mil libras, para pesquisa e desenvolvimento, porque precisávamos de evidências de uma validação de conceito. Decidimos testar o embalsamamento de Thiel em dois cadáveres, do sexo masculino e feminino, aos quais nos referimos internamente como Henry e Flora. (Por que sempre acabo chamando meus cadáveres do sexo masculino de Henry? Talvez o livro *Anatomia de Gray* esteja tão arraigado em minha alma, que já é subliminar.) Como não tínhamos as instalações necessárias feitas sob medida, teríamos que criar um esquema de necrotério adequado para o teste. Nascida numa geração que ficava grudada no aparelho de televisão a cada episódio de *Blue Peter* e *Dad's Army*, eu me orgulho de ser capaz de conceber uma maneira de fazer quase tudo com plástico adesivo, garrafas de detergente e tubos de papelão de papel higiênico. O que não conseguíssemos fazer, íamos improvisar, implorar e dar um jeito (mas sem roubar).

Encontramos um velho tanque de peixes gigante que estava sendo jogado fora num prédio de zoologia desativado e o transformamos num tanque de submersão do tamanho de um corpo que acomodaria dois cadáveres aconchegados lado a lado. Pegamos tubos e bombas de água emprestados. Fizemos tampas a partir de portas antigas e entendemos o funcionamento de uma química bem básica. Também tivemos que convencer a polícia local de que os nitratos que estávamos comprando a granel não eram para a construção de bombas, apenas para embalsamar cadáveres.

Henry foi o primeiro a ser preparado para o embalsamamento de Thiel. O fluido que tínhamos feito foi bombeado suavemente pelas veias de sua virilha e um pequeno corte foi feito no topo da cabeça para entrar nas cavidades venosas, que drenavam o sangue do cérebro. O processo todo levou menos de uma hora. Ele foi então submerso em nosso tanque e Flora se juntou a ele alguns dias depois. Ficaram lá por dois meses. Nós os verificamos todos os dias, girando-os para garantir que todas as superfícies estivessem expostas ao líquido. Procuramos sinais de decomposição ou inchaço. Nada que nos desse qualquer motivo de alarme parecia estar acontecendo. O que percebemos foi que, cada vez que os virávamos, eles permaneciam flexíveis e difíceis de pegar, um pouco como segurar um peixe molhado. Isso era um sinal encorajador.

De forma gradual, a cor rosada da pele empalideceu e a camada superior da pele morta foi se desfazendo, assim como todos os cabelos e unhas. Foi surpreendente que, à medida que a pele inchou um pouco, as rugas começaram a desaparecer e Henry e Flora passaram a parecer mais jovens. Infelizmente, entretanto, não acho que tenhamos descoberto um novo elixir da juventude — os produtos químicos são muito perigosos, e ficar num tanque com eles por dois meses pode ser um pouco inconveniente. Conforme as semanas se passaram, nada pareceu dar errado. Mas ficamos muito tempo com os dedos das mãos e dos pés cruzados.

Escrevemos a todos os cirurgiões na área de Dundee e Tayside e lhes perguntamos se estariam preparados para experimentar vários procedimentos cirúrgicos usando a abordagem de Thiel e então completar uma avaliação de *feedback* sobre o que funcionava e o que não funcionava do ponto de vista deles. Todos foram generosos quanto a tempo e conselhos. Roger e Roos planejaram os procedimentos como uma operação militar para garantir que os menos invasivos fossem concluídos primeiro e os mais invasivos por último, a fim de aproveitar ao máximo a assistência pioneira de Henry e Flora. Todos os cirurgiões relataram que o tecido conservado no método de Thiel era muito superior ao embalsamado em formol e muito mais agradável de trabalhar do que o método fresco/congelado, ao mesmo tempo em que oferecia as mesmas vantagens. De fato, da perspectiva deles, a única diferença entre o cadáver de Thiel e um paciente real era que os corpos estavam frios e não havia pulso. Seria isso mais um desafio diante de mim?

Embora não haja muito que possamos fazer para aumentar a temperatura de um cadáver, desde então estamos tentando fazer com que tenha um pulso parcial para um de nossos cursos de cirurgia. Se restringirmos uma área do sistema arterial, podemos enchê-la com um fluido da mesma consistência do sangue e ligá-la a uma bomba cíclica, produzindo tecnicamente um fluxo sanguíneo pulsátil. Desse modo, podemos simular uma hemorragia e marcar num cronômetro a quantidade de segundos que o cirurgião teria numa situação da vida real para conter o fluxo antes de perder o paciente. É simplesmente a mais incrível experiência de aprendizagem, com consequência direta e imediata para a sobrevivência do paciente e para o desenvolvimento de habilidades cirúrgicas, em particular nas cirurgias de combate, em que o tempo é sem dúvida essencial. Também descobrimos que podemos conectar os cadáveres num ventilador para simular a respiração. Isso torna o ato de "operar" muito mais realista, mas tenho que admitir que até eu fiquei um pouco nervosa ao ver um cadáver em minha sala de dissecação "respirar" pela primeira vez.

O projeto inteiro foi um sucesso retumbante. Escrevemos a Walter Thiel, que estava ficando bastante frágil na época, para lhe contar que tínhamos conseguido imitar suas fantásticas realizações. Mais uma vez, não tínhamos desenvolvido nada novo: tínhamos apenas escutado discos antigos e captado a melodia. Fui convidada de volta a uma reunião do Tribunal Universitário para relatar os resultados de nosso julgamento. Houve um acordo unânime de que deveríamos começar a planejar uma conversão total do formol para o método de Thiel assim que isso fosse possível na prática. Sem poupar esforços, a universidade reconheceu o valor de se tornar o lar da única instalação cadavérica do método de Thiel no país. Isso tornaria a Universidade de Dundee do Reino Unido líder no campo.

Assim que a decisão foi tomada, nós jogamos nosso pequeno obstáculo: o necrotério existente não era adequado para o propósito e era muito pequeno. O local mal atendia nossas necessidades atuais, quanto mais o que havíamos planejado para o futuro. Como não podíamos de jeito nenhum interromper a admissão de corpos enquanto o renovávamos, teríamos que construir um novo. Nesse ínterim, o inspetor de anatomia de Sua Majestade entrou na briga. Nossa atual instalação de embalsamamento, disse o inspetor, precisava desesperadamente de reforma e a universidade tinha que considerar atualizá-la uma prioridade se desejasse continuar a ensinar anatomia baseada em dissecação em

Dundee. Esse movimento de pressão mais ou menos orquestrado foi um jogo baixo, eu sei, mas a universidade sem dúvida tinha algumas decisões a tomar e isso reunia o pensamento coletivo. O ensino de anatomia baseado em dissecação deveria ser mantido em Dundee? Se sim, era preciso reformar o antigo necrotério e usar formol como todos os outros, ou prender a capa de Super-Homem no pescoço, puxar a cueca sobre a meia-calça e dar o salto gigantesco de investir numa oportunidade clara de reivindicar um papel de liderança em anatomia no Reino Unido? Naturalmente, acho que a decisão tomada foi a certa.

A nova construção viria com um preço salgado de 2 milhões de libras. A universidade estava preparada para arcar com metade dos investimentos, mas caberia a nós levantar o restante. Onde na terra você encontra dinheiro para financiar um necrotério? Uma campanha em supermercado ou uma caixinha na estação ferroviária local não ia dar conta, e, encaremos os fatos, sem uma campanha pensada com cuidado, o apelo para um novo necrotério dificilmente ia mexer com a generosidade e a compaixão de nosso público da mesma forma que muitas das causas de caridade com as quais tínhamos que competir. Teríamos apenas que ser criativos de novo e pensar numa saída fora do comum.

Consultei uma grande amiga, Claire Leckie, que tem muita experiência em arrecadar fundos para instituições de caridade. Ela sugeriu que eu compilasse uma lista de todas as pessoas que "usaram" meus serviços ao longo dos anos, porque talvez fosse o momento de cobrar alguns favores há muito atrasados. Por exemplo, quem tinha me procurado no passado pedindo informação e podia me ajudar agora? Quando comecei a anotar nomes, percebi que era uma lista bem longa, mas um saltou dela: a celebrada escritora policial Val McDermid.

Val e eu tínhamos nos "conhecido" num programa de rádio mais de dez anos antes, quando ela estava em Manchester e eu estava no estúdio de Aberdeen. Enquanto esperávamos para ir ao ar, havíamos conversado e, no impulso do momento, como é meu costume, falei para ela: "A propósito, se um dia precisar de algum conselho forense-científico, fique à vontade para me ligar". De fato, ela ligou, muitas vezes, e isso levou a uma amizade calorosa e genuína da qual tenho profundo orgulho. Eu sabia que, se havia uma pessoa corajosa o suficiente, e louca o suficiente, para me ajudar com isso, era Val.

Pensamos juntas para traçar um esquema e, por fim, chegamos à maravilhosa campanha "Million for a Morgue". O novo necrotério precisaria de um nome e concordamos que deveria ser um que repercutisse com o público e a mídia. Mas, enquanto um ciclista olímpico ou um artista considerasse uma honra ter um velódromo ou uma galeria de arte com seu nome, quem gostaria de ser vinculado a um necrotério? A resposta estava na nossa cara. A resposta perfeita era um escritor policial. E por que não usar o ato de pôr nome no edifício como forma de dar visibilidade à campanha, bem como aumentar seus cofres, convidando o público a escolher o destinatário dessa homenagem duvidosa?

Val convenceu vários colegas de grande coração a se unir a ela para nos apoiar, incluindo Stuart MacBride, Jeffery Deaver, Tess Gerritsen, Lee Child, Jeff Lindsay, Peter James, Kathy Reichs, Mark Billingham e Harlan Coben. Lançamos um concurso online no qual entusiastas de escrita policial podiam votar para que o necrotério tivesse o nome de seu autor favorito em troca de uma pequena doação. Todos nós nos divertimos imensamente e a generosidade e a engenhosidade dos escritores não conheciam limites.

Jeffery Deaver incitou leitores a votar nele, alegando que era ele quem mais se parecia com um cadáver. Eu não podia fazer comentários de jeito nenhum, mas ninguém contestou sua afirmação. Músico talentoso, ele doou um CD de seu trabalho solo para ser leiloado para arrecadar fundos. Nossa única preocupação era o que faríamos se Lee Child ganhasse a maioria dos votos, pois batizar o novo prédio de "Child Mortuary", ou seja, algo como "Necrotério Infantil" a partir de seu sobrenome, dificilmente transmitiria a mensagem certa. Lee, sempre um cavalheiro, veio em nosso socorro, sugerindo que, se ele ganhasse, podíamos chamar de Necrotério Jack Reacher, em homenagem a seu personagem mais famoso. Ainda não explorei a conexão com Tom Cruise, mas estou guardando isso para uso futuro.

A magnífica e criativa Caro Ramsay elaborou um "livro de culinária de matar" com contribuições de receitas de seus colegas escritores policiais, que foi vendido em ajuda ao necrotério. Nunca um livro de receitas tinha sido associado a um departamento de anatomia — por várias boas razões. Isso exigiu uma publicidade bem cuidadosa, posso assegurar, mas foi um grande sucesso. Fizemos noites de degustação e demonstrações culinárias em todo o país e o livro chegou até a ser pré-selecionado na lista do World Cookbook de 2013.

Outros autores colocaram personagens de seus livros seguintes em leilão. Os licitantes vencedores podiam escolher se tornar um *bartender*, digamos, ou um espectador inocente no próximo romance de seu escritor policial favorito. Stuart MacBride organizou um tour pelos locais de Aberdeen imortalizados em seus romances com Logan McRae. Stuart também doou para a campanha os lucros de *The Completely Wholesome Adventures of Skeleton Bob*, três histórias infantis que ele havia escrito e ilustrado originalmente para seu sobrinho, Logan, contando as aventuras de um esqueleto com uma pele de malha rosa que se mete em todo tipo de confusão com bruxas e seu pai, o Ceifador Sinistro. Ficamos emocionados e honrados por ele nos ter confiado isso e permitido que publicássemos em seu nome.

Durante dezoito meses, trabalhamos intensamente para a campanha "Million for the Morgue". Fizemos sessão de autógrafos em festivais de escrita policial de Harrogate a Stirling. Demos palestras e entrevistas, falamos sobre nossa missão na televisão e em artigos de jornal e revista. Organizamos e participamos de painéis de discussão. E conseguimos. Levantamos o que era necessário para financiar o que faltava e permitir que a construção das novas instalações do método de Thiel começasse.

Concentrados como estávamos em construir e equipar nosso novo necrotério, ficamos completamente surpresos com um efeito colateral inesperado de nossa campanha. De volta a Dundee, Viv, nossa gerente de legado, reclamou que, depois de cada evento do qual participei, houve um aumento de indagações sobre legado de pessoas que, até ouvirem falar de "Million for a Morgue", nunca haviam percebido que os departamentos de anatomia ainda precisavam de órgãos para ensino e pesquisa. Em seguida, eles assinaram formulários de doação em massa, não apenas para Dundee, mas para outros departamentos de anatomia em todo o Reino Unido.

Nunca tínhamos previsto que nossa campanha seria uma espécie de recrutamento para a sala de dissecação, mas parecia que isso estava se tornando um subproduto muito positivo e bem-vindo. De fato, muito depois do fim das atividades de captação de recursos, o interesse ainda continua. Hoje temos mais de cem doações anuais, quase todas provenientes das regiões de Dundee e Tayside, com as quais construímos um vínculo de confiança muito forte.

Não estávamos pedindo nada além de dinheiro para nos ajudar a construir a nova instalação, mas talvez devêssemos ter pedido. Por que sempre achamos que o público precisa ser poupado quando se trata de morte e que as pessoas não querem falar sobre isso? Todos aqueles que nos contataram ficaram aliviados ao descobrir que havia uma discussão prática a ser realizada e uma terceira opção a ser considerada, além do sepultamento ou da cremação, quando chegasse a hora de decidir o que deveria acontecer com seus restos mortais depois que morressem. Eles não mostraram relutância alguma em falar sobre a morte ou fazer perguntas objetivas, e não houve nenhuma dificuldade em lidar com respostas diretas.

Uma mulher encantadora que queria doar seu corpo para Dundee ligou de Brighton, na costa sul da Inglaterra. Viv, como exige a etiqueta profissional, lhe falou, com razão, que havia escolas médicas muito mais próximas dela do que a nossa. Poderíamos, é claro, aceitar sua doação, mas seu patrimônio teria que arcar com os custos de transporte. Ela disse que não se importava com isso. Não estava interessada em ir para uma faculdade de medicina local porque ela queria ser um cadáver de última geração — queria se "Thielar". Walter, que faleceu em 2012 e, portanto, infelizmente não viveu para ver a abertura de nosso novo necrotério, teria ficado orgulhoso e acharia muita graça ao descobrir que ele se tornou um verbo.

Em um dos jantares de arrecadação de fundos que realizamos com os escritores policiais, conhecemos uma mulher que estava em conflito. Era doente terminal e estava determinada a doar seu corpo para a anatomia, mas o marido era totalmente contra. Embora não quisesse chateá-lo, ela queria que ele respeitasse seus desejos e concordasse em realizá-los. Durante nossa longa conversa, ficou claro que sua incapacidade de fazer o marido ver o quanto isso significava para ela era uma fonte de angústia. De forma compreensível, ele estava com medo de que fizéssemos coisas indizíveis e desrespeitosas com os cadáveres e sua única preocupação era a responsabilidade que sentia de proteger a dignidade e a decência da esposa na morte. Ela perguntou se eu estaria disposta a lhe escrever explicando exatamente o que fazíamos e por que o fazíamos, na esperança de que tal carta pudesse ser usada como ponto de partida para uma discussão conjugal menos temerosa.

Foi uma carta difícil de escrever e me exigiu bastante tempo, mas a resposta foi gratificante. A mulher disse que o marido achava que "agora tinha entendido" e que, embora "não estivesse feliz", concordava em respeitar a decisão dela. Só espero que ela tenha conseguido seu último desejo, que seu corpo tenha residido por algum tempo num departamento de anatomia em algum lugar no cinturão central da Escócia e que o marido tenha sentido algum pequeno conforto ao saber que o que a esposa ensinou a uma geração de estudantes continuará beneficiando pessoas doentes e à beira da morte por mais tempo do que ela jamais teria imaginado.

Quer nossos doadores venham até nós em Dundee, ou que apenas facilitemos seu caminho para outro departamento de anatomia para atender a um último pedido, é uma honra e um privilégio ajudá-los com o plano de "estar morto". Qualquer que seja seu trabalho ou posição na vida, sejam ricos ou pobres, altos ou acima do peso, cheios de doenças ou chegando com uma manicure completa e um novo penteado, morrendo muito jovens ou em idade avançada, essas pessoas incríveis estão unidas em sua decisão de doar seus restos mortais para o bem comum do valor inestimável da educação.

Consideramos nosso dever, como professores licenciados de anatomia, falar em seu nome, defender os princípios por elas representados e preservar sua dignidade. Felizmente, há muito se foram os dias dos filmes cômicos em que cenas envolvendo cadáveres enfiados em táxis, ou dedos encontrados no café da manhã de alguém, retratavam os mortos como um adereço em aventuras e piadas desrespeitosos de estudantes de medicina. Não tolero desrespeito em minha sala de dissecação, e o inspetor de anatomia de Sua Majestade também não vai tolerar. A contravenção da Lei da Anatomia pode acarretar pena de prisão. Com toda razão, dado quanta fé e confiança os doadores depositam em nós e em nossos estudantes para fazer esse trabalho.

É esse senso de responsabilidade que sustenta minhas opiniões pessoais sobre a exibição pública de cadáveres e o instante em que isso deixa de poder ser justificado como algo educacional e se torna nada mais do que voyeurismo macabro. Cobrar uma alta taxa de admissão em nome da educação para fazer com que o público fique boquiaberto com cadáveres posicionados como se estivessem jogando xadrez ou andando de bicicleta, ou expostos de maneira vulnerável no terceiro trimestre de gravidez, não torna essa exibição educacional. Acho o elemento do espetáculo desagradável e não consigo pensar em nenhuma circunstância em que eu apoiaria tal empreendimento comercial. Com a permissão de nosso inspetor, temos autorização para, de vez em quando, colocar espécimes embalsamados — aqueles que estão em recipientes de vidro ou de acrílico Perspex — em exposições especiais em centros de ciência e outros locais do tipo onde não há taxa de entrada e onde o foco é de fato a educação. Mas não podemos fazer isso, e não faremos, apenas por entretenimento. Deve haver um propósito educacional indiscutível para que seja feito, e isso sempre tornará a arrecadação de fundos uma batalha difícil para a anatomia.

Para nós, essa disciplina está muito longe de estar morta ou morrendo. Está viva e chamando atenção ao redor do mundo onde seus adeptos continuam apaixonados e comprometidos com sua sobrevivência e seu crescimento — e em nenhum outro lugar mais do que em Dundee. Estou tão orgulhosa de todos os doadores, funcionários, estudantes e muitos apoiadores que fizeram dessa fenomenal instituição de educação e pesquisa uma das melhores do mundo. Em 2013, tivemos a honra de receber o raro e prestigioso Prêmio do Aniversário da Rainha de Excelência do Ensino Superior e Profissionalizante por nossa pesquisa em anatomia humana e antropologia forense. E a visão de futuro continua. Na época da escrita deste livro, estávamos planejando celebrar 130 anos de ensino de anatomia em Dundee em 2018 e nos preparando para outra campanha para levantar fundos para adicionar um novo centro de engajamento público a nosso prédio.

E nosso necrotério novinho em folha? Ele foi inaugurado oficialmente em 2014 como o Necrotério Val McDermid, para surpresa de ninguém. Nunca houve muita dúvida, devido a seu grande número de seguidores e em reconhecimento a seu enorme empenho e compromisso com nossa causa, de que Val venceria a competição. Por causa de suas contribuições muito significativas — é preciso dizer, não há como questionar que o pequeno Esqueleto Bob deixou sua marca — e por ele ter obtido o segundo maior número de votos públicos, batizamos nossa sala de dissecação em homenagem a Stuart MacBride.

Em reconhecimento à generosidade dos outros escritores que nos emprestaram sua reputação, tempo e esforço durante a campanha, decidimos nomear os tanques de submersão individuais de Thiel em homenagem a nove das principais participações. O décimo é dedicado a meu antigo diretor de anatomia, Roger Soames, apoio constante ao longo de tudo o que fizemos em Dundee. Ele se aposentou logo após a construção do necrotério, por isso batizamos um tanque de Thiel em homenagem a ele como um presente de despedida. Quando as pessoas veem o nome dele no tanque, presumem que é ele lá dentro. Não é. Roger está feliz e saudável em sua aposentadoria, mas quem sabe, talvez um dia meu anatomista favorito e querido amigo volte para casa para ensinar seus alunos outra vez. Se voltar, será bem-vindo, mas espero que seja numa data futura muito distante.

Temos onze tanques ao todo. Quando chegar minha hora, gosto muito da ideia de flutuar com tranquilidade no Tanque Black. Isso seria muito maneiro!

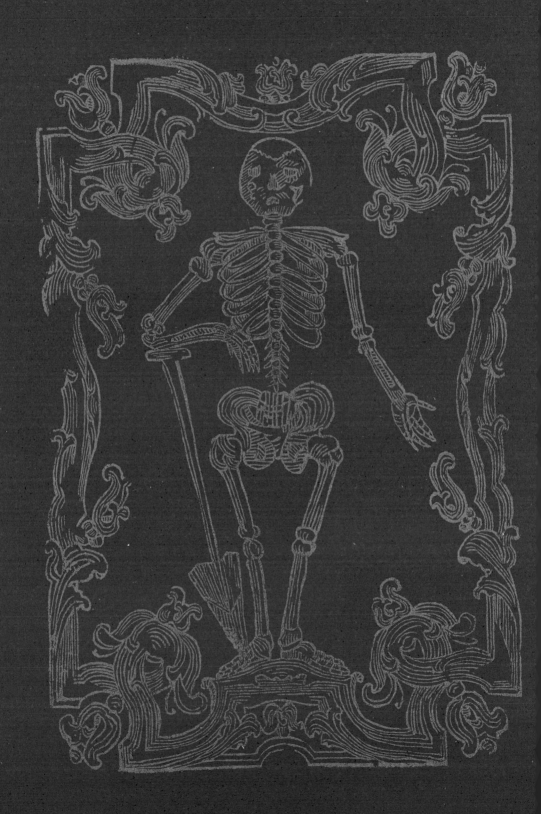

SUE BLACK

TODAS AS
FACES
DA MORTE

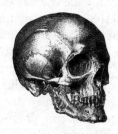

TUDO O QUE RESTA

EPÍLOGO

"Morrer vai ser uma grande aventura."
— J.M. Barrie, *Peter Pan* —

Através dessa breve exploração das muitas faces que a morte revelou para mim, espero que tenha mostrado que minha relação com ela é de uma camaradagem confortável.

Embora eu não seja uma estudiosa de tanatologia — o estudo científico da morte —, acho que tive experiências suficientes com o trabalho dela para ter adquirido uma compreensão saudável do que pode estar vindo em minha direção. Entretanto, eu nunca teria a ousadia de dizer com certeza como me comportaria no final de minha vida. Suspeito que a pessoa que reflete profundamente e com frequência sobre sua morte e sobre morrer tem pouca semelhança com aquela que enfim a confronta na vida real. É o elemento do desconhecido que impulsiona esse filosofar, que tende a aumentar à medida que os anos passam e a beirada de nosso próprio buraco no chão fica cada vez mais próxima. Como nunca ninguém voltou para nos contar como a morte é de fato, nenhuma preparação e planejamento podem garantir a suavidade do caminho que temos pela frente. A única coisa certa é que todos nós teremos que seguir por ele mais cedo ou mais tarde. E, por mais que outros possam caminhar por parte do caminho conosco, é uma jornada que devemos fazer em última instância apenas com a própria morte como companhia.

O momento em que sentimos que a vida parou e a morte começou é, imagino, diferente para todos nós. Para muitos, simplesmente não estar morto significa que ainda não terminamos de viver. Há algo que possamos fazer para mantê-la distante? Talvez ela esteja aberta a algum grau de defesa dos mortais. Talvez seja possível raciocinar ou negociar com ela, se o debate posto à sua frente for convincente o bastante e fortalecido por uma atitude mental firme. Quantas vezes já ouvimos falar de pacientes terminais que, determinados a viver seu último Natal, o casamento de seu filho ou algum outro evento significativo, ultrapassa um prognóstico clínico para alcançar seu desejo, apenas para morrer dias depois? O problema com prognósticos — que, afinal, só podem ser um palpite — é que costumam se tornar uma profecia autorrealizada. Às vezes pode nos tirar a vontade de continuar lutando além do prazo que nos propusemos e depois disso perdemos o foco, apenas deixamos de viver e começamos a morrer. Ou pode ser que tenhamos investido cada grama de força que nos resta para alcançar esse marco e ficamos simplesmente esgotados.

Encontrar a força de vontade para lutar contra a morte que invade de forma constante e implacável em vez de focar num objetivo específico pode ser a alternativa. A verdadeira inspiração a esse respeito é Norman Cousins, o jornalista político norte-americano que foi diagnosticado em 1964 com espondilite anquilosante, uma doença do tecido conjuntivo, e informado de que tinha apenas uma chance em quinhentas de recuperação. Tendo acreditado por muito tempo que as emoções humanas eram a chave para o sucesso na luta contra as doenças, ele começou a tomar grandes doses de vitamina C, mudou-se para um hotel e comprou um projetor de cinema. Ele descobriu que se conseguisse dar uma boa gargalhada assistindo a reprises de episódios de *Candid Camera* ou filmes dos irmãos Marx, ele teria pelo menos duas horas de sono sem dor.

Em seis meses ele estava de pé de novo e em dois anos havia retomado seu trabalho em tempo integral. Primos morreram de insuficiência cardíaca 26 anos após seu diagnóstico — e 36 anos após ele ter sido informado pela primeira vez de que tinha doença cardíaca. Norman apenas se recusou a morrer quando os médicos lhe disseram que ele morreria e sua terapia foi o riso. Não há nada de errado em deixar a vida para trás se essa for nossa escolha, mas talvez a experiência de Norman seja uma lição para aqueles que ainda não estão prontos para fazer isso.

Existem muitos fatores bem conhecidos que podem ter um efeito benéfico ou prejudicial em nossa longevidade. Uma dieta saudável, exercícios, ser casado e ser mulher podem resultar numa vida mais longa. O fato de que a vida das mulheres é cerca de 5% mais longa do que a dos homens é confirmado em quase todos os países estudados. Há uma sugestão de que isso pode ser porque as mulheres têm dois cromossomos X e os homens apenas um, o que dá às mulheres uma reserva se algo der errado. É uma ideia legal, mas a longevidade inferior do homem é muito mais provável de ser devido aos efeitos colaterais negativos da testosterona.

Um estudo de pesquisa sobre os eunucos da corte imperial da Dinastia Chosun (1392-1910) na Coréia mostrou que eles viviam em média vinte anos a mais do que os homens não castrados. O que é curioso, contudo, é que isso só é verdade se os testículos forem removidos antes dos 15 anos de idade. Para os indivíduos esterilizados após o início da puberdade e, portanto, após as influências bioquímicas da testosterona terem entrado em ação, o diferencial era menos marcante. Mas seria algo extremo, para não mencionar as consequências para o futuro da raça humana, se os homens tentassem ganhar mais vinte anos se esterilizando.

É comum medirmos nossa vida e suas partes constituintes em semanas, meses ou anos. Pode ser mais interessante medi-la em termos de risco. Existem créditos e débitos aqui que podem afetar nossa expectativa de vida, e escolher como os usar pode influenciar o resultado mais provável.

Em 1978, numa contribuição ao livro *Societal Risk Assessment: How Safe is Safe Enough?*, Ronald A. Howard da Universidade de Stanford introduziu seu conceito de uma unidade de risco de morte, que ele quantificou como 1 em 100 mil e nomeou de "micromorte". O princípio é muito simples: quanto maior o valor em micromortes de uma determinada atividade, mais perigoso é e maiores são as chances de resultar em falecimento. Isso pode ser aplicado tanto para tarefas diárias quanto para situações mais arriscadas, bem como para aquelas que carregam perigos imediatos ou cumulativos. Por exemplo, uma micromorte equivale a viajar quase 10 km numa motocicleta ou 10 mil km de trem, subentendendo que, como modo de transporte, um trem é mil vezes mais seguro do que uma motocicleta. Portanto, essa medida nos permite comparar o risco inerente a várias atividades e pode, em alguns casos, nos fazer pensar duas vezes se um empreendimento em particular vale mesmo a pena. Uma cirurgia com anestesia geral é avaliada em aproximadamente dez micromortes, paraquedismo em cerca de oito micromortes por salto e correr uma maratona por volta de sete por corrida. Aqueles que se arriscam de verdade podem acumular um número impressionante de micromortes — os alpinistas podem se expor a 40 mil micromortes a cada subida.

Todos esses são atos isolados com perigo de morte instantânea, definidos pelo professor Howard como um risco agudo. Uma atividade com efeito cumulativo, que leva tempo para se tornar um fator de risco genuíno, é chamada de risco crônico. Nessa categoria, beber meio litro de vinho ou viver dois meses com um fumante rende uma micromorte.

Num tom mais feliz, podemos recuperar parte de nosso tempo ameaçado adquirindo microvidas para nós mesmos. A microvida é uma unidade quantificada por sir David Spiegelhalter, da Universidade de Cambridge, como um ganho ou perda diária de trinta minutos de nossa existência. Todos nós sabemos que tipo de atividades vão nos fazer ganhar ou vão nos custar microvidas e, para ser sincera, as que dão crédito raras vezes são divertidas. Quatro microvidas para homens e três para mulheres se parece muito com cinco porções de frutas e vegetais por dia. Pois é, repolho cru de almoço outra vez.

Acho que devemos conceber uma nova medida de risco: o microrriso. Quão mais maravilhosas seriam nossas vidas, sejam longas ou curtas, se as medíssemos em alegria, risos e coisas absurdas? As microvidas se acumulam, as micromortes são fatais, mas os microrrisos não têm preço. Acho que Norman Cousins concordaria.

E quanto a meu processo de morte, a morte em si e estar morta?

Estou bastante tranquila no momento sobre as partes da "morte em si" e "estar morta" — não há medo algum e, na verdade, sinto quase um leve arrepio de excitação com as possibilidades do que está por vir. Conheço as imperfeições e os pontos fortes deste corpo desde sempre e gostaria muito de ver como ele lida com a tarefa que lhe é exigida antes de seu desligamento final. Mas não sou nenhuma heroína, por isso, igual à maioria das pessoas, prefiro passar o mais rápido possível pela parte do "processo de morte". De uma forma estranha, fico bastante intrigada com o limiar que separa morrer de estar morta, e gostaria de viver isso quando chegar o momento. Mas não por muito tempo. Como disse o filósofo romano Sêneca: "O homem sábio viverá o tempo que deve, não o tempo que pode".

Não tenho qualquer desejo de viver até idade muito avançada se isso significar drenar os recursos que os mais jovens precisam, em especial se não tiver mais nada de valor para dar e me tornar um fardo para aqueles que amo. Quero ser independente e ter mobilidade até minhas últimas horas nesta terra e, para isso, sacrificaria de boa vontade a quantidade pela qualidade. Como diz um verso de Eliot, deixe-me ir com uma explosão, não com um suspiro. Estou preparada para tolerar algum desconforto corporal com o avanço da idade, mas, por favor, não confunda minha cabeça. Não me deixe definhar numa casa de saúde sem alma nem em um hospital. Não deixe a demência roubar minha vida, minhas histórias e minhas memórias. Não quero que minha morte ecoe a de meu pai.

Já me perguntaram por que decidi escrever este livro e por que agora. A verdade é que é uma oportunidade de escrever algumas de minhas histórias para nossas meninas, para que elas possam sempre as ouvir em minhas palavras, e não nas palavras de outras pessoas. Meu pai era um grande contador de histórias e eu as escutava repetidas vezes enquanto crescia. Em tempos recentes, encontrei uma carta que Grace e Anna lhe enviaram em 1997. Como parte do presente de Natal, deram a ele um livro e uma caneta e pedido para que escrevesse suas histórias para que não se perdessem para sempre. Infelizmente, meu pai nunca fez isso, e a maioria delas morreu com ele. E mais algumas vão acabar morrendo comigo. Portanto, espero que este livro dê a Beth, Grace e Anna, e às gerações seguintes, um pouco mais de compreensão sobre mim e minha vida quando eu não estiver aqui.

Meu marido e minhas filhas ficam desesperados comigo porque a última vez que procurei um clínico geral de verdade foi quando estava grávida de Anna, mais de vinte anos atrás. Não tomo medicamentos prescritos, embora suspeite que, se fizesse uma tomografia de corpo inteiro, seria colocada num regime de comprimidos para alterar meu açúcar, ou minha pressão arterial, ou meu colesterol, ou algo assim. Uma vez que você começa a seguir esse caminho, tomará comprimidos pelo resto da vida.

E a indignidade de um convite para fazer um teste de "cocô" pousando em seu capacho no seu cinquentenário... É sério isso? Óbvio que entendo que a medicina preventiva salva vidas, e há muitos que ficam felizes por terem optado por se submeter a tais testes. Todos nós temos uma escolha nesses assuntos. Mas, em minha opinião, não vejo a utilidade de ir ao médico para que eles possam procurar algum possível problema quando não há indicação de nada nesse momento. Tenho dores e aflições que devem ser esperadas em minha idade e não preciso ir a um clínico geral para uma consulta profunda de seis minutos para ser informada de que estou acima do peso e deveria fazer mais exercício. Portanto, deixo meu marido me dar uma única aspirina todos os dias, e pronto.

Minha avó sempre me alertou para ficar longe de hospitais. Em sua experiência, entrar num hospital só aumentava suas chances de sair direto para um caixão. Não quero que minha vida seja prejudicada pelas restrições de um diagnóstico ou prognóstico, não quero que seja definida por uma doença ou que se torne uma estatística médica. Em última análise, o destino determinará por quanto tempo viverei e quando morrerei. Não quero que minha morte seja evitada. Todos nós temos opiniões e temperamentos diferentes e sabemos até onde vamos para evitar uma doença, e a morte deve ser uma decisão pessoal. É provável que a minha seja esperar até que o que quer que enfim vai me levar torne-se crítico. Prefiro não permitir que meu processo de morte e minha morte sejam medicalizados.

Minha vida tem sido plena. Tem tido algum propósito. Tem sido divertida. Conheci muitas pessoas maravilhosas. Meu marido é meu melhor amigo. Temos filhas e netos lindos. Já vivi mais do que meus pais. Mesmo que minha expectativa de vida original, mais conservadora, ainda seja verdadeira, ainda tenho dezessete anos pela frente e, para ser franca, todos os dias, de agora até lá, considero um bônus. É claro que eu gostaria que tudo isso durasse o máximo possível, mas meu principal desejo é que minha morte se conforme à ordem natural do ciclo da vida — em outras palavras, quero morrer antes de minhas filhas e meus netos. Tendo visto a dor e o sofrimento de pais que perderam um filho, eu não desejaria esse tormento para ninguém.

Agora que tenho menos tempo à frente do que atrás, estou começando a me concentrar naquele limiar que devo cruzar em algum momento nos próximos trinta anos. Não tenho medo de cruzá-lo sozinha. Na verdade, acho que prefiro morrer sozinha — em privacidade, em silêncio, à minha maneira e em meu ritmo. Não quero me distrair por ter que me preocupar com a dor e a tristeza de meus entes queridos. Quero garantir que tudo esteja organizado. Não quero dar trabalho ou deixar problemas para ninguém. Quero que seja simples e ordenado e o próximo passo lógico em minha vida. Não quero ser um incômodo.

Então, como eu gostaria que isso acontecesse? Embora não queira que meu processo de morte seja como o de meu pai, eu daria as boas-vindas ao mesmo tipo de morte: simplesmente virar meu rosto para a parede quando estivesse pronta. Não acredito que teria coragem de me matar e, portanto, devo estar preparada para esperar com alguma paciência a chegada da morte. Será que eu tomaria a pílula de morte assistida se ela estivesse disponível? Talvez, dependendo das circunstâncias, mas eu não teria o mesmo tipo de coragem de Arthur, meu trainee de cadáver. Tenho grande fé que a sociedade vai recobrar o juízo antes que eu passe dessa para melhor e vai permitir que planejemos nossa morte em vez de ter que a aguentar nas mãos de médicos ou profissionais de saúde bem-intencionados. Gostaria que minha ida fosse natural: não quero transplantes, nem RCP, nem alimentação por soro, nem uma seringa cheia de opiáceos em meus momentos finais. Sem dúvida posso estar me iludindo por completo. É bem possível que, quando o primeiro pontinho de dor surgir, eu grite pela morfina. Duvido, no entanto. Não gosto de perder a sensação ou o controle. E sempre tive uma tolerância para dor muito alta (três bebês, sem nenhum alívio para dor). Só o tempo dirá se estou certa. Quando a morte vier para mim, gostaria de estar bem viva para ter minha conversa pessoal com ela livre de remédios.

Por mais que a morte do tio Willie tenha sido sem dor, acho que foi um pouco rápida demais para meu gosto. Também não quero morrer durante o sono. Vejo a morte como minha aventura final e fico relutante em ser enganada e perder qualquer instante dela. Afinal de contas, só vou vivê-la uma vez. Quero ser capaz de reconhecer a morte, ouvi-la chegar, vê-la, tocá-la, cheirá-la e saboreá-la; perceber todos meus sentidos sendo atacados e, em meus últimos momentos, compreendê-la tanto quanto é humanamente possível. Esse é o evento para o qual minha vida sempre se encaminhou, e não quero perder nada por não ter um assento na primeira fila.

Talvez eu tenha a sorte de morrer como sir Thomas Urquhart, o viajado polímata do século XVII, escritor e tradutor de Cromarty, no nordeste da Escócia, que foi declarado um traidor pelo parlamento por sua participação na ascensão monarquista em Inverness. Não o sujeitaram a nenhuma penalidade muito severa, embora mais tarde ele tenha sido detido na Torre de Londres e em Windsor por lutar no lado monarquista na Batalha de Worcester. Urquhart era excêntrico ao extremo. Entre suas afirmações, contava que sua bisavó de 109 anos, Termuth, era a mulher que havia encontrado Moisés nos juncos e sua bisavó de 87 anos era a Rainha de Sabá. Depois de ser libertado por Oliver Cromwell, ele voltou ao continente. Dizem que, ao receber a notícia do retorno do rei Charles II ao trono, Urquhart riu até a morte. Micromortes encontram microrrisos — veja só que fim.

Duvido que seja esse meu destino, o que é uma pena. Mas tenho uma previsão para você. Acho que vou morrer antes dos 75 anos. Suspeito que seja relacionado ao coração, e como parece que as mortes por infarto do miocárdio atingem o pico nas segundas-feiras, às 11h, estou reservando a minha para uma quarta-feira ao meio-dia.

Obviamente não sei de fato como morrer, afinal nunca fiz isso antes. Mas com certeza não pode ser tão difícil: todos que já viveram antes de mim parecem ter lidado com isso bem o suficiente, com algumas possíveis exceções entre os vencedores dos irônicos prêmios de Darwin, que conseguiram realizar com sucesso suas mortes de maneiras ridículas. Não tenho como ensaiar e não posso pedir conselhos a ninguém que o tenha feito. Então realmente não há motivo para preocupações. Mas sei que não estarei sozinha. Quer haja outras pessoas presentes ou não, a morte vai estar comigo, e ela tem mais experiência do que ninguém, então estou certa de que vai me mostrar o que fazer.

Imagino minha morte como algo semelhante a ceder à anestesia geral permanente. Tudo fica preto, você não sabe mais nada e pronto, está morta. Se tudo o que existe além da morte é escuridão, não poderei me lembrar de qualquer maneira, o que é uma pena mesmo. Mas talvez isto seja tudo: um momento fugaz, anexado ao final de uma longa história como um último ponto final.

No entanto, tenho alguns planos muito bem definidos para a fase de estar morta. Quero garantir que meu corpo seja colocado em pleno uso para educação e pesquisa anatômica e, por isso, vou legar meus restos mortais a um departamento de anatomia escocês. Se eu tivesse escolha, preferiria ser dissecada por estudantes de ciências do que por médicos ou dentistas, pois procuro evitar médicos, e ninguém gosta de ir ao dentista, não é? Para mim, ser a próxima Henrietta de um estudante de anatomia seria completar meu círculo de vida. Hoje em dia, tenho um cartão de doadora de órgãos e pretendo assinar meus formulários de legado em meu 65º aniversário, se for poupada. A essa altura, as chances de os órgãos de que abusei por tanto tempo terem algum valor para uma pessoa viva serão muito reduzidas.

Tom não está feliz. Ele não quer que eu seja dissecada. Apesar de também ser um anatomista, ele é encantadoramente antiquado e gostaria de me dar um funeral tranquilo e respeitoso e depois me colocar para descansar num lugar onde as meninas possam me visitar caso desejem. Se eu for primeiro, é provável que ele consiga o que quer, pois eu nunca o forçaria a fazer nada que lhe causasse angústia. Entretanto, se ele for primeiro, seguirei com rigor seus desejos de morte e depois me certificarei de que os meus sejam cumpridos de forma clara e organizada.

No mundo ideal, eu gostaria de ser dissecada em minha própria sala de dissecação, mas posso aceitar que talvez seja injusto para minha equipe ter que realizar o processo de embalsamamento. Eles são profissionais, e imagino que ficariam bem com isso, em especial se fosse meu desejo explícito, mas não quero arriscar deixar ninguém chateado. No entanto, quero me Thielar e, no momento, Dundee é o único lugar onde isso é possível. Tornar-me um cadáver de formol não me atrai e me recuso terminantemente ao método fresco/congelado. Gosto da ideia de que Thiel oferece um pouco de flexibilidade extra para os membros — é provável que seja mais do que eles têm hoje em dia — e quero suavizar minhas rugas. E assim eu conseguiria repousar por alguns meses nas águas frias e escuras de meu tanque de submersão, desfrutando de um bom descanso depois de toda aquela tolice de morte. Eu me pergunto que aberrações em minha anatomia vão fazer algum aluno em algum lugar me amaldiçoar um dia e se serei uma professora tão boa quanto Henry foi para mim.

Uma vez que tudo tenha sido dissecado, gostaria que meu esqueleto fosse macerado (fervido para remover todo o tecido mole e para livrá-lo da gordura). Fico feliz de meus tecidos moles e órgãos serem cremados, embora não deixem muitas cinzas para minhas filhas espalharem. Tenho outros planos para meus ossos. Quero que sejam mantidos numa caixa na coleção de ensino esquelético da Universidade de Dundee. Deixarei um histórico completo de características de identificação — lesões, patologia etc. — que possa ser relacionado de volta aos ossos. Ficaria igualmente feliz se fosse articulada e pendurada na sala de dissecação, ou em nosso laboratório de ensino de antropologia forense, para que eu possa continuar a ensinar lá muito tempo depois de ter parado de funcionar. Como os ossos têm uma vida útil muito longa, posso ficar pendurada por séculos, quer meus alunos gostem ou não.

Se atingir meu objetivo, nunca morrerei de verdade, porque continuarei a viver na mente de quem aprende anatomia e se apaixona por sua beleza e lógica, assim como eu. Esse é o tipo de imortalidade que todos nós podemos aspirar alcançar em nossas esferas. Eu não teria nenhum desejo de viver na forma corpórea para sempre, mesmo se acreditasse que é possível.

Alguns optam por rejeitar a inevitabilidade da morte total. Muitos estão convencidos de que a alma, o espírito ou a essência de sua identidade viverá de alguma forma, na terra ou em seu conceito de céu, apesar da expiração do corpo. Outros acreditam que o espírito um dia vai se reunir com o próprio corpo. Ou, no caso daqueles que abraçam a ideia de reencarnação, com o de outra pessoa.

Há até mesmo algumas pessoas que têm seus corpos congelados criogenicamente à espera do momento de a ciência médica descobrir como trazê-los de volta à vida tal como eram antes. Nada disso é para mim.

Há vida após a morte? Quem sabe. E existem coisas como fantasmas? Minha avó supersticiosa com certeza diria que sim, mas, tendo passado grande parte de minha vida ao redor dos mortos, posso afirmar categoricamente que nenhum cadáver jamais me machucou e raras vezes um me ofendeu. Os mortos não são indisciplinados, e sim, em geral, muito bem-comportados e educados. Nenhum deles jamais voltou à vida em meu necrotério e sem dúvida não assombram meus sonhos. No fim das contas, os mortos dão muito menos trabalho do que os vivos. Só existe uma maneira de descobrir a verdade sobre o processo de morte, a morte em si e estar morto, e é vivendo isso, algo que todos nós acabaremos descobrindo. Só espero estar pronta e ter minha mala feita para a grande aventura.

Como é meu céu? Vamos cortar os anjos e as harpas — que irritante seria isso. Meu céu é paz, silêncio, lembranças e calor.

E meu inferno? Advogados, fios azuis e ratos.

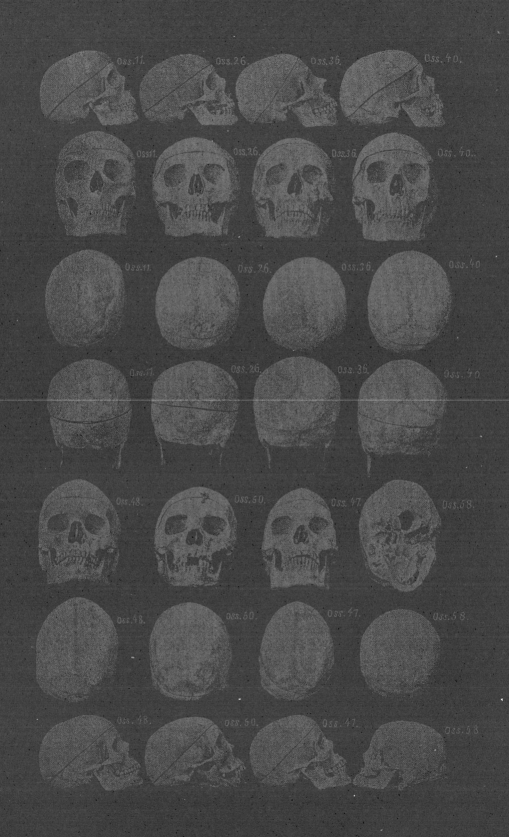

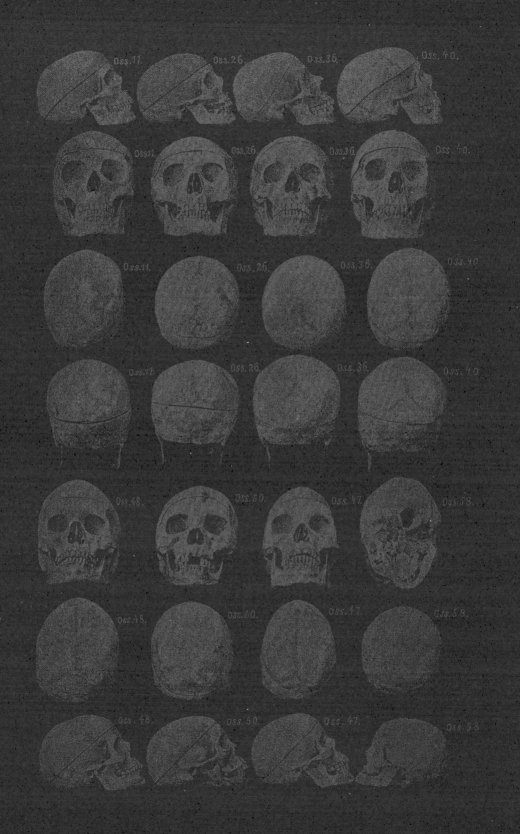

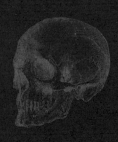

MORTUÁRIO
FOTOGRÁFICO

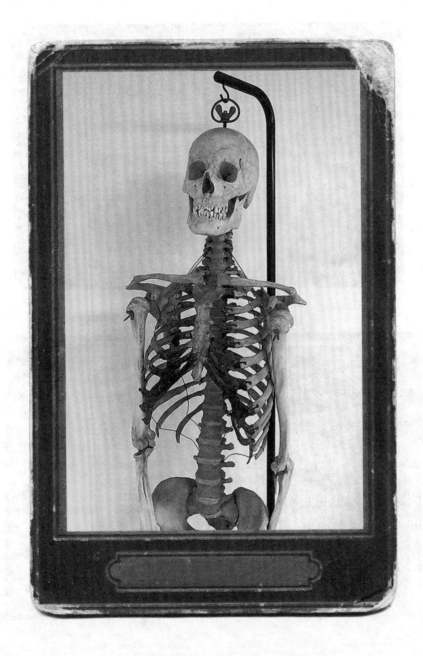

Um esqueleto humano adulto articulado que está pendurado em meu laboratório. Eu o menciono no capítulo 2. (*Coleção da autora*)

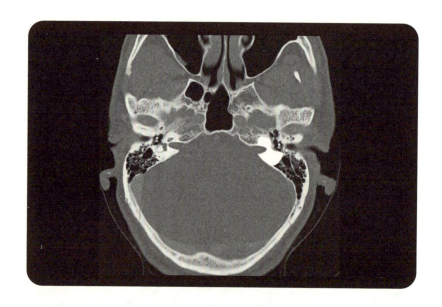

Acima, uma tomografia computadorizada do crânio mostrando a posição da cápsula ótica em sua base. Abaixo, Tio Willie na praia de Rosemarkie. *(Coleção da autora)*

Acima, minha mãe e meu pai, Isobel e Alasdair Gunn, no dia do casamento em 1955. Abaixo, minha avó, Margaret Gunn, em Inverness em 1974. (*Coleção da autora*)

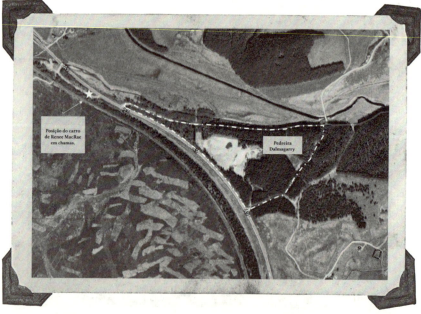

Acima, reconstrução facial do Homem de Rosemarkie. Sua história é abordada no capítulo 6. *(Cortesia do dr. Chris Rynn)*. Abaixo, a posição da Pedreira Dalmagarry, a estrada A9 e a localização do carro em chamas de Renee MacRae. *(Coleção da autora)*

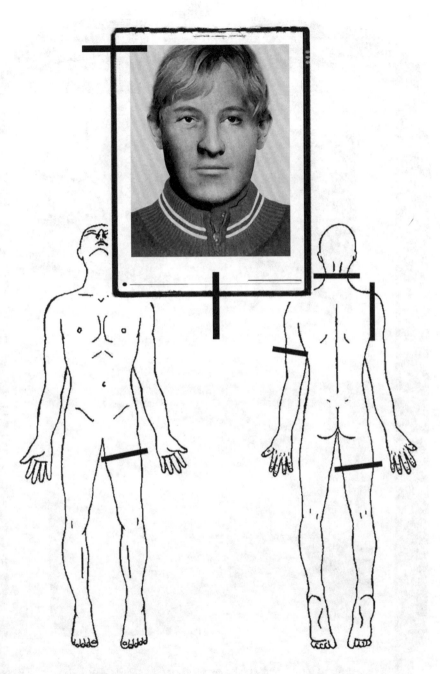

Acima, reconstrução facial do homem de Balmore, cuja história eu abordo no capítulo 8. *(Cortesia do dr. Chris Rynn)*. Abaixo, a posição dos cortes de desmembramento em Gemma McCluskie. *(Coleção da autora)*

Acima, primeiro dia no Kosovo. *(Fotografia de David Gross)*. Abaixo, tirando impressões digitais no treinamento de Identificação de Vítimas de Desastres. *(Coleção da autora)*

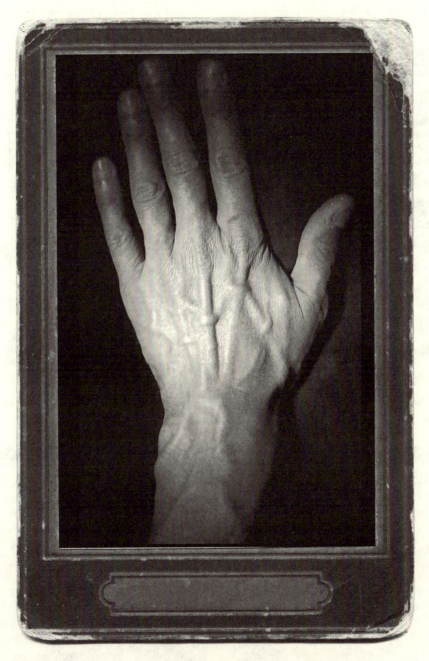

Anatomia da mão: variação das veias.
(Coleção da autora)

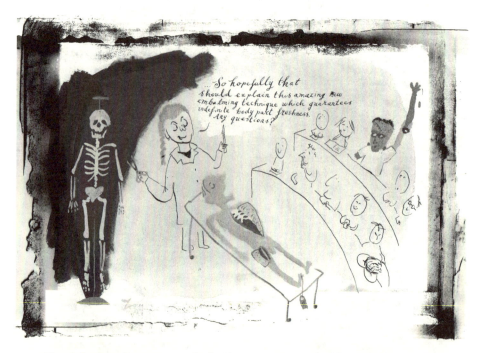

Charge doada para nossa campanha "Million for a Morgue". Ela diz: "... Então, espero que isso explique essa nova técnica de embalsamamento incrível que garante o frescor das partes do corpo por tempo indefinido. Alguma pergunta?". (*Charge de Zebedee Helm*)

Contemplação da vida.
(*Retrato por Janice Aitken*)

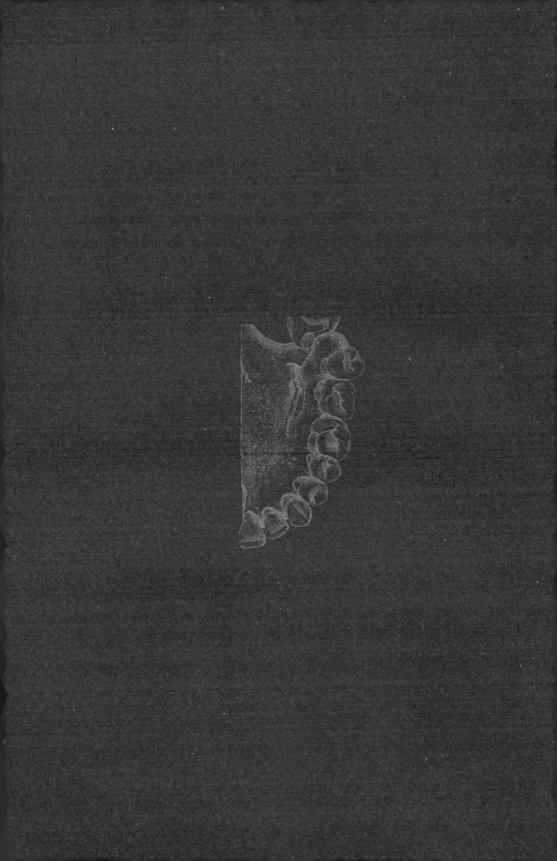

O interior de uma sala de dissecação em Edimburgo, 1889.

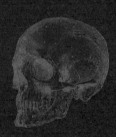

ÍNDICE REMISSIVO

A

Aberfan 198
abuso sexual 126, 229, 230, 232, 234
açougue 21, 241
adipocere 44
Alan Alda 226
Alasdair Gunn 265
Alec Jeffreys 48
Alexander Fallon 155
Alexander Gartshore 125
algor mortis 41
alteração pós-morte 42
análise
    da marca de instrumento 167
    de isótopos estáveis 150
    de trauma 108
    dos padrões de ferimentos 164
Anatomia de Gray 23, 243
ancestralidade 136, 137, 146, 147, 149
Andreas Vesalius 27, 230
Andrew MacRae 122
Anna Day 205
Anthony-Noel Kelly 28
antropologia forense 15, 99, 106
Archie Fraser 22
área do direito 101
Arrigo Tamassia 230
Arthur B. Reeve 231
Arthur (doador) 88, 256
artista forense 150
assassinato quebra-cabeça 169
assinaturas isotópicas 39
assistir a dissecações 92
atribuição de ancestralidade 149
atrocidades 179
avaliação de idade em pessoas vivas 146
avião da Malaysia Airlines 177

B

bactérias 104
baile escolar 228
Baldock 107
banco de dados 137
    de pessoas desaparecidas 50
    nacional de DNA 151
Barão Samuel von Pufendorf 177
Batalha do Kosovo 180
Bill Fraser 14
bombardeios de Londres 204
Brian Patten 97
B. Traven 52
Burke e Hare 239

C

caixões 110, 129
Canal Monkland 126, 131
canibalismo 101, 164
capelã 15
capital mundial transgênero 140
cápsula ótica 36, 37
Caroline Wilkinson 150
Caro Ramsay 246
carro 56
cartazes 150
cartões de Guthrie 151
casamento 265
casos arquivados 128
casos de desmembramento criminoso 159
catacumbas 102
categorias de pessoas desaparecidas 118
cemitério 81, 83, 100
    de Old Monkland 127
cera cadavérica 44
cérebro 35, 140, 142

cessação do fluxo 58
Chandra Bahadur Dangi 147
Charles Haddon-Cave 211
cheiro de formol 23
Chris Rynn 109
ciclo de vida 35
Claire Leckie 245
cobertura da mídia 119
compostagem humana 104
conceito de identidade 47
conhecimento forense 108
coração 94
corpo de bombeiros 117
corpos não identificados 136, 151
Corstorphine Hill 150
cozinhar 166
Craig Cunningham 129
crânios 93
cremação 85, 104
crianças desaparecidas 119
Crimewatch 51
cromossomos 138
cultura do vaso campaniforme 99
custo médio de um funeral 86

D

datação por radiocarbono 108
decomposição 193
decomposição ativa e avançada 43
defensivo 173
definição médico-legal 40
demência 74, 78
departamento
    de anatomia 23
    de pessoas desaparecidas 119, 165
desastre do Marchioness 210

descarte 128, 151
desenvolvimento do
    esqueleto humano
    216
desmembramento 157
desmembramento agressivo
    163
desproporção cefalopélvica
    107, 142
determinação de sexo 146
detetive Pat Campbell 128
Developmental Juvenile
    Osteology 217
dieta 38
discos de identificação 24
dispersão das partes 158

E

efeitos poluentes 103
Élie Metchnikoff 33
embalsamamento 241, 258
enforcamento 42
ensino de anatomia 216,
    245
envelhecimento 39, 153
equação osso-músculo 142
Erik Erikson 34
Escritório da Coroa 128
esmalte dos dentes 36
espécimes arqueológicos
    98
espécimes embalsamados
    249
esqueletização 43
esqueletos 29, 102
estabelecer a identidade 37
estágios 40
estatura 137, 147
estresse pós-traumático
    210, 228
estrogênio 139
estudo de anatomia 27, 35,
    239
estudos arqueológicos 110
estuprador de sapatos 152
eufemismo 191
eunucos 253
eutanásia voluntária 89

eventos de fatalidade em
    massa 198
Everilda Chesney 111
Exército de Libertação de
    Kosovo (ELK) 164
expectativa de morte 19, 97
expectativa de vida 17, 35,
    97, 253, 255
experiências de quase morte
    61
extrações 51
exumação 128, 131, 164,
    219

F

fazendas de cadáveres 44
fígado 35
fluido de embalsamamento
    103
fontanela anterior 141
formaldeído 29
formol 24, 241
Francis Bacon (filósofo) 60,
    215
Francis Bacon (pintor) 288
Frank Mulholland 125
Frantisek Rint 103
fundador do estudo
    anatômico 27
funerais 192

G

Galeno 28
geleia de sangue humano
    101
Gemma McCluskie 172
general Francis Rawdon
    Chesney 111
gerente de legado 247
Grace 71, 73
Graham Walker 201
gravidez 38
Gunther von Hagens 29

H

Harlan Coben 246
Henk Schut 82
Henry 242
Henry Gray 23
histologia 22
History Cold Case 105
Holly Wells 125
Homem de Balmore 135, 267
Homem de Rosemarkie
    109, 266
hora da morte 40, 78
humanos 33

I

Ian Huntley 125
idade 137, 148
identidade
    biológica 36, 137
    equivocada 59
    pessoal 137
identificação 24, 34, 99
    de vítimas de desastres
    198, 208
igreja de St. Barnabas 110
importação de partes 240
importada 28
impressões digitais 48, 137
Inácio de Antioquia 157
incêndios 117
    fatais 118
    na estação de King's Cross
    155
inspetor de anatomia de Sua
    Majestade 93, 244
instalações tafonômicas
    humanas 44
instrumentos 160
Interpol (Organização
    Internacional de
    Polícia Criminal) 48
intervalo pós-morte (IPM)
    40, 45
Inverness College 98
Isobel 265

J

Jack, o Estripador 164
Jan Bikker 129
Jeffery Deaver 246
Jeff Lindsay 246
Jessica Chapman 125
J.M. Barrie 251
Joe Rice 231
John Barclay 106
John Hunter 122
John Torrington 105
Josip Tito 181
juiz Kenneth Clarke 210

K

Kamiyah Mobley 119
Kathy Reichs 246
Katie do vale 62
Kenyon International 200
kosovares 182, 217
Kosovo 164, 177, 182, 183, 192

L

ladrões de corpos 106
Lady Dai 105
Lady Randolph Churchill 163
Lee Child 246
legado 257
legislação 101, 102
Lei da Anatomia 248
Lei de Sepultamento 102
Lena 75, 77
linfonodos 162
líquido 43
lividez 42
livor mortis 42
Livro de Lembranças 86, 88, 93
locais de acusação 192
Lois Tonkin 82
lorde Nelson 29

Louise Arbour 182
Louise Scheuer 215
Lucina Hackman 166

M

Margaret Stroebe 82
Marischal College 24, 99
Mark Billingham 246
Mark Lynch 208
Martin Guerre 47
massa de larvas 43
médiuns 126
medo da morte 60
memória 37, 72
Michael Day 215
Michael Howard 199
micromorte 253
microrriso 254
microvidas 254
Ministério das Relações Exteriores Britânico 184
Moira Anderson 125
mortalidade infantil 17
morte assistida 89
morte de Teenie 56
mortes relacionadas com água 119
moscas varejeiras 43
múmias 44
musculares 22, 30, 37, 41

N

não identificado 283
necrobioma 42
necromaníaco 164
necrotério 49
nervosas 36
Nick Marsh 229
Norman Cousins 252

O

odontologia legal 48
odores 43
ofensivo 164
O Navio da Morte (livro) 52
Organização das Nações Unidas (ONU) 180
Organização para a Segurança e Cooperação na Europa 180
ossuários 102
OTAN (Organização do Tratado do Atlântico Norte) 182
Ötzi, o Homem de Gelo 105

P

Paddy Ashdown 199
países quentes e úmidos 201
pallor mortis 40, 42
papel do antropólogo forense 16
patologia forense 15
Pedreira Dalmagarry 121
pele 161
pelves 141, 143
perfil biológico 48
perfis de DNA 153
pessoas desaparecidas 150
Peter James 246
Peter Marshall 81
Peter Vanezis 179
Phyllis Dunleavy 151
plastinação 29
Polícia Metropolitana 186, 229
post mortem 206
preparação 198
presente 255
preservação 44, 201
preservação dos corpos 241

primeira dissecação 25
príncipe Lazar 181
procedimento de DVI 198
processo de morte 62
profanação de cadáveres 101
programa de ensino 205
Promession 104
prova documental 110, 146
puberdade 139
pulmões 35
pulso 59
pulso parcial 244
putrefação 42, 210

Q

Quílon de Esparta 115

R

reciclagem de túmulos 102
reconhecimento de padrões
    de veias 230, 231,
    242, 269
reconstrução facial 51, 106
recuperação de provas
    forenses 186
região facial 149
registros
    médicos 16
    odontológicos 51
religião 15, 101
Renee MacRae 120
respiração 78
responsabilidade de cuidar
    da morte 67
ressurreicionistas 106
rigor mortis 41
rins 35
rituais 69, 82
Robert Knox 29
Robert Pershing Wadlow
    147
Robin Cook 188
Roger Soames 249
Ronald A. Howard 253
roubo de identidade 135

S

Saddleworth Moor 99
Samuel Butler 55
Sandra Brown 126
sangue 40
sanguíneas 232
sem solução 116
Sêneca 254
senso de identidade 34
sepulturas 102
sequenciamento de DNA
    metagenômico 42
serviço memorial 206
Sinclair Upton 127
sir Alan Langlands 242
Slobodan Milosevic 180
solo 100
Stephen Covey 135
St. Thomas' Hospital 215
Stuart MacBride 246
suicídio assistido 89
suicídios relatados
    associados à água
    119

T

Tailândia 140
tanques de submersão 249
tatuagens 153
Teenie 56
temperatura 193
teoria do luto 82
Tessa Dunlop 238
Tess Gerritsen 246
testes de Guthrie 151
testosterona 253
Theodor Seuss Geisel 67
Thiel 242
Thomas Urquhart 256
Tibete 81
Tio Willie 55, 57
Tom 75
tomografia
    computadorizada
    264
Tony Blair 199

Tony McCluskie 173
treinamento de policiais 68
tribunal 36
tsunami asiático (2004)
    140, 151, 204, 213,
    285

U

unhas 16, 39
Unidade Especial
    Antiterrorismo da
    Sérvia (SAJ) 182
Universidade de Aberdeen
    22, 99
Universidade de Dundee 15

V

Val McDermid 226
vasos sanguíneos 22, 24, 94,
    105, 162, 232
Velika Krusa 186
viés de confirmação 178

W

Walter Thiel 241
William Bury 164
William E. Gladstone 197
William Harvey 237
William Hunter 106
William MacDowell 120
Wilson Mizner 97
Wolfram Meier-Augenstein
    106

X

Xanthe Mallett 105

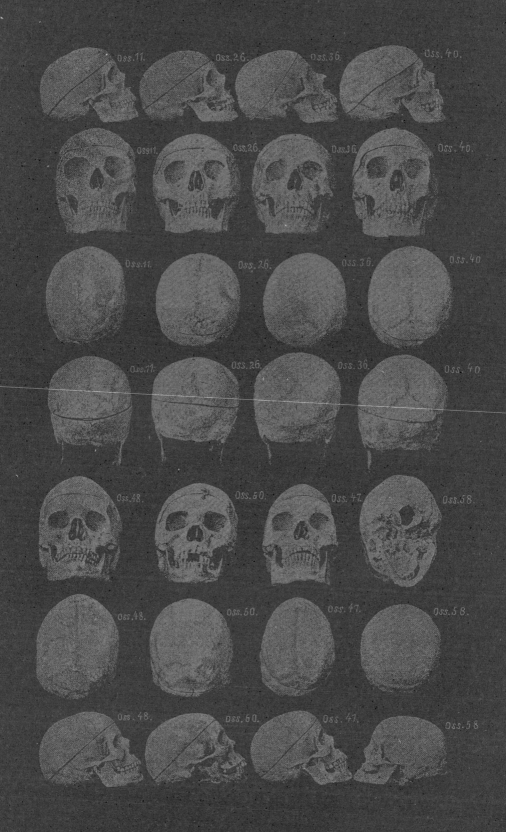

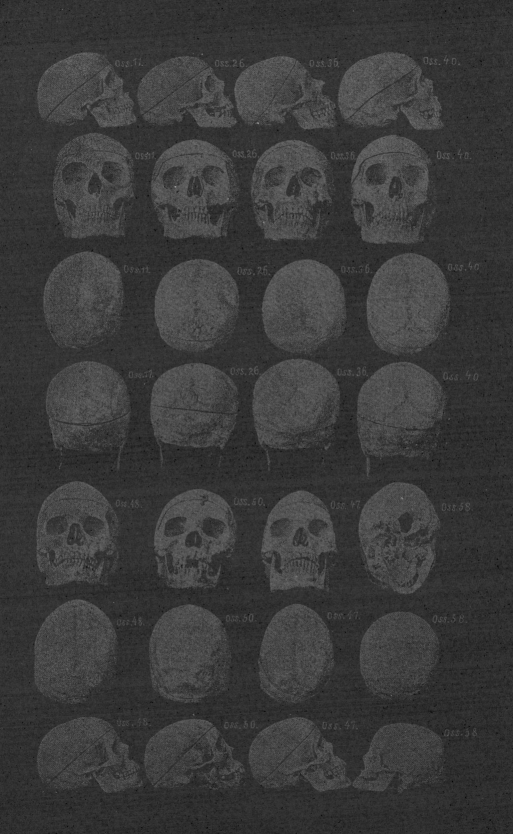

AGRADECIMENTOS

Ao refletir sobre uma vida inteira de acontecimentos, sempre há o risco de não mencionar alguém muito importante e, sem querer, causar uma ofensa. Então vou apenas agradecer a cada precioso companheiro que viajou comigo no ônibus da vida. Alguns estiveram lá por uma ou duas paradas; outros percorreram toda a distância a meu lado. E que viagem tivemos. Não preciso citar nomes porque vocês sabem quem são e sabem de coração o quanto significam para mim. Prezo sua companhia, sua amizade, sua sabedoria e sua bondade.

Se eu tiver esquecido alguma coisa, ou talvez tiver contado uma história que não é bem como você lembra, me perdoe. E se nossas experiências em conjunto não forem lembradas nestas páginas, pode ser porque as vejo como muito pessoais para compartilhar, ou porque não há espaço suficiente para fazê-las justiça. Assumo total responsabilidade por meus fracassos.

Embora minha vida continue, a produção deste livro é finita, e eu gostaria de agradecer àqueles que tiveram paciência infindável comigo, que foram encorajadores, sinceros e solidários de uma forma revigorante.

Michael Alcock, acima de todos os outros, mostrou ter a paciência de um santo. Tendo ouvido minhas divagações pela primeira vez há mais de vinte anos, ele enfim viu algo ser publicado. Tenho mesmo muita sorte por tê-lo encontrado e o adoro.

Caroline North McIlvanney sabe melhor do que ninguém que eu não tenho palavras para agradecer direito a tarefa hercúlea que ela aceitou e depois executou com tanta sensibilidade e graça.

E Susanna Wadeson foi corajosa demais por aceitar editar uma escritora amadora de quem ela ouviu falar numa conferência. Ela tem sido a guia mais inspiradora, compreensiva, tranquilizadora e firme durante toda essa aventura. Sem ela, este projeto nunca teria se tornado realidade, e minha família está em dívida com ela por permitir que essas histórias sejam contadas. Susanna é verdadeiramente notável.

Meus sinceros agradecimentos também a Patsy Irwin (diretora de publicidade), Geraldine Ellison (gerente de produção), Phil Lord pelo design editorial e Richard Shailer pelo projeto gráfico da capa.

Por fim, eu gostaria de dizer o quanto admiro o homem não identificado representado na capa da publicação inglesa do meu livro. Ele não tem nome porque é uma construção do imenso talento artístico de Richard. Mas até mesmo ele pode ser trazido à vida — pelo menos um pouco. Sabemos que ele é do sexo masculino pelo ângulo agudo de sua concavidade subpúbica, a forma da entrada pélvica, o tamanho relativo da área para a largura do corpo do sacro, a forma triangular do osso púbico e a morfologia aguda da incisura isquiática maior. Ele tem mais de 25 anos porque os corpos S1 e S2 se fundiram, assim como suas epífises da crista ilíaca. Deve ter menos de 35 anos, uma vez que não há evidência de laminação osteofítica nas margens ventrais de suas vértebras lombares e nenhuma calcificação óbvia nas cartilagens costais.

Isso que é ser exibido.

DAME SUE BLACK é uma das principais anatomistas e antropólogas forenses do mundo. É a ProVice Chancellor for Engagement da Universidade de Lancaster e foi a antropóloga-chefe da Equipe Forense Britânica nas investigações de crimes de guerra no Kosovo. Foi uma das primeiras cientistas forenses a viajar para a Tailândia depois do tsunami do Oceano Índico para oferecer assistência na identificação dos mortos. Sue Black é um rosto familiar na imprensa, por onde já saíram documentários sobre o trabalho dela, e apresentou a bem-sucedida série da BBC 2 *History Cold Case*. Foi condecorada Dame Commander da Ordem do Império Britânico nas Honras do Aniversário da Rainha de 2016 pelos serviços prestados em antropologia forense. Ela também é autora de *Ossos do Ofício* (DarkSide® Books, 2022).

CRIME SCENE®
DARKSIDE

"A morte é como a sombra da vida,
uma ideia que te persegue.
Quanto mais forte é a sua conexão
com a vida, mais intensa é a sua
consciência da morte."

— FRANCIS BACON —

DARKSIDEBOOKS.COM

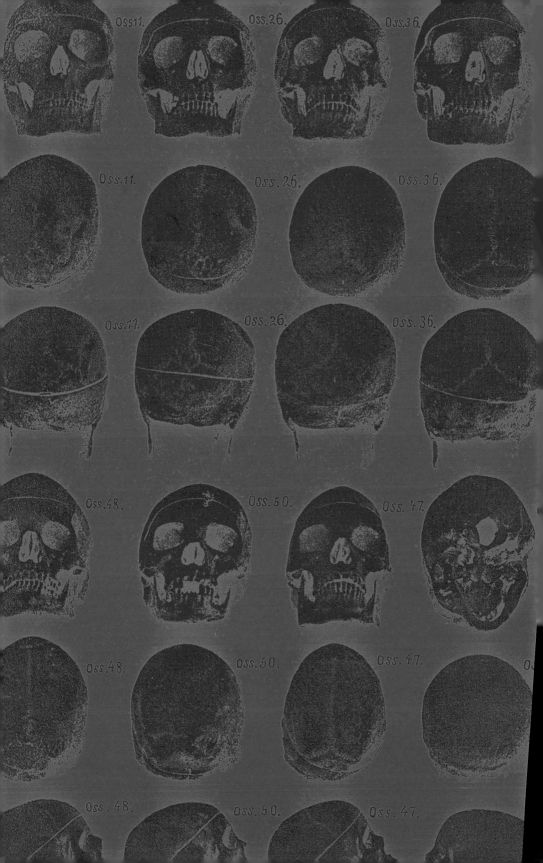